中国石油物探技术
管理体系建设与实践

赵邦六　易维启　董世泰　曾　忠　等著

石　油　工　业　出　版　社

内 容 提 要

本书从中国石油物探技术发展与演化特征出发，叙述了中国石油物探技术的发展历史，所面临的问题与挑战，中国石油油公司物探技术管理体系的探索、建设及其内涵，以及中国石油物探技术管理体系的作用与成效，同时对中国石油物探技术的发展进行了展望。最后附以历年来中国石油发布的重要简报及中国石油制定实施的物探企标、管理规范对照表。本书系统全面、观点独到，是一本物探技术管理方面的参考用书。

本书适合石油勘探开发工作者及大专院校相关专业师生参考使用。

图书在版编目（CIP）数据

中国石油物探技术管理体系建设与实践／赵邦六等著 . — 北京：石油工业出版社，2022.7
ISBN 978-7-5183-5320-0

Ⅰ.①中… Ⅱ.①赵… Ⅲ.①油气勘探-地球物理勘探-业务管理-研究-中国 Ⅳ.①P618.130.8

中国版本图书馆 CIP 数据核字（2022）第 060297 号

出版发行：石油工业出版社
　　　　　（北京安定门外安华里 2 区 1 号　100011）
　　　　　网　　址：www.petropub.com
　　　　　编辑部：（010）64523736
　　　　　图书营销中心：（010）64523633
经　　销：全国新华书店
印　　刷：北京中石油彩色印刷有限责任公司

2022 年 7 月第 1 版　2022 年 7 月第 1 次印刷
787×1092 毫米　开本：1/16　印张：13.5
字数：330 千字

定价：150.00 元

《中国石油物探技术管理体系建设与实践》
编 写 组

组　长：赵邦六

副组长：易维启　董世泰

成　员：曾　忠　张　颖　马晓宇　郭宏伟

　　　　梁　奇　汪恩华　曾庆才　朱小林

序

地球物理勘探（简称物探）是世界油气工业走向现代化的重要标志，可以说没有物探的现代化就没有石油工业的现代化，没有物探的进步就不可能有石油工业的进步。

新中国成立伊始，国家就把重磁电震等物探业务作为石油工业发展的基石，先后成立了玉门、新疆、四川等地质调查处和石油物探局专业化队伍；改革开放后，国家又率先引进国外先进物探技术，通过消化吸收、集成研发形成自成体系的物探技术系列，其中地震技术已成为找油找气的关键核心技术。物探是我国石油工业名副其实的开拓者和先行者，是攻克复杂探区的关键技术利剑，在油气勘探开发中扮演着十分重要的角色。

人类的梦想就是上天入地下海。要准确定位地下几千米深度的油气藏空间位置，那得靠物探来实现。物探是利用地下岩层所具有的不同物理学性质来寻找矿体、圈定有利区域、推断地质构造及解决地质问题的一种技术手段，它集数学、物理、计算机、通信、信息理论技术于一身。就油气领域来讲，物探成果的精度具有至关重要性，而用好物探技术获得高质量物探资料十分关键。如何有效、科学地组织物探技术工程，则是物探工作取得重大成效的先决条件。

物探工作者一直在探索科学的物探技术管理方法。随着物探、计算机、信息等技术的不断进步，加快了物探业务管理向现代化迈进的步伐；随着与地质、测井、钻井、开发等专业不断深度融合，物探技术涉及业务范围不断扩大，任务愈来愈重，要求越来越高，物探业务管理更需要精益求精。

我与赵邦六同志早先都在物探基层工作，后来他到了中国石油总部从事物探技术管理，再后来他作为中国石油勘探与生产业务主管物探工作的总工程师和副总经理，直接领导和推动了中国石油物探技术的发展与进步。

这本书系统梳理了中国物探技术及管理发展的历史脉络，全面阐述了中国石油物探技术管理体系，既为读者提供了一套完整的物探业务管理理念，又为读者提供了一套完整的物探技术管理流程和方法，是一本高水平的管理与技术科学书籍，充分反映出作者积淀深厚的专业素养，无论对油气业务管理者还是技术工作者都具有重要的参考价值和指导作用。

本书是中国石油现代化企业管理的重要成果，也是物探专业的一部专著。尽管受篇幅所限，但它向我们展现了一幅内容丰富的中国石油物探技术管理体系发展进步大写意式的画卷。感谢为中国石油物探技术发展所做出的突出贡献，期待着未来物探技术在更加复杂的油气勘探开发领域中发挥更大作用，为保障国家能源安全做出更大贡献。

中国工程院院士　孙龙德

2022 年 7 月 6 日　于北京

前　　言

地球物理勘探包括遥感、重力、磁力、电法、地震、电性与放射性测井等方法，是通过各种地球物理场的变化来探测地下地质构造（岩层结构）、岩石性质等特征，为资源勘查、工程建设和环境保护、地质调查等目标服务的应用性科学技术。地球物理勘探是石油天然气勘探的关键技术，主要任务是寻找赋存于地下的油气藏，提供钻探目标。我国著名地球物理学家、中国科学院院士刘光鼎先生说："地球物理勘探作为油气勘探的先行者和侦察兵，为现代寻找油气提供第一手资料和地下图像，没有地球物理资料，就不能为钻井提供井位、井深依据，因而不能科学地发现油气田。"

物探技术是地球物理技术的重要组成部分，是油气勘探取得突破、推动油气工业持续发展的核心力量。自新中国成立以来，地球物理勘探业务发展已走过了 70 余年的历程，经历了新中国成立初期队伍组建与新中国成立后计划经济建设阶段、1978—1997 年改革开放和物探技术规模引进阶段、1998—2010 年公司制改革转型发展阶段、2011 年至今的科学化发展阶段。物探技术中的地震勘探技术从光点照相发展到模拟磁带、数字地震，其技术手段从二维发展到三维、高密度三维、四维，观测方式从常规地面地震勘探发展到井中地震勘探，资料处理解释技术从叠加、叠后偏移到叠前偏移，资料应用从时间域到深度域和从叠后走向了叠前储层、流体的应用。解决问题的能力从构造勘探到岩性勘探，从层位解释到储层预测、流体检测，解释误差精度由昔日的数百米至几十米而到今日的十几米甚至米级。物探成为我国石油工业的开拓者和先行者，是推动石油工业持续发展的核心力量，是攻克复杂探区油气勘探的关键所在，在油气勘探开发提高成功率、采收率中发挥着十分重要的作用。

科学的组织管理是物探技术快速发展和取得重大成效的必要条件。为了推进物探技术的进步、提高油气勘探效益，物探技术管理工作者一直在探索科学的管理方式和方法，与时俱进，发展油公司物探技术管理体系。新中国成立初至 1977 年，物探技术主要侧重于物探队伍的发展、会战模式的组织和物探数据质量的管理；1978—1997 年，引入国外先进技术、先进 HSE 理念和 ISO9000 质量标准，物探技术水平、管理能力及规范化程度不断提高；1998—2010 年，探索建立油公司管理模式，开始加强技术标准规范建设，实施了技术方案的审查，初步实现了物探技术管理的标准化和合规性管理。

2010 年后，油公司物探技术科学管理模式的探索与实践正式起步，以先进管理理念为支撑，以适应油公司油气勘探开发领域不断向"低、深、海、非"延伸的发展形势和地质需求，强化油公司在物探技术应用中的主导作用，贯彻绿色环保理念，推广科学适用的技术方法和措施，制定新的技术发展规划，进一步攻克关键技术瓶颈与难题，不断完善发展适用配套技术和特色技术。一是围绕规范指导复杂探区复杂领域的技术应用，编制了物探业务管理办法，开展物探技术管理顶层建设；二是以支撑"油气储量增长高峰期""高含水老油田二次开发"和"天然气快速增长"为目标，编制了"十二五"物探技术发展规划和"十三五"物探技术发展指导意见；三是遵循物探技术发展规律，开展基础建设、强化质量控制，建设八大基础数据库，开发地震采集、处理、解释量化质量控制软件，减少了资料评价的人为性，大幅度提高质控效率；四是遵循经济有效原则，在统一顶层设计下开展标准体系制度修订，完善各类标准规范，形成了包括国标、行标、企标和业务管理规范的完整的物探标准规范体系，已成为国内石油专业标准体系中最完备的业务标准体系，确保了物探技术应用有据可依、有规可循；五是以中国石油上游业务高质量发展目标为导向，顺应信息化发展趋势和数字化转型发展的要求，加强信息化管理平台建设，开发物探工程生产运行管理系统，实现生产动态管理、全生命周期管理，提高管理工作效率，实现从技术、时效、成本、质量等方面对数据进行综合分析；六是以中国石油物探技术可持续发展为根本，探索物探技术人才培养机制、成才模式，着力开展专项技术培训和复合型人才的实训锻炼，经过 10 年的连续培养，一大批物探人才快速成长，在物探技术关键岗位上发挥着重要作用，队伍建设取得重大成果。

经过几代物探人的不懈努力，中国石油目前已建立起科学完整的物探技术管理体系，在业务制度、技术攻关、标准规范、质量控制、信息化管控、人才培育等方面，建立了具有中国特色的国际一流油公司物探管理模式，实现了物探技术管理的制度化、标准化和合规化，大幅度提高了物探技术管理科学化水平，确保了物探工程实施效果，资料品质和成果质量大幅度提高，为复杂高陡构造、碎屑岩、碳酸盐岩、火山岩、非常规等一批重点目标突破和高难度探区增储上产起到了十分关键的保障作用。

为使读者了解中国石油物探技术、队伍与技术发展及体制改革历程和全过程历史演化，本书回顾了新中国成立以来油气勘探地球物理技术发展的主要历程与变化，阐述了"十二五"以来物探技术面临的问题与挑战，介绍了油公司物探技术管理体系建设的背景与探索的历程，物探技术管理体系的构成与内涵，在推动技术发展、保障油气勘探开发和提质增效等方面发挥的重要作用，提出了今后物探技术管理方式与发展展望。

本书所归纳综述的内容，是我国几代石油地球物理工作者艰苦奋斗、锐意进取、不断创新所取得的成果，物探技术管理涉及的细节内容在本书中没有全面展开，仅从中国石油油公司的角度，对油公司物探技术管理的理念、技术措施、具体做法，特别是"十二五"以来面向新形势探索性工作进行了系统梳理，难免存在疏漏，敬请广大读者特别是从事物探技术管理体系建设的亲历者多提意见。

在本书编写过程中，得到了中国石油各油气田公司、中国石油勘探开发研究院的大力支持，也得到了刘依谋、梁菁、刘卫东等的帮助，在此一并向参与物探技术管理体系建设和本书编写的同志表示衷心感谢！

目　　录

第一章　中国石油物探技术发展历程与特征

物探是地球物理勘探的简称，是通过对地下地球物理场的观测，并将观测数据进行处理解释所获得的地球物理及地质信息，来确定地下岩层的性质、状态和结构，为资源勘查等目标服务的应用性科学技术。物探主要有基于地下岩石（层）密度差异的重力勘探，基于岩石矿体磁性差异的磁法勘探，基于岩石（层）电性差异的电法勘探，以岩石（层）弹性差异为基础的地震勘探等门类。油气地球物理勘探以寻找石油、天然气为主要目标任务，这些矿藏本身及其所在的地层与上覆地层（或围岩）存在弹性、电性等物性差异，因此，地震勘探、重磁电等方法是油气勘探最主要的物探技术。其中，地震勘探具有探测范围广、精度高，能够定性或定量地直观描述油气藏空间形态，其理论、方法和技术应用始终代表了物探的最高水平。

我国的油气物探工作始于 20 世纪 40 年代。1938 年，我国石油地球物理勘探奠基人和开拓者翁文波先生自行设计试制了零长式重力勘探仪器，1940 年自行设计研制了中国第一台地电测井仪器和双磁针不稳定式磁力仪，在四川巴县石油沟首次成功进行了电阻率和自然电位测井实验。同年，在玉门油矿利用自制的重力仪和磁力仪进行了重、磁测量。1945 年 10 月，在甘肃省老君庙成立了我国第一个地球物理勘探队——重力、磁力队。1946 年，在上海成立了中国石油公司勘探室，翁文波先生任主任，推动了重力、磁力、电法等物探技术在江苏、上海、陕西、台湾等地区的大面积试验应用。中华人民共和国成立后，在大规模经济建设和社会发展的推动下，物探工作得到迅速发展。我国石油物探 70 余年的发展与演化，主要经历了 4 个主要发展阶段。

物探队伍前期建设阶段（新中国成立初期至 1977 年）：基本形成了重力、磁力、电法、地震勘探的技术能力，各类物探队伍快速规模增长。地震技术从光点地震技术到胶片地震技术又发展到模拟磁带技术，地震仪器采集道数从 24 道发展到了 48 道和 96 道，地震数据处理技术从单张记录校正发展到水平叠加，地震资料解释技术从单张记录结构解释发展到了利用多次覆盖叠加剖面层位解释；设备制造由一穷二白到能够自主生产"751"地震仪器。这一阶段的物探技术管理，主要侧重于物探队伍管理和物探数据质量管理，质量管理主要参考采集仪器的出厂指标，进行年检、月检、日检检查，对地震记录进行人工能量、物理点位、检波器极性等质量判断，严格控制哑炮、弱能量炮，施工质量极其严格认真。

改革开放和物探技术规模引进阶段（1978—1997 年）：随着国家经济体制的改革开放

和经济发展对油气资源需求的增加，全国油气勘探业务得到大发展，除石油物探局 5 个地调处外，石油系统 14 个油气田均成立了物探处（地调处），并开始与美国、法国等国外地球物理公司合作，引进技术装备，成立合作队伍，开展国内束状三维地震工业化勘探。此阶段，重磁电法技术主要应用于油气概查和普查，地震勘探技术在油气详查中发挥的作用则更加突出，物探技术得到快速、长足发展。地震勘探技术从模拟磁带发展为数字磁带，地震资料采集道数从百道左右发展到千道，地震成像技术从水平叠加发展到叠后偏移，叠前时间偏移技术研究成为热点，地震解释技术从人工解释发展到人机联作解释、纯构造解释向地震属性、亮点、叠后反演等发展；技术装备由引进到逐步自主研发，自主研制了 YKZ-480、YKZ-1000、K6 等地震仪，自主开发了 GRISYS 地震数据处理系统和 GRIStation 地震资料解释系统；物探技术管理实施石油工业部（中国石油天然气总公司）一体化管理，并逐步由计划经济走向市场，地震资料采集质量以计算机现场资料处理为质量控制的重要手段，在地震仪器厂家的出厂性能指标基础上，形成了不同仪器的操作技术标准规范和野外资料采集技术规程，制定了地震资料计算机处理和解释的技术规范，引入国外 HSE 理念和 ISO 9000 质量标准，物探技术管理规范化程度不断提高，并开始走向国际物探技术服务。

公司制重组发展阶段（1998—2010 年）：中国石油物探队伍进行了专业化重组，油公司与服务公司物探技术管理实施了分离，油公司更加聚焦于技术管理和项目的组织，物探公司更加注重技术装备研发和物探项目的具体实施（刘振武等，2013）。中国石油集团东方地球物理勘探有限公司（简称东方物探）成立后（大庆、吉林、川庆三家物探公司仍在钻探企业独立运行），物探设备资源和人力资源相对集中调配，技术服务能力大幅度提高，地震资料采集道数从千道到万道，地震成像技术从叠后时间偏移到叠前时间偏移，解释技术从叠后反演到叠前反演，自主研制了 ES109 万道地震仪和 GeoEast1.0 地震处理解释软件系统，多波地震技术、油藏地球物理技术等得到快速发展，在国际物探市场的竞争能力也大幅度提升。中国石油天然气股份有限公司（简称股份公司）成立后，国内油气勘探开发中的物探业务由新成立的中国石油勘探与生产分公司负责管理，开始了中国石油油公司国内物探技术管理模式的摸索，从技术标准和物探项目实施管理规范入手，开始编制相关实施细则（初级版本），并根据勘探开发遇到的瓶颈问题，2006 年启动了物探技术攻关项目，规模推动叠前时间偏移技术和凹陷级连片三维地震处理、叠前储层预测等技术应用，效果显著。

科学化发展阶段（2011 年至今）：中国石油天然气集团有限公司（简称集团公司）物探队伍进一步专业化重组，大庆油田、吉林油田、中国石油集团川庆钻探有限公司所属物探公司并入东方物探，实现了中国石油物探技术服务业务的最终重组，形成了中国石油唯一的物探公司，也成为国际队伍规模最大的物探公司和具有国际竞争力的专业化物探公司。同时，国内油气上游业务勘探开发难度加大，勘探领域由常规向致密油气、页岩油气、煤层气等非常规领域进军，物探技术如何适应超高难度勘探开发对象和效益开发的要求，如何引导、规范和创新发展经济实用的物探技术，建立适应不同地质目标领域的配套技术系列，稳定物探队伍年度工作量，是油公司和物探公司必须面对的共同难题。为了适应油气勘探开发领域不断向"低、深、海、非"延伸的发展与地质需求，油公司加大在物探技术应用中的主导作用，强化油公司物探管理体系建设，制定了物探业务管理办法，强化过程管理，提升了物探部署针对性、时效性和技术应用的有效性；编制"十二五""十三五"物探技术发展规划（指导意见）和系列物探技术指导意见，宏观指导与具体规范物探技术研发与应用；夯实业务基础建设，建设八大基础数据库，奠定了物探新技术应用的坚实基础；强化质量控制，研发了地震资料采集、处理、解释量化质量控制软件，大幅度提高质量控制的科学性；修订完善各类标准规范，形成了包括国标、行标、企标和技术管理规范的完整的物探技术管理体系；顺应信息化发展趋势和数字化转型要求，加强物探生产信息化管理平台建设，开发物探工程生产运行管理系统，实现物探项目生产动态和全生命周期管理，提高了管理工作效率和效果；及时制定相关技术管理规定，简化地震采集作业程序，实现无纸化采集和可控震源激发，大幅度提升绿色施工水平；大力推进高灵敏度单点和节点采集，使经济高效型高密度三维地震勘探成为现实；持续推动物探技术攻关，促进了叠前时间偏移向叠前深度偏移、"双高"储层成像和叠前弹性反演等新技术方向发展。

油公司物探技术管理模式的成功建立，有力保障了国内高难度探区油气勘探领域的突破和天然气业务的快速发展，夯实了中国石油上游业务的高质量发展基础，同时也为东方物探发展技术、提升作业能力和提高国际高端市场的竞争能力创造了机遇、搭建了平台。此阶段，东方物探自主研发生产 G3i 十万道地震仪、Hawk 及 eSeis 节点、uDAS 光纤地震仪，大力发展"两宽一高"和井中地震技术、波动方程偏移成像技术、地震属性与叠前储层预测技术，升级推广 GeoEast 2.0、GeoEast 3.0 及 GeoEast 4.0 软件，成为世界陆上综合能力及实力最强的国际物探公司。

第一节　中国物探队伍前期建设阶段特征
（新中国成立初期至 1977 年）

该阶段是新中国石油地球物理勘探的奠基和成长阶段。物探实现了从无到有、从小到大的快速发展，逐步建立了新中国物探技术服务、科学研究和学科体系，形成了集中石油会战形式的物探管理模式，为发现新疆、大庆、辽河、胜利、大港、华北等油田发挥了关键作用。

一、队伍从无到有，开启油气物探工作先河

新中国成立伊始，1949 年以中国石油公司地球物理实验室成员为骨干组建了 2 个重力队。1950 年 3 月，我国与苏联政府签订关于创办中苏石油股份公司的协定，组建了地球物

理大队，下辖电法、重力、磁力队各 1 个，率先在准噶尔盆地南缘已知构造带上作业。从 1949 年开始筹建至 1951 年，我国地球物理勘探的第一个地震队在江苏江阴成立，立即赴延长、延安等地区作业，仪器是美国得克萨斯仪器厂生产的 24 道光点地震仪（图 1.1）。到 1952 年，地球物理勘探队伍不断壮大，地震队已扩充至 4 个，分别在酒泉、潮水等地区作业（中国地球物理学会，2002）。

图 1.1　我国第一台地震仪（TI 公司的 24 道光点照相地震仪）

1950—1952 年，燃料工业部在玉门油田每年投入重磁队 4 个、地震队 4 个，发现构造 7 个。1953—1957 年，每年投入重磁队 17 个、地震队 23 个、电法队 8 个，发现构造 101 个，提交大批钻探井位，引导了玉门油田持续上产，年产量达到 75 万吨以上，占全国的 87%。

1952 年，国家又在新疆乌鲁木齐成立了 2 个电法队和 1 个地震队（7152 地震队），地震仪器是苏联产的 24 道光点地震仪。1955 年，中苏石油股份公司移交中方单独管理，燃料工业部成立新疆石油公司，下设地质勘查处，动用了 9 个重力队和 3 个地震队，对准噶尔盆地进行全面的重磁力普查和部分地区地震勘探，重点对盆地北缘的克拉玛依、陆梁及东部的克拉美丽地区进行了综合性区域勘探，确定了黑油山 1 号构造钻探目标。同年 10 月 29 日，黑油山 1 号在井深 620 米处完钻试油成功。

1952 年，国家在川渝地区成立西南石油勘探处，1953 年组建第一支地震队，至 1956 年，组建 4 支地震队，同期，组建了 6 支重磁队和 1 支电法队，成立了地球物理资料整理研究队。在发现蓬莱镇、南充、龙女寺等构造并钻探喷油的大好形势下，1958 年组织了由 10 个地震队参加的第一次石油大会战，勘探面积 3.3 万平方千米，追踪到了侏罗系—二叠系 4~6 个反射层，绘制的构造图反映了地下区域构造和局部构造。1966—1972 年组织了由 32 个地震队参加的第二次会战，对威远构造、泸州古隆起、川中隆起、华蓥山构造、川西北地区、川西南地区、川东地区等进行了普查和详查，提供了一批钻探井位，泸州地区天然气勘探获得突破。

1954 年，燃料工业部决定加强柴达木盆地石油勘探，成立了青海石油管理局地质调查处，相继成立 5 个重磁队、3 个电法队、6 个地震队。1955 年确定了油泉子构造作为第一口探井上钻目标，该井（油 1 井）钻至 650 米遇到油层并获得工业油气流。1955—1960 年，每年大约投入 20 个地震队进行勘探会战，发现了 90 多个可能的含油气构造。1958 年对冷湖 5 号构造进行钻探，地中 4 井在钻至 650 米深时发生强烈井喷，日喷油量达 800 吨。至 1960 年，在柴达木盆地相继发现了油砂山、开特米里克、冷湖和花土沟等油田和马海气田，生产原油 30 万吨以上。

1950—1956 年，物探队伍在鄂尔多斯盆地完成了全部重力、磁力勘探工作和部分电法大剖面，开展了大量地震勘探试验。由于巨厚黄土塬吸收衰减严重，地震资料品质较差，无法追踪到有效反射，经反复试验发明的非纵观测得到了较好的反射资料。

截至 20 世纪 50 年代末，全国地震队已经发展到 46 个，重磁队和电法队达到历史高峰，石油物探队伍初具规模。形成了重力、磁力大面积普查为主，区域电法剖面为辅，重点构造地震测量进行构造落实和层位标定的详查细测的综合地球物理勘探技术体系。其中地震方法野外大多使用苏制 51 型光点地震仪器，采用近炮点、短排列（12～48 道）、二维地震简单连续追踪的观测方法，人工分析解释地质构造形态，全国共完成地震剖面 4.1 万千米，部署钻探井位 7600 余口，探明石油地质储量 2.79 亿吨，每千米地震剖面控制储量 0.68 万吨。物探工作是该阶段油气勘探的主要技术手段，有力推动了酒泉、潮水、民和、准噶尔、吐鲁番、柴达木、四川等盆地的油气勘探，形成了西北和西南两个重要的石油和天然气生产基地，1959 年生产石油 276 万吨，比 1949 年翻了近 40 倍。

二、不断发展壮大，奠定大庆油田发现基础

在加大西部地区油气勘探的同时，物探队伍在华北、华东、东北等地区开展了重力、磁力、电法、地震等勘探工作，地球物理勘探队伍不断壮大，形成了地质部、燃料化学工业部（石油工业部）两支重要的石油地球物理勘探力量。在松辽盆地，利用磁力资料，提示在盆地中部存在一个深凹陷，利用重力资料，初步认识了大庆长垣构造。1958 年 2 月，时任中共中央总书记兼国务院副总理邓小平听取石油工业部领导李聚奎、余秋里等的汇报，提出了石油勘探战略东移的思路。

1958 年 7 月，石油工业部成立松辽勘探局，从新疆石油管理局抽调 3 个地震队赴松辽盆地开展勘探工作。1958—1959 年，累计完成重力磁力勘探 360831 千米、电法 9113 千米、二维地震 9113 千米、航磁 408835 千米，划分出了松辽盆地的大地构造单元，发现 42 个局部构造，在大同镇高台子隆起上部署松基 3 井。1959 年 9 月 26 日，松基 3 井喷出工业油流，拉开了松辽石油会战的序幕。

1960 年 3 月，石油工业部从新疆、青海、四川、玉门等石油管理局抽调地震队，成立松辽石油勘探局地质调查处，形成了 26 支地震队、4 支重磁队和 2 支电法队规模的物探单位，对松辽盆地开展连片普查、有据详查、重点细测的地震勘探。至 1962 年春，松辽石油勘探局地质调查处 26 个地震队完成地震剖面 9806 千米，发现了青山、呼兰、金山鼻、富户等 13 个构造，细测了龙虎泡、英台、四吉克、双坨子、大老爷府、安达、升平、肇东、尚家等 14 个构造。1963 年，按照 "以二级构造为勘探对象，彻底解剖二级构造带" 的方针，基本完成了松辽盆地内地震连片普查。历时 3 年的松辽石油勘探大会战，累计完成重力勘探面积 4.8 万平方千米、磁力勘探面积 3 万平方千米、电法剖面 1.94 万千米、二维地震剖面 1.54 万千米，编制出松辽盆地六大层构造图，划分出盆地六大构造单元，明确了全区 31 个二级构造带，发现、落实了 130 个圈闭构造，进一步证实大庆油田长垣构造是油气富集带，在长垣构造外围发现了升平、朝阳沟等 8 个油气田，为大庆油田发展打下了坚实的基础，累计探明石油地质储量 26.5 亿吨，1963 年，大庆油田年产原油达到 439 万吨，为我国原油基本自给做出不可磨灭的重大贡献。

三、转战华北会战，建立高规格专业化物探队伍

继大庆石油会战之后，1963 年底，参与大庆石油会战的其中 22 支地震队、2 个重力队、1 个电法队和 1 个测量队开赴华北地区，在天津、塘沽、黄骅、济阳等地区开展又一轮地震勘探大会战。1964 年 3 月，会战队伍编为石油工业部六四一厂（1965 年 1 月改为六四六厂），共集中了 49 个物探队（地震队 32 个、重力队 9 个、电法队 8 个）。在渤海湾盆地济阳坳陷对坨庄—胜利村构造采取了 "篦梳战术"，查明了该复杂地质构造。1965 年 2 月 1 日，在胜利村构造上部署的坨 11 井获产原油 1134 吨/天，成为我国第一口日产油千吨以上的高产井。东营地区新发现的这个大油田也因此命名为胜利油田。

在渤海湾盆地黄骅坳陷港东地区落实港 5 井目标，1964 年 12 月 20 日钻遇古近系—新近系油层，获得自喷高产油流。1967 年海上第一口探井海 1 井在古近系—新近系获日产工业油流 32 吨。1965 年，为扩大渤海湾地区的勘探成果，石油工业部共投入 50 个物探队展开 "华北石油会战"。1972 年 9 月 2 日，燃料化学工业部决定将六四六厂改为燃料化学工业部石油物探局，并于 1973 年 7 月 24 日在徐水召开成立大会，生产单位有两个指挥部（辖 40 个地震队）、1 个普查大队、1 个研究所、1 个计算站等，员工总数达到 10609 名（中国石油集团地球物理勘探局志编纂委员会，2002）。

至此，石油系统物探队伍规模不断壮大，建立了专业化的石油物探队伍，加强了专业化的物探队伍组织领导和专业化的物探技术研究工作。1974 年 4 月，物探局使用国产 150 计算机处理了法国采集的第一条海上数字地震剖面，该剖面被誉为 "争气剖面" （苟云辉，2006）。同年引进了法国 SN-338 数字地震仪，1975 年引进美国雷森 1704 计算机，在队伍规模结构不断壮大的同时，地震勘探进入数字地震勘探时代。

四、石油物探逐渐成为综合区域勘探的主要方法

从上述物探技术发展的历程可以看出，勘探是石油工业的先头部队，物探是油气工业奠基的先锋队，是勘探队伍的排头兵。这一阶段是石油地球物理勘探技术的奠基阶段，主要技术引自美国、苏联、法国、匈牙利等国家，逐步形成了以重力、磁法、电法、二维地震反射波法为主的物探技术方法。

1. 重力勘探

重力勘探在早期油气勘探中具有十分重要的技术地位，在局部地区找矿、大区域矿产勘探普查、地球构造研究和工程地质中均发挥了十分重要的作用。在石油勘探中，利用重力寻找石油天然气远景盆地，在圈定的盆地内研究沉积层的厚度及内部构造，寻找有利于储存油气的各种局部构造，或非构造类油气藏，并直接探测与储油气层有关的低密度体。这一阶段的重力仪器采用扭秤原理，测量精度能够达到 0.01 毫伽，观测比例为 1:50 万、1:20 万，细测 1:10 万。图 1.2 是东部某盆地某测线理论计算的重力异常 $\Delta g_{计}$ 与实测 $\Delta g_{实}$ 图，揭示了两个凹陷和中央隆起，是油气聚集的有利部位——处于生油盆地的中心，又是局部构造的高部位，为油气勘探指明了方向。

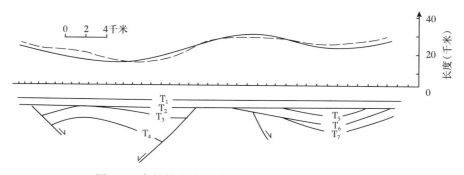

图 1.2　东部某盆地某测线重力、地震联合解释剖面

2. 磁力勘探

磁力勘探是以测量磁场的微小变化为基础。根据磁测资料确定了基岩的深度，也就确定了沉积物的厚度。因基底面起伏能在上覆沉积岩中产生有利于油气聚集的构造起伏，确定基岩的起伏能为油气勘查提供有价值的资料。

这一阶段，不同比例尺（主要是 1:50 万、1:20 万）的磁测主要用于圈定沉积盆地、研究区域地质构造特征和根据二级构造异常确定油气远景区，航磁发现的不少局部异常为进一步布置地震勘探工作提供了重要依据。

3. 电法勘探

电法勘探是测量地壳中各类岩石或矿体的电磁学性质（如导电性、导磁性、介电性）和电化学特性的差异。这一阶段的电法勘探以电阻率法、大地电磁测深法为主，测线基本

与地震测线重合，相互验证，联合解释。

在早期油气勘探中，重磁电技术往往联合应用，主要目的是提高目标识别的精度。如在松辽盆地早期的石油勘探堪称是利用地质、物探、钻井资料综合勘探的典范，各种物探方法发挥了先导性预测和指导决策的关键作用。如利用1:100万航磁资料，经过分析解释编制出的磁力最小幅度图，第一次揭示了在松辽盆地中部存在着一个深凹陷；采用1:10万重力、磁力详查，揭示了大同长垣构造的存在，电法资料也证实该区域存在隆起，同时被地震资料证实。在重力、磁力、电法、地震等多种物探资料基础上，综合研究发现了松辽盆地三个构造（图1.3），确定的松基3井首次在松辽盆地 K_2 姚家组获得工业油流，发现了大庆油田。时任石油工业部部长余秋里表示："大庆油田是重力发现的，第一张重力图就是草纸绘制的，大庆油田的发现不是少数人的成绩，还有松辽勘探局广大地球物理工作者，特别是几十位重力、磁力工作的同志辛勤劳动的结果。"

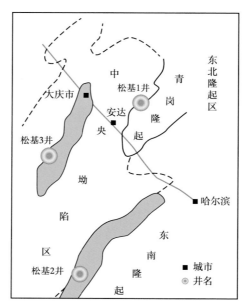

图1.3　地球物理资料综合研究发现的松辽盆地三个构造位置示意图

4. 地震勘探

地震勘探是人工激发弹性波，利用地下介质弹性和密度的差异，通过观测和分析人工地震产生的地震波在地下的传播规律，推断地下岩层的性质和形态的地球物理勘探方法，是地球物理勘探中最重要、解决油气勘探问题最有效的一种方法，是钻探前勘测石油与天然气资源的重要手段。

这一阶段是地震勘探技术在我国的奠基阶段。从地震仪器角度来说，经历了光点地震、模拟磁带地震、数字地震等阶段；从观测方法角度来说，经历了一维、二维地震勘探，并开始进行三维地震勘探先导试验。

光点地震技术指检波器接收到的地震信号转换为电信号，被地震记录仪器转换为光点信号，某个时刻的幅值通过对应的光点，被照相胶片记录下来，即为光点照相地震技术，其仪器原理框图如图 1.4 所示。

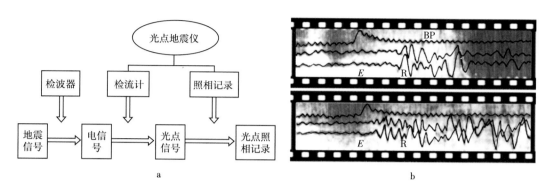

图 1.4　光点地震仪器原理框图（a）与光点照相记录（b）

E 为起爆时刻，R 为反射，BP 为声波

光点地震检波器和激发点可以组合，但照相记录不可被处理，只能人工识别反射层，用人工绘图方法绘制反射剖面，利用反射波旅行时 T 和波传播速度 V 确定构造的深度和形态，寻找较为简单的构造。光点地震技术在 20 世纪 50 年代被广泛应用，在玉门、新疆、青海等探区油气勘探中发挥了重要作用，大庆长垣构造就是利用光点地震技术发现的。

模拟磁带地震技术指检波器接收到的地震信号转换为电信号，被地震记录仪器直接记录在模拟磁带上的技术。其仪器原理框图如图 1.5 所示。该技术诞生于 1952 年。1955 年出现了可动磁头，使得对模拟地震记录作静校正和动校正成为可能，也可以开展地震道叠加等处理工作。地震仪器不断发展，地震仪器记录道数达到了 12 道、24 道、48 道、52 道等，推动了野外二维采集观测方式发展，推动了多次覆盖叠加理论技术发展，CRP、CMP、CDP 等道集处理成为可能。

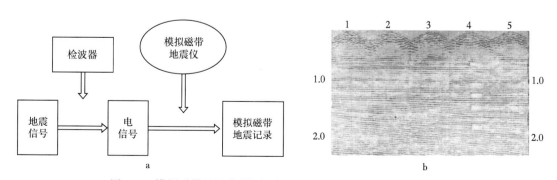

图 1.5　模拟磁带地震仪器原理框图（a）与变面积剖面示意图（b）

9

模拟磁带记录的信号在室内可以回放为模拟电信号，可以用模拟计算机进行滤波、静校正、动校正、叠加等处理，可以得到变面积的直观的地震剖面，能够形象地反映地下地质结构形态和地层接触关系，可以直接在剖面上进行相对复杂的构造解释。

数字地震技术指检波器接收到的地震信号转换为电信号，被地震记录仪器直接记录在数字磁带上的技术。数字地震数据记录介质经历了磁带、磁盘、硬盘等不同阶段。国际上早期的数字磁带为 9 轨磁带，诞生于 20 世纪 60 年代初。数字地震仪的地震记录具有高保真度，也使数字地震记录数字化处理成为可能（数字信号可直接输入数字计算机中进行滤波、反褶积、静校正、动校正、速度分析、水平叠加、偏移等处理运算，获得叠加剖面、偏移剖面），推动了波动方程偏移理论的发展。数字地震信号经偏移处理后能够使反射界面实现归位，剖面能够真实地反映地下地质结构形态，能够较好地解释圈闭、识别油气水特征，图 1.6 所示的数字偏移剖面较好地刻画了断层，识别出油气圈闭和油水界面。

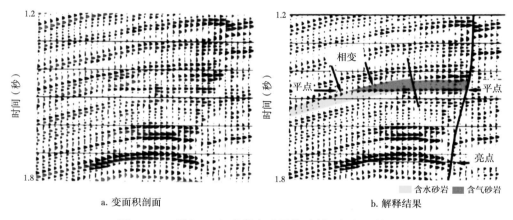

a. 变面积剖面　　　　　b. 解释结果

图 1.6　20 世纪 60 年代数字地震偏移剖面与解释结果

数字地震技术极大地推动了地震勘探技术的发展，极大地提高了油气勘探的精度和成功率。李庆忠院士指出，我国石油工业发展的道路上，地球物理勘探起到了关键作用。在我国现有油气田中，除玉门老君庙油田、延长油田和西部少数油田是地面地质调查发现的之外，90%以上的油气田都是用物探方法首先查明地下构造情况、沉积特征，找出适合油气聚集的隆起构造、岩性圈闭，确定钻探井位，然后打出油气而发现的（赵殿栋，2009）。

这一阶段，有三次油气勘探储量高峰，依靠的是物探技术的进步，而每一次油气地震勘探技术的重大进步都促成了油气勘探的重大发现和突破。1961 年，提交探明石油地质储量 22.8 亿吨，奠定了大庆油田发展基础，核心技术是综合物探和模拟地震；1964 年，提交探明石油地质储量 1.4 亿吨，发现了大港油田，核心技术是模拟和数字地震以及复杂断块地震解释技术；1976 年，提交探明石油地质储量 6.4 亿吨，渤海湾盆地油气勘探取得突破，核心技术是数字地震和多次覆盖技术。物探，当之无愧是油气勘探不可替代的开拓者和先行者，是我国石油工业发展的奠基者。

五、集中会战是物探队伍管理的主要模式

这一阶段，物探队伍管理是典型的计划经济模式，国家统筹统建，物探队伍分属各探区石油勘探局地质调查处和物探局，由于作业性质的特殊性，各物探队设队长、指导员，参照部队管理模式进行管理，形成了适应我国特殊历史条件下、具有我国特色的物探工作体系和管理风格。

一是管理的高度集中性。新中国成立之初，物探即被作为一类重要勘查新技术在我国获得优先发展。物探队伍由石油工业部勘探司统一领导，统一进行设备、软件等技术引进和建设，物探队伍向苏联学习并得到来华苏联物探专家的直接指导帮助。20 世纪 60 年代，我国加强了在物探方法技术研究开发方面的力度，加强了从西方国家引进物探技术的工作，通过这段时期的艰苦努力，我国物探技术有了明显和全面的提高。

二是工作的高度计划性。物探工作作为国家计划的一项内容，有计划地、系统地在全国范围内严格按照国家有关部门的规范和条例所规定的质量要求进行，发挥了集中有限社会资源办大事的优越性，组织新疆、青海、四川、松辽、华北等一系列石油会战。在计划经济体制的集中指挥管理下，我国的地质地球物理的研究程度，仅仅经过几个五年计划的努力，就有了大幅度的提高，很快从一个物探活动基本空白的国家成为世界物探大国之一。

三是队伍组织的多样性。既有国家地质主管部门地质部（地质矿产部）的中央直属物探队伍（航空、海洋和石油物探）和各省、市、自治区地质主管部门的直属物探大队（一般均称为物化探大队），又有各工业部门的物探队伍。工业部门中石油、煤炭、核工业、冶金、有色、化工、建材、水利、电力及铁道交通等均建立有相当规模的物探队伍。各部门的物探队伍主要服务于自己行业的需要，各有所长，在各自的工作领域中都取得了显著的成效。

四是初步建立了技术支撑体系。建立了一整套物探仪器装备研究制造、新技术方法科研和物探专业技术人员培养体系，基本满足对人才和仪器装备的需要。这一时期，国际上仅有美国、苏联、加拿大、法国和澳大利亚等少数几个资源大国具备比较完整的物探技术体系。中国也建成了一批地质、石油、矿山仪器厂，如西安石油仪器厂、重庆地质仪器厂、北京地质仪器厂、上海地质仪器厂、中国地质科学院物化探研究所等，使各个物探分支学科和不同应用领域的物探仪器设备基本能够自给自足，初步完成我国物探仪器工业化生产布局。加强地震资料处理技术研究，1974 年，物探局计算中心使用国产 150 计算机和自己编写的地震资料数字处理软件，成功地得到了国内第一条海上地震勘探数字处理剖面。

五是形成了艰苦奋斗、顽强拼搏的作风。我国的物探队伍是在十分困难的条件下成长的，仪器装备和工作人员的生活条件都比较简陋。在自力更生、艰苦奋斗、建设社会主义国家的精神鼓舞下，物探工作者自觉地付出了大量辛苦的劳动，克服了野外遇到的种种困

难，积极采用各种有效办法，完成国家交给的物探任务。

当然，作为物探技术起步和快速发展阶段，技术标准、规范、质量控制等管理体系还不是很完备，往往参照仪器出厂指标，进行简单的质量控制。

第二节　改革开放与物探技术规模引进阶段（1978—1997 年）

该阶段是物探技术发展承上启下阶段，改革开放方针政策给石油勘探发展指明了方向，物探行业迅速扩大与国际交流合作，装备、软件等技术迅速与国际接轨，并加强勘探队伍合作、自主技术软件研发，引进国外质控技术，制订相应企业标准，逐步走向市场化的物探管理模式，为发现塔里木、吐哈、四川等油气田发挥了关键作用。

一、引进国外技术装备，迅速与国际接轨

党的十一届三中全会后，党中央、国务院要求进一步开阔视野，增加石油后备储量及产量。石油工业部提出要把石油勘探"放在主要地位来抓"，工作安排上做到装备、材料、技术干部配备、技术进步和技术改造、资金五个优先，加大技术引进，为我国物探技术进步提供了空前有利环境。物探工作者不失时机迅速加大了引进国外先进技术和最新仪器设备的力度。

一是引进地震勘探队伍。1979 年分别与美国地球物理服务公司（GSI）、地球资源公司（GeoSource）、法国地球物理公司（CGG）签订了塔里木、柴达木、准噶尔、东濮地球物理勘探合同，使国内物探工作者能够近距离学习国外先进的施工管理方法经验、项目管理经验。这些合作促进了国内地震勘探技术水平提高。

二是引进野外数据采集设备。国内地震采集仪器基本上一直依赖从国外进口。第一代光点照相仪器以苏制 51 型、TI 为代表，分别从苏联、美国引进；第二代模拟磁带以CGG59、TI、AS626 等为代表，分别从法国、美国、苏联引进。改革开放以后，从美国、法国、加拿大、德国、日本等国家引进了世界上最先进的物探技术装备。DFS-V、SN-338、GS2000、MD-20 等作为第一代数字磁带数字地震仪，地震道数96 道、120 道，A/D模数转换器16 位，同期，从美国 TI 公司引进了 DFS-V 地震仪器生产线，在西安石油仪器厂生产；SN-348、SN-368、Opseis-5586、System-I、Telseis 等作为第四代数字介质数字地震仪，仪器道数240 道、480 道、960 道，A/D模数转换器16 位，同期，从法国 CGG公司引进了 SN-368 地震仪器生产线，在西安石油仪器厂生产。在 20 世纪 90 年代初，仪器道数已达到千道，千道地震仪器技术进步推动了三维地震勘探的普及；SN-388、Aries、BOX、System-II、JGI 等作为第五代数字介质数字地震仪，带道能力数千道，A/D模数转换器16 位，同期，从法国 CGG 公司引进了 SN-388 地震仪器生产线，在西安石油仪器厂生产。在此期间，从荷兰和美国分别引进了 SN 系列和 GS 系列地震检波器生产线，在西

安石油仪器厂和徐水仪器厂生产。

三是引进物探处理解释软硬件。地震资料处理解释软件技术及装备部分国产，但大部分依赖进口。从美国引进了 IBM 系列、HP 系列大型计算机系统，引进了法国 CGG 公司的 GEO-MASTER 软件、美国 WGC 公司的 IQ 软件等。随着计算机技术的发展，交互处理得到迅速发展，从法国 CGG 公司引进了 Geo-Vector 软件、从美国 IAE 公司引进了 Promax 软件、WGC 公司 Omega 处理系统和 CSD 公司的 FOCUS 软件。解释方面引进了 VAX 解释装备、SIDIS/PE、解释工作站、Discovery 系统、Crystal 解释系统、Landmark 解释系统和 GeoQuest 解释系统等。

在引进的同时，我国的地球物理公司开始走向国际市场，物探局于 1994 年走出国门，到世界各地承揽了批量勘探业务。20 世纪 90 年代以来，我国物探队已经进入俄罗斯、美国、秘鲁、苏丹、伊朗、菲律宾、缅甸、土库曼斯坦等几十个国家的矿藏勘探市场。

通过这一时期的发展，石油物探技术总体上已接近或达到国际先进水平，迅速与国际接轨。到 1979 年底，全国石油物探队伍发展到 306 个，其中地震队 292 个。石油物探系统建成计算站 15 个，拥有 16 套中小计算机系统，年处理能力二维地震测线 12.6 万千米，全部实现了数字化处理。解释工作除层位、断层、构造解释外，能够利用地震振幅、频率、极性、层速度等信息实现地层相、沉积相划分，结合钻井、测井资料，开展岩性预测解释。

二、组织推进科技攻关，形成针对性配套技术

改革开放以后，贯彻落实邓小平"四个现代化，关键是科学技术现代化""科学技术是第一生产力"等战略思想，坚持物探科技发展与物探生产相结合，引进、消化、吸收和创新相结合，科技攻关与技术推广相结合，多出成果与多出人才相结合，组织实施采集技术、物探装备、处理解释技术及软件等物探技术科研攻关，形成了一系列单项技术和配套技术。

1. 物探装备

随着三维地震技术的发展，对仪器道数需求不断提高，20 世纪 80 年代末，西安石油仪器厂对 DFS-V 进行了革新改造，自主设计生产了 SDZ-240 地震仪器，带道能力 240 道，A/D 模数转换器 16 位。同期，物探局徐水仪器厂设计生产了 SK8000、SK83 地震仪器。为适应三维地震勘探、高分辨率勘探等技术需求，20 世纪 80—90 年代，西安石油仪器厂先后自主研发了 YKZ-480、YKZ-1000 等千道分布式遥测地震仪，物探局徐水仪器厂推出了 SK-1004、SK-1005、WF-1006 等千道分布式遥测地震仪。在随后的十多年间，地震仪器长期依赖进口，与国外仪器厂合作生产 SN388、SN408/428、I/O II 等仪器。

20 世纪 80 年代末，合作生产 SN 系列和 20DX 检波器；相继开发了 WTZ-18 型、WTZ-30 型、WTZ-50 型、WTZ-100 型、WTZ-200 型、WTZ-300 型、WTZR-6 型等适用于山

地、沙漠、砾石区的地震钻机；研发了 KZ-7、KZ-13、KZ-20、KZ-28 等型号的可控震源等。

2. 地震资料采集技术

1966—1969 年在胜利油田东辛地区使用光点地震仪、三角形测网、手工三维归位完成国内第一个三维地震勘探试验以后，1980 年在江汉油田高场地区实施了第一块数字三维地震资料采集，发现了 0.11 平方千米的小构造，以及河道砂体。1983 年，与美国地球物理服务公司（GSI）合作，在华北油田文留地区开展了三维地震勘探，施工面积 171.36 平方千米，利用本次三维地震勘探成果部署 9 口井位，成功率达到 70%。推动了三维地震勘探技术在河南濮阳、山东大王庄和惠民、辽河大民屯等地区的推广应用。

此阶段，三维地震以面元 25 米×25 米为主（克拉玛依为 50 米×50 米或 50 米×100 米），覆盖次数为 40~120 次，地震接收道数以 240~480 道为主（多套 DFS-V 120 道仪器组合形成），工作量占比不大。

通过这期间 20 余年的发展，地震资料采集技术实现了由模拟地震资料采集到数字地震资料采集的飞跃，形成了地震资料采集参数优化设计技术、大沙漠采集技术、特殊地表条件下三维地震勘探技术、多波勘探技术、山地勘探技术、沼泽和湖泊勘探技术、可控震源采集技术、地震现场处理机进行质量控制技术等，能够适应平原、山地、大沙漠、沼泽、滩浅海等多种不同地表。地震采集队伍包括物探局、各油气田地调处（物探公司）。

3. 地震数据处理技术

20 世纪 80 年代初，研发了 AP-150 数字计算机，利用 AP-150 计算机、DJS-11 计算机进行水平叠加和波动方程偏移处理，水平叠加地震数据处理技术不断进步。80 年代末，处理技术向叠前发展，波阻抗剖面、AVO、SLIM 等解释性处理研究取得较大进展，形成了三维处理和提高分辨率处理常规流程。

进入 20 世纪 90 年代，地震数据处理技术向叠前发展，并根据我国复杂地表特点，研发针对性的静校正、去噪、最佳拟合偏移、高阶有限差分深度偏移、叠后三维一步法偏移、最佳拟合一步法偏移、叠前部分偏移、F—X 域处理等技术。1996 年，利用自主研发的叠前深度偏移模块，结合以色列 PARADIGM 公司的叠前深度偏移软件，开展了塔里木克拉苏构造三维地震数据处理，叠前深度偏移成像效果明显改善。

通过这期间 20 余年的发展，地震数据处理技术实现了从模拟回放向数字化处理的飞跃，形成了物探局处理中心力量最强，中国石油勘探开发研究院、各物探公司研究所和部分油田研究院处理力量共同发展的格局。

4. 地震资料解释技术

地震资料解释技术的发展主要依赖计算机技术的快速发展，改革开放以后的 20 世纪 80 年代初，从国外引进人机联作解释系统，推广应用人机联作解释，通过消化吸收，形成具有自己特色的构造精细解释技术、层位综合标定技术、裂缝发育带解释技术、全三维解释技术、层序地层学解释技术、储层横向预测技术、模型正演技术、油气藏描述技术等。

在油气藏描述和开发方面，对油气藏特征进行横向预测，揭示储层分布和物性特征，用于油藏数值模拟，为开发方案提供更加充分依据，在国内开创了开发地震应用先例（刘振武等，2009a）。1994 年，引进了测井约束模型反演软件，提出了测井重构声波测井、电阻率测井的新方法，用测井约束反演孔隙度，精细解释查明了断层和隔层，进行油藏数值模拟，调整开发方案，提高了开发效益，使开发地震发展到一个新高度。研制了综合油藏描述软件（IRDS）和多井测井解释软件（START），形成了叠后储层横向预测平台。

通过这期间 20 余年的发展，地震资料解释技术实现了从手工和计算机辅助解释向计算机自动化运算解释和人机联作解释的飞跃，并逐步向三维可视化发展，使解释从单一构造解释发展到以精细构造解释为基础的地层岩性解释，应用领域从勘探向油藏评价开发延伸。

5. 重磁电技术

随着仪器设备技术进步，重磁电勘探精度大大提高，20 世纪 80 年代初开始，重磁电采集的数据处理、解释全部在微机或工作站上完成，促进了勘探方法不断改进，形成了高精度重磁力勘探技术、垂向电测深法、大地电磁测深法、连续电磁剖面法、可控源声频大地电测深法、建场法等重磁电勘探技术，以及多参数快速油气化探技术。重磁电震联合解释技术得到一定程度的发展，利用电法勘探直接找油技术初见成效。

6. 测量技术

1978 年以前，主要使用经纬仪进行导线测量，1979 年引进多普勒卫星定位仪，物探测量工作从传统测量阶段进入卫星定位测量新阶段，逐步采用 GPS 定位及网平差技术、GPS 数据短波粗传输技术、实时差分 GPS 定位技术（RTK 技术）等提高测量精度。

三、引进先进管理理念，初步建立技术监督管理体系

技术监督管理是现代化企业管理的重要组成部分。在石油工业部/中国石油天然气总公司领导下，制定了包括标准化、质量管理在内的一系列技术监督管理体系。1964 年，六四六厂制定了《野外质量要求和资料检查暂行制度》。1988 年，物探局发布了《地震勘探质量考核办法》《地震勘探资料处理质量考核办法》等。1992 年，物探局发布了《物探资料采集项目实施质量监督规定》等，全面推行质量管理。到 20 世纪 90 年代末，大力推行 ISO9000 系列标准。共形成地震勘探资料采集技术标准 17 个，地震勘探资料处理技术标准 7 个，地震勘探资料解释技术标准 9 个，重、磁、电、化勘探技术标准 7 个。物探质量管理体系初见雏形。

四、探索自主研发地震软件系统，打造油气勘探技术利器

石油行业是我国使用计算机最早的行业之一，主要用于地震资料的处理解释。地震处

理解释软件是充分发挥地震资料潜力的关键。长期以来，一方面，我国的地震资料处理解释主要依赖引进国外软件技术，外国地震软件长期占领中国市场，长期"一统天下"，制约了我国物探工作者所形成的特色物探技术的发展和作用发挥，但通过软件技术引进，使我们快速掌握了国外的先进技术，提高了处理和解释水平，锻炼了人才，掌握了地震软件开发的能力；另一方面，国外公司对高端处理解释计算机和软件技术出口我国进行限制，例如，限制当年引进的 Cyber172-4（1977 年引进）计算机阵列机的性能发挥、控制 IBM3033（1983 年引进，属于美国当时的召回产品）计算机的使用等。

从 20 世纪 70 年代初，在 121 计算机上开发了简单的处理软件包，我国第一台百万次国产 150 银河巨型计算机诞生，完成了处理软件开发，1974 年产生我国第一条数字处理地震剖面（争气剖面）。从这时起，国产地震软件已经走过了 20 余年的历程，国家一直把地震软件系统作为国产计算机最主要的应用软件系统之一，集中全国最优秀的专业人才协同攻关，意在使国产地震软件成为石油行业地震软件的主体。

1. SAAS 地震采集应用软件系统

为适应野外地震施工作业中日趋复杂的测量要求，从 20 世纪 80 年代末物探局地调二处开始研制，经过几年的开发，软件不断更新，功能不断完善，至 1992 年，形成了以支撑野外地震队测量所要求的各项工作为核心的地震采集应用软件系统 SAAS3.0 版，这是国内最早的地震采集应用软件。

该软件自 1992 年被物探局作为局标准软件在全局推广使用以后，先后推广到大庆、玉门、辽河、华北、胜利、长庆等油田。1994 年巴基斯坦国家石油勘探公司 OGDC 购买了 SAA3S.0 英文版。该软件系统为 1998 年启动的 KLSeis 地震采集工程软件系统研发奠定了基础。

2. GRISYS 地震数据处理软件系统

该软件系统是中国石油天然气总公司"八五"期间的重点科研项目，1992 年推出 GRISYS/PC 现场地震数据处理系统 1.0 版，1994 年推出 2.0 版。GRISYS/PC 面向野外物探地震队，具有处理效果好，操作方便灵活等特点，对野外施工质量做出快速反应，当天施工当天就能见到地震剖面，对控制野外施工质量起了很大的作用。

在现场处理版的基础上，形成了室内 GRISYS 地震数据处理软件系统，是集计算机技术、地球物理信息处理、地学等多学科、多领域先进技术的大型综合系统。从 1993 年 GRISYS 软件投放市场以来，GRISYS 软件迅速在各油田、各探区得到推广及应用。1994 年 3 月，中国石油天然气总公司做出了大力推广国产软件的决定，至 1995 年，销售现场处理系统 40 余套，工作站处理系统 70 余套，二维+三维处理包 110 余套。全国石油系统地震勘探队 GRISYS 软件的拥有率达 62% 以上。1999 年该软件升级到 4.0 版，成为具有国际竞争力的软件之一，累计销售约 240 套。

3. GRIStation 地震地质综合解释系统

GRIStation 地震地质综合解释系统的发展，秉承了现代化的软件开发组织管理。1992

年着手研发，1995 年对外发布，包含地震构造解释、地质解释、三维可视化显示与成图工具、储层分析及综合评价等功能。到 1996 年底，GRIStation 地震地质综合解释系统对外销售 100 余套，其中销售台湾 1 套，结束了长期以来解释软件完全依赖进口的历史。

五、提升作业能力，地震队伍开始走向国际市场

20 世纪 80 年代末，物探局贯彻执行中国石油天然气总公司"跨国经营"战略，积极开拓国际市场，1988—1989 年，根据石油工业部与缅甸能源部达成的协议，物探队伍（物探局地调二处）第一次赴国外执行了缅甸 MOC 石油公司的地震勘探项目。1994 年通过国际招标，夺得南美厄瓜多尔东部盆地丛林地区 1000 千米地震采集承包合同。至 1998 年，先后进入了缅甸、厄瓜多尔、美国、秘鲁、巴基斯坦、菲律宾、苏丹、伊朗等国家。

第三节　公司制改革转型发展阶段（1998—2010 年）

一、实施公司改制，物探业务按油公司与服务公司定位重组

我国经过近 50 年的油气勘探，剩余资源勘探难度加大，过去粗放型的油气勘探工作模式难以满足高难度油气勘探需求，物探的研究模式和地球物理技术必须有一个大的进步或飞跃，才能适应探明各种隐蔽性强、成藏条件特殊的油气资源的要求。

1998 年，中国石油天然气集团公司、中国石油化工集团公司两大公司实行了纵向一体化重组。物探企业中，物探局、大庆地调处、吉林地调处、辽河地调处、大港地调处、华北地调处、长庆地调处、四川地调处、青海地调处、玉门地调处、吐哈地调处、新疆地调处划归中国石油；胜利地调处、中原地调处、江苏地调处、江汉地调处、南阳地调处、滇黔桂地调处，以及原地矿部所属的一物、二物、三物、四物、五物、六物划归中国石化。国内石油物探队伍形成两大阵营。1999 年，中国石油天然气集团公司内部持续重组改制，在内部管理体制上分为上市部分和存续部分。

中国石油在物探企业剥离之后，一方面加强股份公司物探队伍建设，油田勘探开发研究院加强物探力量，重点开展各探区地震资料的处理解释和目标精细研究，1994 年，石油勘探开发科学研究院成立地球物理研究所（后改为物探技术研究所），加大物探技术规划与支持、重大领域勘探目标评价、特色技术研发和前缘技术跟踪、实用技术优选及完善推广、油田和中国石油的技术难题技术支持，中国石油及油气田公司进一步提高物探专业技术管理水平，制定详细的物探技术发展规划，明确发展方向，提出技术对策。另一方面加强物探工程技术企业服务能力的建设。

2002 年 1 月，在中国石油天然气集团公司工作会议上，做出了要完成物探局和西部地区测井业务专业化重组，组建中国石油物探和测井两个公司的决定。2002 年 11 月，经多

方论证，决定组建后成立中国石油集团东方地球物理勘探有限责任公司，由物探局、新疆地调处、吐哈物探公司、青海物探公司、长庆物探处、华北物探公司、大港物探公司联合组建。2009年，辽河物探公司又重组到东方物探。

至此，隶属中国石油下的地球物理勘探企业包括东方物探、大庆物探（含吉林物探）、川庆物探三家企业。

二、加强物探技术队伍能力建设，打破国外垄断

物探业务重组后，油公司和服务公司统筹协调发展，十分重视物探技术的发展，以西部前陆冲断带复杂构造、中西部薄储层低丰度油气藏、碳酸盐岩礁滩和缝洞体储层、老区滚动勘探为重点，抓好生产、攻关、科研管理各个环节，加大重大装备和核心软件研发，开展"两宽一高"、全数字、多波等前沿地震资料采集技术攻关，大力推广成熟的三维地震、叠前偏移和储层预测技术，攻克山地采集处理、复杂油气藏描述技术，推动物探技术应用水平不断提高。打破了国外在物探装备、软件和核心技术方面长期垄断局面，具备物探采集、处理、解释、重大装备和软件研发生产、核心技术攻关应用的综合实力，形成了具有较强竞争力的国际化物探技术服务队伍。

1. 加强专业化队伍建设

强化以提升物探技术服务能力为宗旨的专业公司建设，以提升油公司生产服务保障能力和技术创新为宗旨的油公司物探力量建设（刘振武等，2011）。形成了具有3万多名从业人员的物探队伍，其中地震采集队181支（国外59支）、VSP队9支、非地震队19支、处理解释CPU31700个。

服务公司力量包括东方物探（BGP），共有合同化员工21173人，拥有各类陆地及浅海过渡带采集设备129台套，55.1万道，各类震源420台，拥有IBM、SUN等地震资料处理解释大型计算机24441个CPU，物探队158支，其中陆地地震队129支、综合物化探队21支、VSP测井队8支；中国石油集团川庆钻探工程有限公司物探公司有4000余名员工，物探队32支；中国石油大庆钻探工程公司物探公司员工5140人，物探队18支。

油公司的物探力量主要包括大庆、吉林、辽河、冀东、大港、华北、长庆、西南、青海、吐哈、玉门、新疆、塔里木、浙江等14家油气田研究院和中国石油勘探开发研究院北京院、西北分院、廊坊分院、杭州地质研究院等4个直属研究院所。其中，直属研究院所共有物探技术人员354名，主要从事物探技术支持、关键技术研发、处理解释和综合评价服务、高端人才培养；油田公司共有物探技术人员1872名，主要从事处理解释和目标综合评价，支撑油田勘探开发。共有CPU数量11481个31188核，其中资料处理CPU共9781个27902核，资料解释CPU共1700个3286核、GPU数量86个45888核。

2. 提升装备研发制造能力

2006年，为提升物探国际竞争力，启动了"新型地震数据采集记录系统研制"项目。

2009 年，成功研制出具有自主知识产权的、与同期国外主流地震采集仪器技术水平相当的 ES109 新型地震数据采集记录系统，其中地震仪器的标志性技术高速数据传输率能力达到国际领先水平，比同期国际主流产品的数据传输能力提高 2~5 倍，达到 40Mbps（法国 Sercel 公司的 428XL 仪器数传输能力 16Mbps、原美国 ION 公司的 SYSTEM IV 仪器数传输能力 8Mbps）。

持续开展可控震源技术研究，相继研发了 KZ-28 型、KZ-30 型、KZ-34 型重型可控震源。自主研制的 KZ28-LF 型低频可控震源，有效频宽 3~160 赫兹，是当时国际上唯一一针对 3 赫兹设计、经过野外工业化检验的低频可控震源，解决了低频地震激发过程中激发方法的普适性问题，达到国际领先水平。自主研发的 KZ-34 型大吨位可控震源，能够适应大深度低信噪比条件下的勘探需要，激发能级由 60000 磅提高到 80000 磅，性能指标达到国际先进水平。研究掌握了 ISS、V1、DSSS 可控震源高效采集配套技术，开发了质量监控及数据处理配套软件，地震作业竞争能力得到进一步提升。

在其他辅助设备研发方面，自主研制了 SN7C 高精度检波器、SN8 检波器等，适合山地等区域作业；自主研制了 50 米、100 米、150 米、200 米、300 米车装钻机，基本达到国际水平，完全替代相关设备的进口。

3. 实现专业软件自主研发

2003 年，启动 GeoEast 地震数据处理解释一体化软件研发，2004 年推出 1.0 版，应用效果与国际同类处理系统水平相当，并具有自身特色，软件达到国际主流水平。2010 年前后，着手开发 GeoEast-Lightning 叠前深度偏移软件，在复杂构造区域、地层深部以及盐下构造成像等方面，与国际同类软件相比，具有更高的效率和精度，运算速度比同类产品快 3~4 倍。与其他公司的逆时偏移商业化软件相比，成像更精准，并行管理更先进，运行效率更高（刘振武等，2014）。

GeoMountain 山地地震勘探特色软件具备复杂山地采集、复杂山地和地下构造处理、复杂构造解释、多分量采集处理解释等功能，填补了国内外山地地震勘探专用软件空白，对于缩短山地地震采集周期、提高资料品质、降低成本具有重要作用，提升了解决复杂山地问题能力。

GeoFrac 地震综合裂缝预测软件具备测井资料处理与应用、综合裂缝检测、可视化等多项功能，在碳酸盐岩、碎屑岩、火山岩裂缝型储层预测中见到良好效果。

KLSeis 地震采集工程软件系统在 SAAS 地震采集软件基础上于 1998 年启动研制，2000 年推出 KLSeis1.0。在中国石油下属各物探部位使用率达到 95% 以上，在中国石化使用率达到 80% 以上。此系统在中东、中亚、非洲等探区也得到广泛应用，为树立中国石油技术品牌起到了重要作用。

GeoEast-GME 重磁电综合处理解释软件集成了三维重磁电、大功率人工源时频电磁、重磁电震联合等关键技术，在沉积层展布追踪、特殊岩性体识别、构造位置落实、含油气性检测等方面得到广泛应用（易维启，2016）。

三、启动专项攻关，复杂探区关键技术初步形成

为了解决复杂探区油气勘探和致密气有效开发难题，2006 年，中国石油设立物探技术攻关专项资金，围绕复杂山地、黄土塬等特殊地表和复杂山地高陡构造、碳酸盐岩储层、低渗透砂岩油气藏、火山岩油气藏四大重点勘探领域进行物探攻关（赵文智等，2008），持续开展提高资料信噪比、成像精度及提高储层预测精度的一体化物探技术方法攻关，逐步形成了复杂山地、沙漠、黄土塬、过渡带、大型城区、富油气区带、油藏地球物理、综合物化探、多分量地震 9 项具有中国石油特色的物探技术系列。截至 2010 年共完成 43 个物探攻关项目、80 个专题。复杂山地高陡构造勘探领域攻关，支撑发现落实圈闭 113 个、圈闭面积 4302 平方千米，提交井位 30 口。克深 2 井、克深 5 井、大北 3 井获重大突破，柯东 1 井获重大发现，预测天然气资源量 20615 亿立方米、油 1.3 亿吨；碳酸盐岩储层勘探领域攻关，预测有利面积 3541 平方千米，建议井位 215 口，预测储量气 1365 亿立方米、油 3.58 亿吨；火山岩储层勘探领域攻关，落实有利目标 61 个、面积 913 平方千米，建议井位 34 口，配合上交控制储量气 865 亿立方米、凝析油 651 万吨；低渗透砂岩油气藏勘探领域攻关，预测有利含油叠合面积 13206 平方千米，建议井位 411 口，配合探明储量气 11170 亿立方米，预测储量气 1780 亿立方米、预测油 2.15 亿吨。物探技术攻关取得突出的地质成果。

四、油公司物探技术管理模式初步摸索

为了进一步规范技术管理，在总结以往物探技术管理经验基础上，探索物探技术管理模式，包括物探技术的管理标准规范体系建设、物探基础工作管理、物探科研攻关管理、物探技术推广应用等。

1. 开展物探技术管理规范化建设

强化物探技术管理规章制度建设，截至 2010 年，制定下发行业标准 11 个、中国石油企业标准 8 个、中国石油勘探与生产分公司企业标准 4 个、管理规范 10 个，合计 33 个，并编制了《中国石油天然气股份有限公司"十五"后三年物探技术发展规划》《中国石油天然气股份有限公司"十一五"物探技术发展规划》。初步形成了包括国标、行标、企标、部门管理规范在内的物探技术管理标准规范体系，类别上包括通用基础、地震采集、地震处理、地震解释、综合物化探、物探装备，其中测量和井中仍然沿用上一阶段形成的标准规范。

中国石油勘探与生产分公司加强专业化技术管理，从生产需求出发，下发了《中国石油天然气股份有限公司油气勘探重点工程技术攻关管理办法》《物探技术攻关项目设计审查、中期检查、验收会议规定》《地震资料叠前时间偏移重点处理项目管理办法》《地震原始、成果老磁带销毁管理办法》《物探工程技术资料管理办法》《中国石油天然气股份

有限公司北京数据总库地震、测井数据拷贝与使用管理办法》《中国石油天然气股份有限公司地震老资料重新处理解释工作管理办法》《中国石油天然气股份有限公司勘探与生产分公司物探工程技术资料管理规定（试行）》《中国石油天然气股份有限公司勘探项目实施管理办法》等管理办法，强化先进技术应用管理，下发《地震攻关项目技术设计编写细则》《叠前时间偏移处理技术设计暂行规定》《叠前时间偏移处理质量监督设计暂行规定》《二次三维地震设计管理规定》《中国石油天然气股份有限公司地震资料储层反演技术规范（试行）》等技术规范，确保物探技术应用规范化。

2. 强化物探采集项目源头管理

这一阶段，在重点领域重点区带，开展地震资料（剖面）品质评价和技术可行性分析，针对以往一次采集的资料不足问题，开展二次三维地震采集试验和规模化施工工作，强化地震采集源头管理，确保数据质量大幅度提升。

在技术应用管理方面，强化采集源头，主要针对复杂构造区、复杂地表区、薄储层、深层弱反射等地质目标和评价开发三维地震勘探项目，以不断提高勘探成效满足地质任务为宗旨，开展采集方案技术设计审查。重点做好地震部署与地质任务的紧密结合、强化野外试验、提高资料信噪比和分辨率，合理协调技术参数的强化和优化关系，力求使新采集的地震资料满足叠前时间偏移处理和叠前储层预测需要，根据预探、油藏和天然气地球物理特点，强化针对性技术应用。

3. 推动物探新技术扩大应用

1）全面推广叠前时间偏移技术

2003 年股份公司设立叠前时间偏移处理示范区开展试点处理，2004 年开始普及推广。针对各区带不同三维地震资料采集年度跨度大、采集参数差异大、资料品质差异大等特点，发展完善了保幅去噪以提高叠前道集的信噪比、一致性处理以恢复地震振幅的空间相对关系、道集规则化处理以提高成像的可靠性、子波整形使各工区地震波特征趋于一致、过程质量控制等 5 项叠前时间偏移处理关键技术，形成了叠前时间偏移处理技术。强化组织冀东南堡、辽河大民屯、塔北轮南三个叠前连片时间偏移示范项目（赵邦六等，2005），举办叠前处理培训班、叠前时间偏移技术交流会，针对重点区带累计部署连片处理解释项目 33 个，总面积超过 54000 平方千米，基本覆盖了中国石油的主要油气单元和含油气富集区带。叠前连片时间偏移技术的推广，解决了多块三维资料之间的一致性、静校正、相位、能量差异等问题，为凹陷物源方向评价、储层沉积环境分析、构造演化特征描述、圈闭评价提供了资料基础，提高了复杂构造、复杂断层的归位精度，提高了地层岩性圈闭的雕刻能力（刘振武等，2010）。

2）储层预测技术从叠后走向叠前

2000 年以后，叠前储层预测技术得到迅速发展，通过持续攻关，已逐渐形成了以AVO、纵横波速度比、泊松比、叠前弹性反演、叠前同步反演等关键技术为主的叠前储层预测技术（刘振武等，2015），并发展形成了针对碎屑岩、火山岩、碳酸盐岩三类目标的储层预测技术系列。使松辽3~5米薄储层识别符合率达到85%以上，苏里格、大川中等低渗透储层预测成功率达到70%以上，火山岩有效储层预测符合率达到60%~70%，礁滩储层、缝洞型储层预测符合率达到80%以上。

3）开展多波地震技术先导试验

为提高流体检测精度、提高裂缝识别精度，加强多波地震处理解释攻关，共计完成二维工作量5364千米，三维工作量350平方千米，并开展了多波观测系统优化设计和各向异性处理、纵横波联合层位标定等处理解释方法研究（刘振武等，2008），使得有效储层预测精度大幅度提高。在苏里格气田，有效储层预测符合率从原来的60%提高到了80%左右。在大庆喇嘛甸通过多波资料识别了132个微幅度构造，并识别了浅层气藏的存在。

第四节　科学化发展阶段（2011年至今）

进入新的历史时期，油气勘探目的层从中浅层向深层延伸，对象从构造向复杂岩性延伸，区域从东部向西部深层、新区、新盆地、海洋延伸，业务重点从石油勘探向天然气延伸，业务链由勘探向开发延伸，勘探对象普遍面临"低、深、隐、难"的问题，对物探技术发展提出了更高要求。中国石油提出了物探技术应用尽快实现"三个延伸"，即采集向处理解释延伸、勘探向开发延伸、石油向天然气延伸，要求物探工作特别是地震处理解释工作尽快实现"六个转变"，即从叠后到叠前转变、从定性到定量转变、从构造解释到烃类检测转变、从单井平面解释到多井三维立体雕刻转变、从定勘探井到定勘探开发井并重转变、从技术多样性向技术实用性转变。这就要求要有新的物探技术管理理念，物探技术管理必须进入新阶段：建立健全各类标准规范；强化工作基础，强化过程管理；狠抓地震处理解释新技术应用，以充分挖掘地震资料潜力，提高构造成像精度、叠前储层预测和流体检测成功率；强化信息化管理能力建设；强化多类型人才培养；建立科学完善的物探技术管理体系。油公司在立足核心技术系统完善与配套的基础上，持续强化关键技术攻关，加强重大储备技术超前研究与试验，积极构建适合于中国石油上游业务快速发展的物探技术与管理体系，突出物探技术在油气勘探开发中的主导和核心作用，提高优质圈闭预测评价成功率和钻井成功率。

一、以勘探开发主营业务为导向，探索油公司物探技术管理新模式

"十二五"以来，中国石油油气勘探开发领域日趋复杂，提出了加快建设世界一流综合性国际能源公司的战略部署，国家对保障国家能源安全提出新的要求，做出加快油气勘探开发业务的重要指示，特别是中国石油明确提出打造物探技术等三把利剑，为高效勘探、低成本开发保驾护航。为打造好中国石油物探技术利剑，需要创新物探技术管理，建

立适应新发展要求的国际一流物探技术管理体系，使物探技术能够真正成为中国石油上游业务最关键的核心技术。

1. 适应油公司发展和地质需求，开展物探技术管理体系建设

随着油气勘探开发的不断深入，中国石油勘探开发领域不断向"低、深、海、非"延伸，地球物理勘探技术面对的油气勘探开发目标隐蔽性增强，研究对象日趋复杂。主要表现在：一是地表条件更加复杂，山地（黄土山地）、城区、海域等探区比例增加到50%以上；二是岩性地层构造向湖盆中心超薄储层延伸，海相碳酸盐岩向深层白云岩拓展，构造向超深层前陆复杂构造拓展，勘探深度已延伸至6000~8000多米；三是储层品质向低渗透、超低渗透、低丰度、低产量延伸，特低渗透储层占油气探明储量比例增大；四是油气目标越来越复杂，常规油气剩余资源分布在复杂推覆构造、盐下和盐间构造、复杂断块、复杂岩性等区带，非常规油气占比逐步增大。物探技术的任务是地震薄储层识别、复杂构造成像、复杂油气藏预测、深层目标评价等，然而物探技术精度还不能完全满足勘探开发需求，面临着米级储层提高分辨率、复杂地表提高信噪比、复杂构造提高成像精度、碳酸盐岩提高储层刻画精度、深层提高目标落实精度、成熟探区提高剩余油预测精度、非常规领域提高"甜点"预测技术针对性等一系列的技术挑战。

为保障国家能源安全，国家对石油工业发展做出重要批示，要求打好油气勘探开发进攻战，实现原油产量稳中有升和天然气快速上产。中国石油对上游业务提出突出"四大战略任务"、推进"四个转变"、实现"三个保障"的战略部署，做出了加强油气勘探，加大地震勘探的重大决策和打造物探、钻井、储层改造三把技术利剑的要求，这些都凸显了物探技术发展的重要性和紧迫性。在中国石油实施创建国际一流油公司战略机遇期，作为中国石油核心业务最前端的地球物理勘探是实现资源战略的最关键业务之一，物探是油气勘探的先锋队，没有物探就没有勘探，没有勘探就没有资源，没有资源就不可能成为国际一流油公司。因此，物探技术成为上游业务中首要的关键环节，其物探施工质量、资料品质、成果精度直接影响勘探开发最终成效。因此，创建国际油公司一流物探技术管理体系是当务之急、发展之需、成功之道。

根据油气勘探开发形势发展需要，中国石油勘探与生产分公司组织梳理了主要盆地、主要领域物探技术发展目标、采集处理解释工作任务和具体技术措施，制定新的技术发展规划，围绕发展计划着手建设中国石油物探技术管理体系，强化油公司在物探技术发展和应用中的主导作用。2014年起，中国石油勘探与生产分公司着手组织编制物探业务管理办法这一纲领性文件。在充分吸纳油田、服务公司、研究研所等各单位意见的基础上，进一步修改完善，于2018年5月成文下发《中国石油勘探与生产分公司物探业务管理办法》（以下简称物探业务管理办法）。

物探业务管理办法贯彻落实了科学发展、绿色发展的理念，明确了物探技术研发、难题攻关和推广科学适用技术的管理措施，强化了物探人才培养机制和激励机制建设，充分体现了精益管理的理念，为实现物探项目合规、优质、高效、绿色、安全运行提供了合规性保障，为物探技术高质量发展奠定了坚实基础。

围绕国内上游油气业务的总体要求和决策部署，以支撑"油气储量增长高峰期""高含水老油田二次开发"和"天然气快速增长"为目标，中国石油勘探与生产分公司分析国内外技术发展现状、公司未来五年至十年勘探形势、主要领域和面临的技术问题，分盆地、分领域制定物探技术政策，提出物探技术发展的工作任务和具体技术措施建议，明确技术发展方向和工作重点，编制形成了"十二五"物探技术发展规划、"十三五"物探技术发展指导意见，这是不同阶段物探技术发展的纲领性文件；先后发布了《高保真、高分辨率地震数据处理技术应用指导意见》《叠前深度偏移速度建模技术应用指导意见》《地震数据处理噪声衰减技术应用指导意见》三个地震资料处理规范性技术文件，进一步指导物探技术应用，提高薄储层分辨率、复杂地区信噪比、复杂构造成像精度，努力提高薄储层和流体预测符合率，为效益勘探开发奠定发展基础。

物探业务管理办法、技术发展规划和地震技术应用指导意见，是中国石油物探技术管理体系建设的重要组成部分，是油公司物探业务管理的纲领性文件和技术发展的重要基础。这是中国石油物探业务管理上的历史性创新，是油公司物探技术管理迈入科学化的标志，在国内乃至国际物探行业发展中具有里程碑的意义。

2. 遵循物探技术发展规律，夯实基础工作、强化质量控制

物探技术伴随着电子工业、计算机、信息等技术的发展而快速发展，观测方式从二维到三维再到高密度宽方位三维；成像方式从手工叠加到计算机水平叠加，从叠后偏移再到叠前偏移；解释方式从叠后剖面特征到各类属性再到叠前地震全信息的利用，地震资料信息挖掘的精度不断提高。因油气勘探开发所要识别和分辨的数据信息的数量级将从几十米提高到米级甚至厘米级，而野外地震数据采集、室内资料处理环节影响因素多，极易造成数据受到干扰、衰减、吸收等污染，处理解释需要除地震数据之外的更多基础性数据支撑，需要科学有效地提高各环节质量，确保成果数据准确可靠。因此，物探基础管理工作变得尤为重要，这是油公司物探技术管理的重要内容，是科学管理、科学决策、降低成本的重要条件，是全面推进提质、提速、提效的重要保障。随着近年来中国石油建设世界一流综合性国际能源公司的进程加快，需要完整的物探技术管理体系以满足新时代的发展要求。

"十二五"以来，为适应物探技术攻关、老资料重复处理解释挖潜等工作，中国石油勘探与生产分公司组织研究和开发"统一石油地质与地球物理图形数据格式"，为物探研究工作和技术发展奠定了基础，有效缩短研究周期。同时，为地震勘探部署论证、工程技术设计、野外地震资料采集、资料处理与解释以及日常管理的高效组织，又组织开展"物探基础数据库"建设和"物探工程生产运行管理系统"等基础应用软件开发。2012年，在新疆乌鲁木齐组织召开上游业务物探基础工作现场会，安排各油田必须抓好物探基础工作，明确了基础建设目标，提出开展测量与SPS、静校正、地表高程、高精度卫星图片、表层调查、速度、地表吸收补偿、岩石物理数据八大数据库的建设。这些数据库的建设，为地震勘探部署论证、工程技术设计、野外地震资料采集、资料处理与解释以及日常管理奠定了良好基础。自 2013 年开始，组织开展"地震岩石物理分析应用系统""石油物探成果图件生成与质控系统"等软件开发，形成了石油地质与地球物理图形数据 PCG 格式，统一了国际上难以完成的地球物理成图格式标准，为物探技术发展创造了有利条件，奠定了中国石油在国内物探行业发展中的主体地位，提升了我国物探技术在国际地球物理行业的影响力，为创建具有全球竞争力和世界一流企业目标贡献了物探力量。

随着油气勘探开发节奏的不断加快，三维地震采集处理解释工作进入规模化部署和大数据发展时代。这对野外地震资料品质实时监控评价提出了新的要求，迫切需要研发智能化的质控软件系统，为现场施工队伍、油田监理及勘探管理部门协同工作提供信息化、自动化质控手段。中国石油勘探与生产分公司提前布局，设立物探科研项目，组织开展采集、处理、储层预测质控软件开发。2012 年部署研发"地震采集数据质量实时分析与自动评价系统"Seis-Acq. QC，组织起草编制中国石油企业技术标准，2014 年开始在系统内推广应用该软件。2014 年部署研发"地震数据处理质量分析与评价系统"Seis-Pro. QC，次年形成企业技术标准，2016 年开始推广。2017 年部署研发"储层预测质量分析与评价系统"，目前已完成试运行版和企业标准的编制，并逐步扩大应用。至此，地震数据采集、处理、解释三个环节的质量控制，可以全面实现信息化、可量化，大幅度节约了野外采集、资料处理环节的质控成本和时间，减少了资料评价的随意性和主观性，大幅度提高了质控的科学性，是中国石油物探技术管理科学化的又一重要标志。

3. 遵循经济有效原则，推进标准体系、人才队伍建设

一方面，随着油气勘探开发对物探精度要求不断提升，促使物探技术不断进步，物探采集、处理、解释和综合研究各环节的技术参数不断强化，提交技术成果的类型更加丰富多样，越来越多的先进有效新技术新方法不断快速地投入应用。另一方面，随着地震采集处理解释工作量不断增大，传统的技术管理模式和工作效率已经不能满足生产管理要求。为适应新技术发展和工作节奏要求，实现经济有效和科学地评价、判断技术的应用成效，中国石油勘探与生产分公司全面部署、组织编制和完善相关标准体系。

"十二五"以来，组织相关油田、东方物探和中国石油勘探开发研究院对以往国标、行标、企标和管理文件等规范性文档进行梳理，本着"先进有效，完整有序"的原则，重新完善物探技术标准体系，加快缺项、短板技术标准规范的制订、修订步伐，形成了国标、行标和企标相互匹配、互为一体的高质量技术规范和标准体系，为物探技术快速发展和物探业务信息化管控，打好了基础，创造了条件。目前，物探技术标准在统一的顶层设计下，形成了包括国标、行标、企标和企业管理规范的完整的标准规范体系，共建立了物探通用基础、物探测量、地震采集、地震处理、地震解释、重磁电化、物探装备使用维护及井中物探等 8 类物探标准及规范 91 个，其中国标 6 个、石油物探行业标准 52 个、中国石油企业标准 24 个 (勘探专标委 14 个、信息部 1 个、安全环保专标委 1 个、劳动定员定额专标委 1 个、工程专标委 7 个),以及中国石油勘探与生产分公司管理规范 9 个。至此,物探技术标准体系已成为国内石油专业标准体系中最完备的业务标准体系,确保了物探技术应用有据可依,有规可循。在此阶段,物探多个标准多次被全国油标委、中国石油企标委评为优秀标准,物探专标委也多年连续获得优秀专标委的称号。

为响应中国石油"十三五"建设"世界一流综合性国际能源公司"的发展目标和建设国际化一流人才队伍的需要,按照"十三五"物探技术发展指导意见,部署开展物探复合型专业人才培养,探索专项技术人才培养机制和培养模式。以中国石油上游业务高质量发展目标为导向,围绕油气勘探开发物探技术需求,立足各单位业务特点,建立了中国石油勘探与生产分公司顶层设计、油气田单位人才选用、研究院组织实施的管企培三位一体的协同培养管理模式;创建了具有"地质与物探结合、测井与物探融合、处理解释一体化"三个复合和"突出基础理论与应用、突出学科综合与实践、突出思路领悟与创新、突出成果总结与精练、突出培训实效与考核"五个突出特色的包含九大培训模块的课程体系;建设具有丰富理论基础与现场案例经验的师资库;组织实施了多种形式的、以实践为导向的培训和考核方案;建立健全了技术人才跟踪培养的动态跟踪管理机制。截至 2020 年,中国石油勘探与生产分公司连续 5 年组织举办 5 期"物探复合型人才实训班",为 16 家油气田公司和东方物探、中国石油勘探开发研究院培养 163 名技术骨干,为中国石油高质量发展和创建全球一流综合性能源公司做出了突出贡献。

4. 把握信息化发展趋势,加强信息化管理平台建设

随着计算机信息技术的快速发展,信息化时代已经到来。物探是集电子、计算机、信息、物理、数学、地质等多学科于一身的跨学科高技术学科,物探技术的发展离不开信息化,物探技术管理同样离不开信息化、数字化。进入"十二五"后,地震采集处理解释进入大数据时代,数据量呈几何级数增长(王喜双等,2014),生产节奏加快,迫切需要便捷的生产运行管理平台,实施物探技术的科学化、信息化管理。

2012 年,中国石油勘探与生产分公司与中国石油信息化统建建设项目 A1 (勘探与生产技术数据管理系统)相结合,组织开展"物探生产运行子系统"开发,2014 年正式上线应用。经过一年的试运行,2016 年中国石油勘探与生产分公司组织召开物探信息工作推进会,全面实现了包括地震、非地震、井中等物探采集、处理和解释工程项目的全流程、全方位管理。A1 系统满足物探信息数据可查询、可分析,来源可追溯的专业管理需求,规范了物探工程项目的管理流程和质控要求,提供了项目各环节关键数据的综合分析和各盆地地震部署、技术发展与决策支持手段,是物探技术及管理人员的重要工作平台。A1 系统的全面使用,标志着中国石油物探技术管理科学化水平又一次提升。

二、持续组织攻关瓶颈技术,集成重点油气勘探领域配套技术系列

虽然"十一五"期间物探技术得到长足发展和进步,但随着油气勘探开发领域、目标

对象和地表条件的变化，高难度探区和领域越来越多，以前诸多久攻不克的区带和领域再次提到议程。"十二五"以来，油气勘探开发领域由中浅层向深层超深层、由简单构造向复杂岩性、由常规向非常规推进的趋势不可逆转，已有的物探资料、技术难以满足新领域、新对象的需要，物探技术攻关和新技术研发将是一项高难度、长周期的艰巨任务。

1. 针对勘探开发需求，持续强化技术攻关组织管理

针对"低、深、隐、非"的地质难题，为提高物探技术攻关的成效，中国石油勘探与生产分公司采取了四项管理措施。**一是制订重点工程技术攻关管理办法**，明确项目立项原则，严把开题技术设计，规范攻关单位选择，严格过程质控评价，规范成果展示与成果管理等等。**二是制定技术应用指导意见**，包括《高保真、高分辨率地震数据处理技术应用指导意见》《叠前深度偏移速度建模技术应用指导意见》《地震数据处理噪声衰减技术应用指导意见》，规范关键技术应用。**三是强化项目组织管理**，成立技术攻关领导小组，强化开题设计审查，按照"六定"（定目标、定工作量、定规模、定技术方案、定"规定动作"和"自选动作"）原则，突出技术攻关的针对性、时效性、创新性；在队伍选择上引入竞争机制，实施并行攻关；组织专家全过程跟踪指导，强化攻关技术方案审查、中期检查、终期验收，并对项目实施效果进行后评估；同时，强化攻关过程自主科研成果技术有形化，形成自主软件产品，推广应用成熟实用的成型技术。**四是强化过程质量控制**，按照地震资料采集工程质量监督与评价规范、地震数据处理质量分析与评价规范和地震预测质量监控技术规范等标准规范，使用地震采集数据质量实时分析与自动评价系统、地震数据处理质量分析与评价系统、储层预测质量分析与评价系统三大分析系统，开展攻关质量控制与评估，使物探技术攻关工作科学、规范、有序、有效。2010—2020 年，中国石油勘探与生产分公司围绕六大地质领域的勘探难题，共设立物探技术攻关项目 60 个，其中复杂构造领域 12 个、复杂岩性领域 15 个、复杂碳酸盐岩领域 9 个、火山岩领域 3 个、非常规领域 8 个。这些攻关项目为风险勘探的突破、勘探评价规模储量的提交和天然气开发的快速上产发挥了重要作用。

2. 瞄准油公司急需关键技术，组织科研立项研发

油公司在组织技术攻关和新技术应用的同时，也面临着有些基础性、关键性技术和工具手段无处寻觅的问题，必须依靠油公司自身力量研究开发（撒利明等，2016）。为此，中国石油勘探与生产分公司针对油气勘探开发管理和技术需求，对关键性、针对性难题，分年度组织实施科技研发，特别是围绕基础性、关键性技术软件研发和重点、难点领域技术难题，组织科研项目立项研究。在组织研发过程中，强化科研与生产结合、基础研究与有形化推广结合，突出项目的创新性和"短、平、快"特点。2010—2020 年来，共设立科研项目 20 项，组织研发了地震数据处理质量过程分析与定量评价系统、地震岩石物理分析应用系统、石油物探成果图件生成与质控系统等特色软件。这些系列科研成果全部形成有形化技术，并在中国石油内部全面免费推广应用，已见到丰富的应用成果，为中国石油物探技术快速发展做出了应有贡献。

3. 持续十年技术攻关，形成面向六大地质领域的物探配套技术

根据油气田勘探开发生产需要，2010—2020 年连续十年组织东方物探、川庆物探、各油田公司研究院、中国石油勘探开发研究院物探技术研究所、西北分院、杭州地质研究院及斯伦贝谢、法国 CGG、Paradigm 等国际知名地球物理服务公司开展并行攻关。针对高难度攻关项目，采取并行攻关是中国石油多年探索出的成功经验，其并行攻关主要形式是一个项目由两个单位同时攻关，一般采取服务公司间并行、服务公司与油公司间并行、国内单位与国外公司间并行三种模式，目的是相互竞争促进、相互交流学习，并确保攻关项目具有较高的成功率。通过强化攻关管理和攻关单位的不懈努力，物探技术攻关实现油公司与技术服务公司的双赢局面。特别是中国石油在复杂山地高陡构造、碳酸盐岩、复杂岩性、火成岩、低渗透致密油气、页岩油气等六大领域快速形成配套技术，地震资料品质取得质的飞跃，许多高难度探区和复杂地质领域获得油气勘探的突破。形成的主要配套技术系列如下。

1）复杂山地高陡构造物探配套技术

在塔里木油田克拉苏、大北、西秋、东秋、柯东、阿瓦特、博孜，新疆油田吐谷鲁、高探、准西北、南缘齐古、玛纳斯、霍尔果斯，青海油田狮子沟—油砂山、柴西英东、英雄岭、柴北缘马北、柴西大乌斯、狮北，吐哈盆地七泉湖、北部山前带、火焰山，四川盆地川西北、龙门山、川西北双鱼石、川东大天池—云安场，鄂尔多斯盆地西缘复杂构造带，共部署攻关项目 37 个，二维工作量 8629 千米、三维工作量 8480 平方千米。

通过持续攻关：（1）形成以面向目标的高覆盖高密度宽方位采集（刘振武等，2009b）、有线+无线节点混合接收、卫星遥感和无人机航拍辅助观测系统设计、复杂地表复杂构造束线三维地震资料采集、近地表结构、速度调查精细调查等技术为核心的高密度宽方位三维地震采集技术，实现了复杂山地山前地震有效信息由无到有的突破；（2）形成以表层约束的层析折射静校正、叠前多域噪声压制、地表信号一致性处理、近地表与地下速度联合速度建模、各向异性叠前深度偏移等技术为核心的起伏地表叠前深度成像处理技术，实现了复杂构造从有到准的突破；（3）形成以复杂逆推断裂解释、挤压型盐相关构造建模为核心的精细构造解释技术，实现复杂构造圈闭准确落实（图 1.7）。在塔里木盆地库车坳陷秋里塔格构造中部转折带，三维地震勘探攻关后落实中秋 1 构造等多个构造圈闭，实施中秋 1 井风险探井，2018 年获得油气大突破。在该领域共发现落实圈闭 296 个，总面积 8217 平方千米，提交井位 131 口。

2）复杂岩性油气藏物探配套技术

在四川盆地大川中、广安，辽河油田大民屯凹陷、红星—大平房、西部凹陷、青龙台，青海油田三湖、柴西南扎哈泉、乌东，吉林油田乾东地区、长岭凹陷葡萄花，大庆油田长垣、朝长、海拉尔、昌德、安达、贝尔，大港油田歧南—歧北、孔南、海斜坡区、板

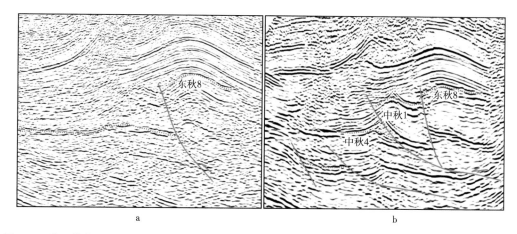

图 1.7　秋里塔格地区过东秋 8（4 炮 3 线）宽线偏移剖面(a)与三维(28L3S648)偏移剖面(b)对比

桥斜坡，玉门油田酒泉盆地鸭西，华北油田饶阳凹陷南马庄，吐哈油田台北凹陷南部斜坡，冀东油田南堡凹陷、冀东腹部凹陷，南方地区海南福山凹陷，新疆油田环玛湖凹陷、北三台、达巴松、漠南、腹部、西北缘，鄂尔多斯盆地苏里格、庆城北，塔里木油田玉东—英买等地区共部署攻关项目 47 个，二维工作量 25318 千米、三维工作量 9809 平方千米。

通过攻关，形成了以精细静校正、近地表 Q 补偿、六分法叠前去噪、Q 偏移处理、全频保真成像、多波联合处理等技术为核心的高保真、高分辨率宽频地震处理技术，提高储层分辨率和小尺度构造成像精度。实现沉积微相和储层精细描述，在玛湖达 13 井区百口泉组储层预测符合率由以前的 62%（图 1.8a）提高到 92%（图 1.8b）。攻关在该地区落实发现 477 个圈闭，总面积 8922 平方千米，提交井位 536 口，支撑玛湖、阜康、玉东、川中徐家河、沙溪庙、苏里格、陇东、长垣及两侧、饶阳、歧口、雷家等地区规模增储。

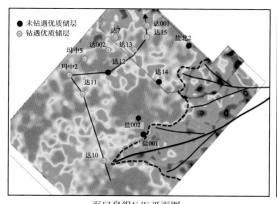

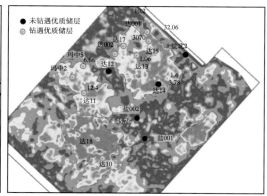

a. 百口泉组V_p/V_s平面图　　　　　b. 百口泉组"甜点"储层概率反演平面

图 1.8　玛湖达 13 井区百口泉组储层预测 V_p/V_s 与"甜点"储层概率反演对比

3）碳酸盐岩储层地震勘探配套技术

在塔里木盆地塔中82、塔中45、塔中54、中古20、中古8、哈6、新垦、哈7、塔东古城，四川盆地鄂西、龙岗西、九龙山、磨溪龙王庙组、高石梯灯影组、蜀南云锦向斜、川东奉节南，鄂尔多斯盆地天环北坳陷、苏203、古隆西缘，华北南马庄等地区共部署攻关项目31个，二维工作量2560千米、三维工作量14605平方千米。

通过攻关，形成了以低频可控震源+井炮混采采集处理、叠前叠后礁滩有利相带预测描述、微幅度构造刻画、古地貌恢复、多波地震数据采集处理解释、叠前多参数含油气预测、地震—非地震联合解释等技术为核心的丘滩型碳酸盐岩储层描述技术，以高覆盖高密度宽方位观测系统设计、多属性优选和融合的缝洞型储层识别、各向异性叠前深度偏移处理、小尺度缝洞型正演模拟、逆时叠前深度偏移处理、分方位叠前裂缝检测等技术为核心的缝洞型碳酸盐岩储层描述技术，在塔里木台盆区实现了层间弱信号从无到有、串珠成像从散到聚、串珠归位从偏到准、储集体雕刻从定性到定量转变（图1.9）。形成了碳酸盐岩缝洞型油气藏缝洞雕刻储量计算方法，成为中国石油企业标准，解决了缝洞型油气藏储量估算精度低的难题，在塔北、塔中、川中、鄂尔多斯等地区推广，预测有利含油气面积14624平方千米，提交井位390口，储层预测符合率在90%以上。在塔北地区钻井深度误差小于3‰，钻井成功率大于85%。

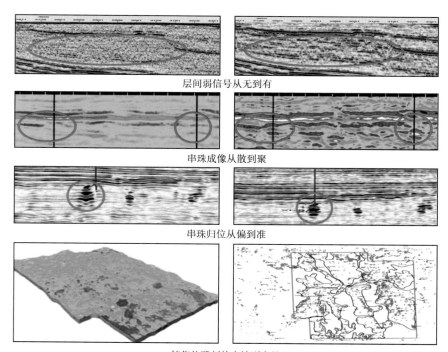

层间弱信号从无到有

串珠成像从散到聚

串珠归位从偏到准

储集体雕刻从定性到定量

图1.9　塔里木台盆区攻关前后效果对比

4）深层火山岩物探配套技术

在准噶尔盆地陆东—五彩湾、陆西、准东深层石炭系、美6井区、北43井区、松辽盆地徐东地区、古龙断陷等地区共部署攻关项目7个，二维工作量378千米、三维工作量2991平方千米。

通过攻关，形成了以宽频高密度观测系统设计、大吨位低频可控震源激发、单点激发单点接收为核心的"两宽一高"三维地震资料采集技术，以保低频叠前去噪、基于扫描信号的低频补偿、表层吸收衰减补偿为核心的低频补偿资料处理技术和重磁电井震"五位一体"综合识别火山机构及岩性体刻画技术，解决了克拉美丽石炭系资料低频能量不足、高频散射严重等问题，提高了石炭系成像质量，石炭系内幕结构清楚（图1.10）。共发现、落实圈闭88个，总面积1434平方千米，提交井位51口。准东克拉美丽地区井震吻合率从原来65%提高至85%，探井成功率由56%上升到91.3%。

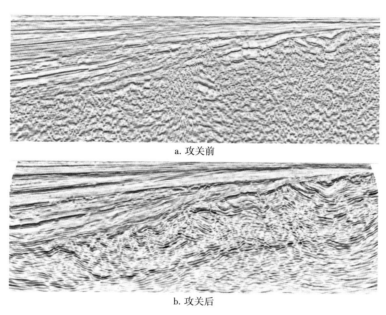

a. 攻关前

b. 攻关后

图 1.10　克拉美丽阜东5井区攻关前后偏移剖面效果对比

5）致密页岩油气物探配套技术

在鄂尔多斯盆地伊陕斜坡—天环凹陷、庆城北黄土山区，松辽盆地齐家—古龙、长岭凹陷，华北冀中束鹿，准噶尔盆地吉木萨尔、西北缘，吐哈盆地丘陵，辽河油田雷家—高升、西部凹陷，四川盆地川中蓬莱、长宁，大港孔南、歧口歧北，辽河油田大民屯凹陷等地区共部署攻关项目18个，二维工作量2500千米、三维工作量5186平方千米。

通过攻关，形成了以近地表层析反演静校正、保幅叠前去噪、近地表Q补偿、OVT域分方位处理、VTI各向异性叠前偏移为核心的高分辨率保幅处理配套技术，提高页岩储层和小断层分辨能力，提高地质"甜点"、工程"甜点"预测精度，提高水平井钻井成功率，也为页岩油气等非常领域勘探开发探索了经验。

十多年的物探技术攻关，极大地促进了"十二五""十三五"期间物探技术的快速进步，使物探技术特别是三维地震勘探技术实现了由窄方位到宽方位、组合到单点、低密度到高密度、叠后到叠前、时间域到深度域、各向同性偏移到各向异性偏移、定性到定量、纵波到多波等8个技术领域的跨越。

三、加强技术管理，推广先进适用物探技术，支撑公司主营业务发展

物探技术管理体系的建立，实现了物探工程项目管理科学化和精细化，为先进适用物探技术推广应用和地震资料的挖潜创造了条件，提升了高难度探区的地震资料品质，促进了勘探开发精度的提高，有效控制了作业成本，实现了在高密度地震资料采集处理的条件下，物探单位成本没有大幅度上升，助推了中国石油高效勘探、低成本开发和天然气业务快速发展。

1. 强化源头，把握技术应用方向，夯实资料基础

围绕不同领域目标地质难点和瓶颈问题，严把地震勘探源头技术关，强化技术针对性，对重点难点预探项目、评价项目和开发项目三维地震采集技术设计进行严格审查，以经济适用和立体勘探为原则，优选技术、优化技术参数。大力推广"两宽一高"、单点高密度等高精度三维地震技术（赵邦六等，2021a），接收道数由"十一五"的平均5000道左右提高到现在的1万多道，最高达4万道；面元由25米×25米缩小到20米×20米、12.5米×12.5米，最小达到5米×5米；覆盖次数由120次左右提高到200次左右，最高达1152次；横纵比由0.4左右提高到0.8左右，最高为1（全方位）；炮道密度由20万~40万道/平方千米提高到60万~100万道/平方千米，最高达到1152万道/平方千米。大力推广自主研发的拓低频可控震源激发技术，地震资料频带从8~58赫兹拓宽到3~64赫兹。通过拓宽观测方位、接收频宽和增加覆盖密度等技术措施，有效提高地震纵横向分辨率和保真度，增强小尺度构造和储集体空间变化的识别能力。使东部储层纵向分辨能力从8~10米提高到5~8米，横向分辨能力从80米左右提高到20米左右，储层预测符合率从65%左右提高到80%以上，流体预测符合率从60%左右提高到70%以上；西部储层纵向分辨能力从15~20米提高到10~15米，横向分辨能力从100米左右提高到50米左右，为构造储层、岩性储层、缝洞型储层、致密储层、非常规、深层等油气勘探和油藏描述提供了有效支撑。

2. 强化过程，推广智能化与信息化管理和质控，确保资料品质

按照物探技术管理体系要求，各油田公司强化物探工程项目的过程控制，利用物探技术管理体系建设取得的技术成果，对地震采集、处理与解释项目进行跟踪分析与评价。首先，野外地震队全面推广野外监控智能化，采用视频等方式监控放线、钻井等工序，做到自证合格，室内校核。中国石油勘探与生产分公司在质控技术手段研发成功后，全面推广

"地震采集数据质量实时分析与自动评价系统"，通过分区建立质量标准炮，实施自动量化质量评价，避免人为的评价误差，既提高过程控制的科学性，又提升了质量监控效率，与传统人工评价方式相比，效率提高 10 倍以上，实现无纸化办公，降低野外作业成本，提高质量控制及时性。同时，根据不同探区气候和地形地貌特点，制定安全生产时间窗口，全面实施地震施工"禁采期"制度，为地震资料品质提升、生产效率提高和施工安全保障等创造了条件。

在地震资料处理、解释项目实施过程中，各油田公司也逐步推广了过程量化质量控制技术，使用中国石油勘探与生产分公司组织研发的"地震数据处理质量分析与评价系统""储层预测质量分析与评价系统"，在项目开题、技术设计、项目运行、验收和后评估等环节，全流程实施专项审查、专人跟踪和量化评价，减少了无为的返工整改，节约了资料处理解释环节的质控成本和时间，减少了人工资料评价的随意性和主观性，大幅度提高了质控的科学性，形成了信息化、智能化的物探管理新模式。

3. 技术主导，深化老资料挖潜，支撑目标评价

利用新的地震处理解释技术，强化老资料重新处理与解释，挖掘老资料潜力，这一做法已成为中国石油成熟的做法和成功的经验（董世泰等，2019）。各探区紧跟地震处理解释新技术发展动态，特别是中国石油勘探与生产分公司组织的物探技术攻关项目的技术成效，及时把攻关过程中产生的新技术、新方法、新思路和新流程用于实际生产，实施地震老资料挖潜工程。地震资料处理上，将表层约束的高精度层析折射静校正、叠前多域噪声压制、地表 Q 吸收补偿与信号一致性处理、全深度速度联合速度建模、单程波 Q 偏移、起伏地表叠前深度成像、各向异性深度偏移等技术和 GeoEast 软件新功能全面推广到地震老资料的挖潜处理，并利用地震处理质量控制软件强化过程量化考核；地震资料解释上，应用并发展地震属性分析、地震层序地层学、岩石物理分析和叠前储层预测等新技术，提高构造解释、储层预测及油气检测的精度，利用三维可视化、虚拟现实技术和快速自动解释技术，进一步提高了地震解释效率和成果展示效果，特别是应用多学科协调工作平台，加强地震与地质、钻井及油藏的结合，提高了综合解释和目标评价的可靠性。

物探技术的进步，使勘探精度大幅度提高。在塔里木盆地库车地区，构造落实精度不断提高，目的层深度预测误差由 6.4% 降低到 2.3% 以内，探井成功率由 60% 上升到 80%，有效支撑了万亿立方米大气区的落实；在四川盆地大川中地区，地震预测钻井深度误差小于 1‰，探井成功率上升到 80% 以上，有效支撑川中古隆起超大型天然气田整体探明；在鄂尔多斯盆地庆城地区，长 7 页岩油"甜点"预测成功率由 67% 提高到 80%，为规模提交 5.2 亿吨探明储量和规模实施平台式水平井组开发上产发挥了关键作用；在准噶尔盆地玛湖地区，预探井岩性预测精度高近达 80%，为发现 10 亿吨级砂砾岩油气藏和 500 万吨产能建设的实施奠定了扎实的资料基础。

4. 推广应用，支撑油气勘探开发业务发展

针对中西部复杂山地地形起伏剧烈、构造模式复杂、复杂构造区资料信噪比极低、成像难度大等难点，中国石油勘探与生产分公司组织推广复杂山地高陡构造物探配套技术，在库车、英雄岭、阿尔金山前、准噶尔盆地南缘、川西北、吐哈盆地北部山前等复杂圈闭落实中起到决定性作用，使得一大批复杂山地油气勘探取得重大突破。在柴达木盆地英雄岭地区，2011 年开始实施山地高密度宽方位三维地震勘探，成功率由以往的 18% 提高到71.4%，评价井成功率达 96%，物探技术进步破解了英雄岭地区勘探世界级难题，探明石油地质储量超过亿吨，为英雄岭地区发现单个油藏储量规模最大、丰度最高、开发效益最佳的整装油气田奠定了基础，为建设千万吨级高原油气田做出了巨大贡献。在塔里木盆地库车地区，整体部署地震资料采集，有效提高偏移成像精度，使得库车地区探井成功率由以前的不足 50% 提高到 85%，探井深度误差率由早期的 7% 缩小为现在的 1% 左右，带来区带、圈闭不断发现，天然气勘探实现持续突破，探明天然气地质储量超过 2 万亿立方米、油 2400 万吨以上，建产能超过 200 亿立方米/年，为西气东输奠定了扎实基础。利用高密度三维地震新资料落实构造圈闭，支撑风险探井中秋 1 井上钻，日产天然气 33 万立方米、凝析油 21.4 立方米，开辟了库车地区天然气勘探新战场。高精度地震资料采集、高保真数据处理和精细叠前叠后储层预测，落实目标和储层展布，助推四川盆地风险探井高探 1 井顺利上钻，日产原油 1213 立方米、天然气 32.17 万立方米，获得我国陆上单井最日产。准噶尔盆地南缘下组合展现规模前景，打开了油气勘探新局面！

针对岩性油气藏所处的沉积相带复杂多变，单层厚度薄，油气水关系复杂，常规地震分辨率低，定量识别难度大，不能满足水平井轨迹设计精度要求等难题，中国石油勘探与生产分公司组织推广应用复杂岩性油气藏物探配套技术，储层预测精度大幅度提高，为环玛湖、岐口、埕北、苏里格等地区突破奠定基础。在准噶尔盆地玛湖地区，按照"整体部署，分步实施"的思路，应用"两宽一高"地震资料采集和处理技术，对玛湖凹陷实现了高精度三维整体覆盖，经过整体连片处理、多学科一体化解释，玛湖凹陷三叠系（T_1b_2）沉积相由 2012 年的五大扇体变成了 2014 年的六大扇体，沉积扇体系发生了重大变化，落实有利前缘相带总面积 1 万平方千米，探井成功率由之前的 31% 提高到 75%，落实了玛南玛湖 1 井、玛东盐北 1 井、风南、艾湖、玛东、达巴松—夏盐等油藏群，三级储量超过 10 亿吨，形成了亚洲最大的砂砾岩油田。在渤海湾大港板桥斜坡区，按照"层勘探"思路，在大港探区首次实现以五级层序为单元的精细研究工作（赵邦六等，2014），开展板桥斜坡区沙一段中亚段—沙二段 18 个五级层序单元构造工业化制图和精细储层预测基础上的沉积微相研究，明确有利相带展布，提出"一个岩性变化带就是一个含油气带"的勘探理念，指导整体勘探部署，钻井成功率 77%，其中预探井成功率 81.8%，发现了多个产量大于 50 吨的"金豆子"，发现千万吨级规模效益储量区。

针对叠合盆地深层非均质碳酸盐岩油气藏埋藏深、时代老、储层非均质性强、深层地震资料品质差等问题，中国石油勘探与生产分公司组织推广碳酸盐岩储层地震勘探配套技术，提高了缝洞型储层雕刻精度，为大川中、塔北等探区突破、增储发挥了重要作用。在四川盆地大川中地区，整体部署高精度（数字单点）三维地震资料采集，预测了震旦系灯影组和寒武系龙王庙组缝洞型白云岩储层，解剖了古隆起区域深层构造格局和古地貌特征，划分了储层发育的有利沉积相带区，有效预测了川中古隆起区域的龙王庙组和灯影组储层、含气有利区和缝洞发育区分布特征。在大川中地区，纵向上发现震旦系灯二段、灯四段、寒武系龙王庙组三个主力产层，获三级储量 14507 亿立方米。证实安岳气田是我国地层最古老、热演化程度最高、单体储量规模最大的特大型气田，是 21 世纪全球古老碳酸盐岩的重大发现，是我国乃至世界天然气工业史上重大的科学发现和勘探突破。在塔里木盆地塔北地区，推广高精度宽方位三维地震资料采集、高保真各向异性叠前深度偏移处理技术，落实了构造背景、断裂组合关系、裂缝发育带，落实了缝洞型储层空间展布，定量雕刻储层，探井成功率由以前的 50% 左右提高到 82% 以上，投产率达到 75%。形成了缝洞储量计算新方法，也成为企业标准，可直接指导开发方案编制与井位部署。塔北地区碳酸盐岩"十二五"期间持续上产增储，哈拉哈塘油田目前已成为塔里木油田最大的黑油油田，发现石油储量 6.42 亿吨、天然气储量 2352.90 亿立方米。

针对火山岩复杂油气藏勘探面临的储层埋藏深，构造形态复杂，速度变化剧烈，波场复杂，火成岩成像困难，储层物性差，高速、低孔隙度、低渗透率，岩性复杂多样，准确识别难等难题，中国石油勘探与生产分公司组织推广深层火山岩物探配套技术，提高火山岩油气藏的勘探精度，提高钻探成功率，实现勘探大发现。在新疆克拉美丽地区，实施了精细开发三维，实现了对石炭系火山岩体内幕的精细刻画，落实了一批有利圈闭及新的火山岩有利储层发育带，含油气范围呈现出复合连片趋势，为克拉美丽气田增储和开发奠定了扎实基础。在四川盆地川中地区，利用高精度地震资料识别出二叠系火山岩储层，钻探的永探 1 风险井发现日产 46 万立方米高产天然气流。

针对非常规油气，中国石油勘探与生产分公司组织推广致密页岩油气物探配套技术，基本满足预测致密油气小于 5% 的孔隙度、微裂缝发育带、TOC、岩石脆性的要求。在雷家、扎哈泉致密油及长宁、威远、昭通页岩气勘探中见到初步效果。在鄂尔多斯盆地，针对长 7 生油层部署高精度三维地震，创新应用单点井震混采技术，资料品质明显提升，采用三维地震反演泊松比、脆性、含油性等预测"甜点"，为水平井轨迹导向提供依据，庆城北三维区完钻水平井 30 口，油层钻遇率从 70% 提高到 80%，2019 年新增探明石油地质储量 3.58 亿吨、预测地质储量 6.93 亿吨，累计发现了储量规模超 10 亿吨的庆城油田，对我国生油层内石油资源的勘探开发具有重要的战略意义和引领示范作用。

第二章 "十二五"以来物探技术面临的问题与挑战

　　"十二五"以来，中国石油油气勘探开发领域及重点勘探目标都发生了重大变化：一是油气勘探领域从常规构造油气藏向岩性地层等复杂油气藏发展；二是油气资源从常规资源向非常规资源发展；三是勘探区域从平原区向山地、沙漠、黄土塬等复杂地表区发展。不同领域不同阶段面临的物探瓶颈难题与技术需求各异，物探技术发展面临新形势、新问题与新挑战，需要物探技术从管理思路和技术发展上进行调整完善，适应新时期油气勘探开发的更高要求。

第一节　油气勘探领域及重点目标

一、油气勘探领域从常规油气藏向岩性地层等复杂油气藏发展

　　"十二五"以来，中国石油油气勘探领域不断从常规构造油气藏向岩性地层油气藏等复杂勘探开发领域发展，岩性、前陆、深层、老区和海洋等五大领域成为中国石油油气勘探开发的主战场，以前发展形成的常规构造油气藏地震勘探技术难以适应岩性地层等复杂油气藏勘探开发的需要。这些复杂油气藏广泛分布在中国石油各大探区，类型主要包括前陆盆地复杂构造油气藏、岩性地层油气藏、断陷盆地复杂断块和潜山油气藏、火山岩复杂油气藏、叠合盆地深层非均质碳酸盐岩油气藏等（赵文智等，2001），各自面临着不同的勘探技术难题，需要发展针对不同探区、不同类型油气藏地质特点的物探配套技术。

1. 前陆盆地复杂构造油气藏

　　构造油气藏（圈闭）的形成，主要是在构造作用，即地层变形和变位（断层、底辟）作用下，由于褶皱背斜、断层、底辟和裂缝等因素而形成的构造圈闭，即储集体顶盖弯曲、断层遮挡、底辟岩体外围被致密岩性围限而形成的油气藏，包括背斜油气藏、断层—岩性油气藏和刺穿油气藏。构造油气藏主要分布于前陆盆地冲断带、坳陷盆地的中央隆起（如大庆长垣、四川威远）和鼻隆带，断陷盆地的潜山披覆带、克拉通古隆起区。油气富集和高产的控制因素主要是局部背斜和凸起、断裂裂缝、陆相中—高砂地比地区，海相碳酸盐岩古隆起岩溶发育带等。构造油气藏位于构造高部位，是油气长期运移聚集的指向区，且单层储集体厚度较大，连通性较好，有利于油气的大规模聚集，因此多数为整装大型集中

型油气藏,可采储量丰度多数为高丰度。

前陆盆地是我国油气勘探的重要领域,在我国中西部地区广泛分布,油气资源量约占中西部地区七大盆地总资源量的三分之一。我国中西部地区广泛发育挤压构造背景下形成的中—新生代前陆盆地,它们位于造山带和克拉通的结合部,沉积中心靠近造山带,从造山带向克拉通方向可划分为褶皱冲断带、前缘凹陷带、中央沉降带、枢纽带和克拉通隆起带5个带。在中西部地区7个含油气盆地中,主要分布13个前陆盆地,包括塔里木盆地库车、塔西南、塔东南和喀什,吐哈盆地北缘,准噶尔盆地西北缘和南缘,柴达木盆地的柴北缘、柴西南,酒泉盆地酒西,鄂尔多斯盆地西缘,四川盆地川西(龙门山)和川东北(米仓山—大巴山)。"十二五"以来,前陆盆地成为油气勘探的热点和重点,在我国中西部地区油气资源结构中具有举足轻重的地位。

根据中国石油2004年油气资源评价结果,统计我国中西部前陆盆地(冲断带)的油气资源量和探明储量得出,石油潜在资源量89.17亿吨,天然气潜在资源量101464亿立方米,石油探明储量19.6622亿吨,天然气探明储量9072.9亿立方米;石油探明率为22%,天然气探明率为8.9%。从前陆盆地整体看,剩余石油资源量为60.52亿吨,剩余天然气资源量为87200亿立方米,表明中西部地区前陆盆地有很大勘探潜力,尤其是天然气勘探潜力巨大。剩余石油资源量较大的前陆盆地依次为准噶尔盆地南缘和西北缘,塔里木盆地塔西南坳陷,鄂尔多斯盆地西缘,塔里木盆地库车坳陷,柴达木盆地西南缘,剩余天然气资源量较大的前陆盆地依次为塔里木盆地库车坳陷和塔西南坳陷、四川盆地西缘龙门山、鄂尔多斯盆地西缘、准噶尔盆地南缘。前陆盆地复杂构造油气藏主要分布在塔里木盆地库车坳陷及塔西南、准噶尔盆地南缘、四川盆地大巴山及龙门山山前、鄂尔多斯盆地西缘、柴达木盆地西北缘、酒泉盆地窟窿山、吐哈盆地北部山前等地区。剩余油气资源主要集中在地表复杂、地下构造复杂的高难度地区。

前陆冲断带最主要的地质特点是,地处盆山结合部,地面、地下条件双复杂;构造圈闭发育,成排成带展布,构造规模较大;油气资源丰富,以构造油气藏为主。

前陆盆地冲断带地表多为复杂山地,地下油气藏多为高陡构造圈闭,这决定了前陆盆地冲断带地震勘探难度非常大,面临着许多世界级地震勘探技术难题。由于前陆冲断带高陡构造模式复杂,大断裂发育,加上地表起伏剧烈,高差大,近地表结构十分复杂,导致基于常规地震成像技术难以对高陡构造准确成像,圈闭难以落实,如图2.1、图2.2所示。

前陆盆地冲断带复杂山地高陡构造油气勘探的历史很长。20世纪70年代年开始,山地地震勘探主要集中在四川和准噶尔两个盆地,受技术水平、勘探装备和作业能力等方面的限制,山地采集主要采用沿沟弯线,而且道数少排列短,覆盖次数低,山地主要采用坑炮激发,山前带戈壁区采用坑炮或小吨位可控震源激发;地震资料处理以叠加成像技术为主;地震资料解释以构造解释为主。1991—2005年,为实现中国石油"稳定东部,发展西部"战略部署,加大了中西部地区盆地油气勘探力度,对有利区带进行了详查,二维地

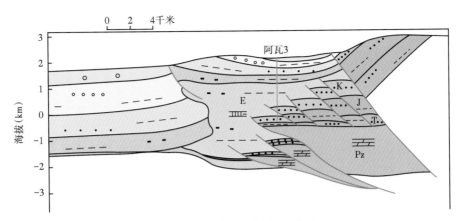

图 2.1　地下复杂断块逆掩叠置

图 2.2　地表山体发育、沟壑纵横

震基本采用直测线施工，针对重点目标实施三维地震勘探，并且进行了大量技术攻关和研究，创新和引进了许多新技术和新方法，复杂山地地震勘探技术得到快速发展，地震资料采集、处理、解释技术基本实现了集成和配套，形成了比较系统的地震勘探技术系列，在复杂山地地震勘探中发挥了重大作用。勘探实践表明，获得油气发现的构造多为地震资料好、落实程度高的圈闭，而钻探失利的构造多为地震资料差、落实程度低的圈闭。这种认识为下一步地震勘探指明了方向，前陆盆地冲断带找油找气的关键就是提高地震资料品质，准确落实构造。

2006—2009 年，随着我国经济的快速持续发展，对油气资源需求也越来越大，中国石油进一步加大了中西部地区复杂山地高陡构造领域的勘探力度，针对塔里木、四川、准噶尔、吐哈、柴达木等五个盆地的重点区带和构造，开展了大规模的地震资料采集、处理、解释一体化技术攻关。通过宽线大组合联合观测、叠前深度偏移成像、多信息综合构造建模等瓶颈技术的突破，以及配套技术的深化应用，大大提高了地震资料信噪比、成像质量和精度，构造落实程度得到了大幅度提高（图 2.3）。在此阶段，大吨位可控震源、50m 山地钻、100m砾石钻、GeoEast、PC-Cluster等地震资料采集装备和计算机软硬件的快速发展为地震勘探技术的突破提供了保障。

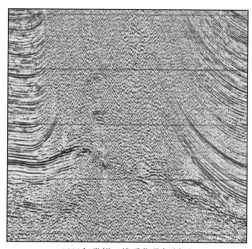 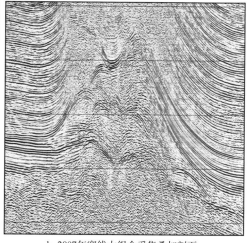

a. 1999年常规二维采集叠加剖面　　　　　　b. 2007年宽线大组合采集叠加剖面

图2.3　塔里木盆地库车坳陷西秋新老剖面对比

"十二五"以来，前陆盆地复杂构造带油气藏勘探目标向更高大的复杂山地地表、更复杂的逆掩推覆带和深层构造发展。在中国石油开展前陆盆地复杂构造油气藏地震勘探瓶颈技术攻关取得突破后，针对"构造带轱辘，高点带弹簧，圈闭捉迷藏"的世界级难题，坚持持续技术攻关，不断推进地震资料采集、处理、解释技术进步，不断提高圈闭落实程度。攻关落实了库车、英雄岭等构造模式；共发现落实圈闭296个，总面积8217平方千米，提交井位131口；支撑克深2、中秋1、高探1、博孜9、双探8、双探12等井取得重大突破。

2. 岩性地层油气藏

岩性地层油气藏指含油气盆地中沉积环境、岩性变化与构造条件联合作用而形成的一类非构造油气藏。大面积陆相地层岩性油气藏主要分布在松辽、鄂尔多斯、准噶尔、柴达木等盆地，剩余油气资源主要分布在薄储层和小幅度构造。

岩性地层油气藏与传统的构造油气藏在圈闭成因、成藏机理、富集规律和勘探思路等方面存在明显差异。岩性地层油气藏的成因远比构造油气藏复杂，多数受两个或两个以上要素的有效配置，才能构成围限或封堵而形成圈闭。岩性地层油气藏的形成主要是在沉积、成岩作用和剥蚀作用下，由于岩性、岩相、物性的变化、地层间断，在侧向或上倾方向被致密岩性密封或围限而形成的圈闭。岩性地层油气藏受沉积微相和成岩相的控制非常明显，油气富集和分布遵从相控规律。岩性地层油气藏处于斜坡和构造低部位，储集体相变大、连通性差，油气聚集程度低，多数为分散性产地，可采储量丰度为中—低丰度，大多数为低丰度储量。陆相中—低砂地比区，海相高能沉积相区，岩性油气藏和地层油气藏的分布又存在一定的差异性。纵向上，区域一级、二级层序界面（不整合）控制地层油气藏分布，最大洪泛面控制岩性油气藏分布。三级层序界面控制岩性油气藏分布。岩性油气藏近源分布，与最大洪泛面密切相关。横向上，地层油气藏主要分布于古隆起与斜坡边缘，岩性油气藏主要分布在临近生烃凹陷的边缘。岩性地层油气藏易于大规律、区域性成藏和分布，易于形成大油气或大气区（邹才能等，2009）。

坳陷型盆地是岩性地层油气藏发育盆地，如松辽盆地、鄂尔多斯盆地和四川盆地（须家河组）等，共性是构造背景平缓稳定、继承性强、湖盆面积大、水体较浅，广泛发育大型浅水型三洲沉积体系，形成的油气藏以大面积岩性地层油气藏为主，储量丰度虽低，但含油范围广，储量规模大。

20世纪60—70年代，随着中国油气勘探战略东移，在松辽盆地和渤海湾盆地找到了一批大型构造油气田的同时，在渤海湾盆地发现了任丘、高升、欢喜岭等大型岩性地层油气田。80年代，随着多次覆盖数字地震技术的广泛应用，以地震相、储层预测、沉积体系、成藏条件等研究为基础，找到一些具有明显前积结构特点的砂砾岩体岩性油气藏和区域不整合遮挡地层油气藏。在90年代以前，国内隐蔽油气藏的勘探工作并未受到太多的关注和重视，构造油气藏依然是勘探的重点。从90年代中后期开始，掀起了隐蔽型油气藏勘探的热潮，中国石油组织了大批精干的科研人员投入其中。在"十五"后期中国石油勘探会议上，相关专家多次提出了发展以岩性地层圈闭为主的隐蔽圈闭勘探技术，加大岩性地层油气藏勘探力度的建议，进一步明确了岩性地层圈闭的勘探潜力和未来的勘探技术需求。

20世纪90年代以来，随着高分辨率三维地震大面积采集和层序地层学等理论方法的引入，极大提高了岩性地层油气圈闭识别准确率和储层预测精度，岩性地层油气藏勘探取得丰硕成果，在松辽、鄂尔多斯、准噶尔、塔里木等盆地发现了朝阳沟、榆树林、肇州、安塞、靖安、哈得逊等十几个亿吨级的岩性地层大油田。"十五"期间岩性地层油气藏探明储量占中国石油的50%以上，2003年三级储量超过60%，成为我国陆上油气勘探的重点领域（贾承造等，2007）。

"十五"以来，地层岩性油气藏成为勘探的热点。"十二五"以来，大面积低渗透岩性油气藏成为我国油气勘探的热点和重点。由于储层面积大、厚度较薄，导致地震识别、预测及描述难度大；由于薄油层、低电阻率油层多，油气分异差，导致测井识别油层难度大。需要发展薄互层砂岩地质目标高分辨率地震勘探技术、基于层序格架约束和叠前地震属性储层特征反演和分布预测的薄互层砂体储层预测技术、大面积岩性地层油气藏识别与评价技术。

3. 断陷盆地复杂断块和潜山油气藏

断陷盆地指断块构造中的沉降地块，又称地堑盆地。主要构造形式常见地堑和半地堑两种形式，断陷盆地横剖面多呈两侧均陡的地堑型，或一侧陡一侧缓的箕状型，陡侧为正断层。单断型断层倾角高达 30°～70°，落差几千米，具有同生断层的性质；缓侧一般为宽缓的斜坡。断陷盆地内部可分为陡坡带、缓坡带和中部深陷带，沉降中心位于陡坡带坡底，沉积中心位于中部偏陡坡侧。凹陷内部还有主干断层控制次级沉积中心和水下隆起分布。我国东部古近纪的一些含油气盆地，如渤海湾盆地、松辽盆地、苏北盆地等，均属于断陷湖泊，并以箕状居多，多数具有大陆边缘裂谷性质，少数为山间小断陷湖泊。

断陷盆地是一种典型的构造活动型盆地，表现为时间上的阶段性、幕式性和空间上的差异沉降，造成盆地内构造古地貌的极大变化，并由此导致了盆地内不同构造部位发育不同类型的构造坡折带及其控制的层序边界类型、构成样式发生显著变化。断陷盆地复杂断块和潜山油气藏主要分布在渤海湾、松辽（深层）、二连、海拉尔、酒泉、苏北、北部湾福山等盆地（凹陷）中。剩余油气资源主要分布在复杂断块、斜坡区岩性和深层潜山。

1）复杂断块油气藏

复杂断块油气藏断层发育、储层变化大、非均质性强、油水关系复杂，不同断块油层分布和储量丰度差异大，掌握断块油气藏分布规律是提高勘探成效的关键环节。断块圈闭油气富集成藏虽然受诸多地质因素影响，特定地区油源条件和构造背景确定的情况下，富集断块分布主要受油源断层和断层组合特点控制，主力油层主要受断裂活动期及由此决定的凹陷沉降期、生储盖配置和区域盖层控制。

渤海湾盆地以断裂发育、断块破碎为特点，以复杂断块油气藏广泛发育著称，断块油气藏一直是勘探开发的主要对象。根据 1991—2007 年该盆地中国石油探区的勘探成果统计，断块油藏占近 17 年累计探明石油储量的 66.7%，是油气储量增长的主要来源。大港油田已投入开发的油田中，大多数为含油面积小于 1 平方千米的复杂断块油藏，占开发动用地质储量的 68.2%，占年产油量的 66.7%。"十二五"以来，这种态势在渤海湾断陷盆地一直持续发展，复杂断块油气藏依然是渤海湾油气勘探的重点。断陷盆地复杂断块油气藏勘探主要面临以下技术难题：（1）勘探层系多，埋深跨度大，油气藏类型多；断距小，单层厚度薄；（2）常规地震空间分辨率低，深层资料信噪比低等。

2）潜山油气藏

潜山作为深层重要的地质单元，指被埋于地下的、在盆地接受沉积前就已经形成的古地貌山或构造凸起，在随后的盆地演化中被新地层覆盖埋藏而形成，是渤海湾盆地中常见的油气聚集类型之一，也是裂谷期前最常见和富集油气的一种聚集类型。渤海湾盆地古潜山主要由中—新元古界花岗片麻岩、下古生界碳酸盐岩，以及上古生界和中生界碎屑岩组成。前人从形态和成因等不同的角度对潜山作了分类，如地貌潜山、断块潜山、不整合潜山，拉张型、挤压拉张型、侵蚀型潜山等。

潜山油气藏作为渤海湾盆地中重要的油气藏类型，一直是油气勘探的重点领域。1975年任丘潜山油气藏的发现，掀起了渤海湾盆地潜山勘探的高潮，1995 年之后又逐步陷入了低谷。"十五"以来，前古近系潜山油气勘探再次取得重大突破，如 2005 年在辽河西部凹陷兴隆台地区，埋深 2500 米沉积岩以深发现大型太古宇变质岩潜山油气藏，2010 年在霸县凹陷深度大于 6000 米超深碳酸盐岩潜山中取得重大突破，2012 年渤中地区发现中生界亿吨级花岗岩潜山油气藏。不同层系、不同岩性大型潜山油气藏的不断发现，显示出渤海湾盆前古近系潜山油气勘探的良好前景。前人对渤海湾盆地多个凹陷重点潜山油气藏的形成条件、富集规律及主控因素做了大量研究，普遍认为潜山油气具有差异富集的特征，且油气富集受烃源岩展布、储集物性以及供油等条件的优劣控制明显。

平面上，潜山油气藏主要分布在冀中坳陷与辽河坳陷，具有潜山油气田数量多，储量规模大的特点，其中冀中坳陷已探明潜山油气储量占总油气储量的 50% 以上，辽河坳陷潜山油气储量约占总油气储量的 20.3%；黄骅坳陷、济阳坳陷与渤中坳陷次之，储量占总油气储量的 3%~5%。分析表明，潜山油气主要分布于盆地外围的富油气凹陷中，其中"潜山油气高—中富集"凹陷主要包括饶阳、束鹿、深县、霸县、廊固、大民屯、辽河西部、仓东—南皮、车镇等凹陷，而环渤海海域带整体以"潜山油气低富集"凹陷为主（图 2.4）。

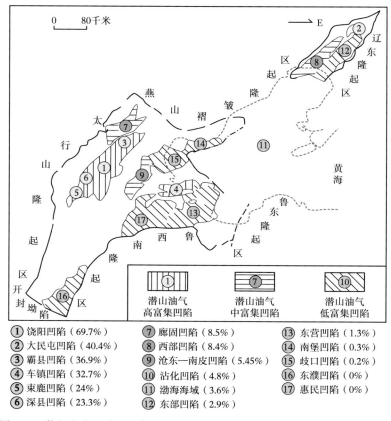

图 2.4　渤海湾盆地潜山油气不同富集程度凹陷平面分布（据蒋有录，2015）

纵向上，中—新元古界—下古生界以碳酸盐岩储层为主，潜山油气富集程度最高，探明储量约占潜山油气总储量的80%以上；太古宇变质岩储层次之，储量约占总储量的12%；上古生界及中生界潜山油气分布最少，储集岩主要为火山岩及碎屑岩，油气储量仅约占总储量的5%。即潜山油气在纵向上主要富集于基底地层的中—下部层系（蒋有录等，2015）。

通过数十年勘探后，埋藏较浅的潜山构造基本上都已钻探，还有较大勘探潜力的潜山油气藏主要是埋藏较深的深潜山及潜山内幕油气藏。"十五"期间，辽河、华北、冀东等油田都发现了一些深潜山及潜山内幕油气藏，其中大民屯、辽河西部凹陷兴—马潜山带是两个勘探已证实的、新发现的、规模较大的深潜山油气藏聚集带。

多年潜山勘探成果说明：（1）潜山储集空间主要为裂缝和溶蚀孔洞，潜山地层埋藏深度对储层物性无显著影响，深层仍可获得高产油气流。（2）一般认为中—新生代燕山期—喜马拉雅期老地层暴露地表，经过长期风化、淋滤作用，缺少中生界"红被子"和C—P"黑被子"覆盖的潜山储层缝洞发育，是潜山油气藏形成的基本条件之一。近年的勘探成果说明，加里东期—海西期和印支期风化淋滤形成的岩溶储层，也可以成为有效储层。（3）断陷深度较大的生油凹陷，深层潜山可与生油岩直接接触，有丰富的油气源，也可以形成富集高产的潜山油气藏。

4. 火山岩复杂油气藏

火成岩类油气藏是一种特殊岩类油气藏，我国含油气盆地火山岩分布广泛，无论是东部地区还是西部地区，火山岩的油气勘探领域都很广阔，勘探潜力巨大。由于火山岩屏蔽作用强，地震资料品质差，火山岩储层非均质性强，成藏机理十分复杂，地球物理勘探技术在准确识别、刻画、描述火山岩体和预测其含油气性等方面手段少，严重制约着油气勘探的新发现和新突破。"十一五"期间，中国石油开展复杂地区油气勘探工程技术攻关，火山岩油气藏由此成为中国石油重点勘探领域之一。

我国东部大规模火山活动主要发生在早白垩世和古近纪两个地质时期，早白垩世强烈的火山活动在松辽、海拉尔、二连等盆地断陷层序中形成大量火山岩，古近纪火山岩主要分布在渤海湾盆地和深大断裂带附近。松辽、海拉尔、二连等盆地早白垩世火山岩厚度大、分布广、层系多、成藏条件好且多与生油岩层系互层，松辽盆地中深层已探明的天然气中，87%赋存于早白垩世火山岩中；渤海湾盆地古近纪火山岩在盆地断陷层序中广泛发育，并形成较大规模的火山岩油藏。早白垩世和古近纪两期构造—火山事件，不仅控制大规模火山岩的形成和分布，也为火山岩储层的发育和大规模火山岩油气藏的形成奠定了基础。

我国西部地区已发现的火山岩油气藏主要分布在准噶尔、塔里木、三塘湖和四川等盆地，其中，准噶尔盆地火山岩油气藏分布面积、规模和储量最大。尽管对构造演化的动力学背景和过程有不同认识，但多数学者认为西部地区古生代主要经历了增生型造山作用与复杂的块体拼合过程，中—新生代经历了多次强烈的陆内构造变形活动，伴随着火山岩盆地的形成和强烈改造。"十一五"以来，石炭系—二叠系成为准噶尔盆地和三塘湖盆地火山岩油气藏勘探的重要目的层，展示出良好的勘探前景（邹才能等，2008）。

火山岩与沉积岩的形成机制存在很大不同，这决定火山岩储层的形成和演化机制与沉积岩有较大差异，火山岩油气藏的非均质性远远大于沉积岩作为储层的油气藏（图 2.5）。

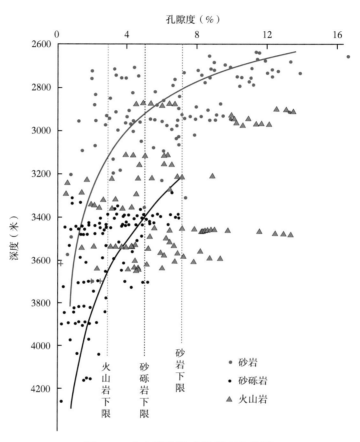

图 2.5　火山岩孔隙度随深度变化图

国内火山岩油气藏勘探始于 20 世纪 50 年代，其勘探历程按照在火山岩中发现油气储量增长趋势主要可分为以下四个阶段（邹才能，2009，有修改）。

第一阶段是发现阶段（1955—1990 年）。1957 年在准噶尔盆地西北缘首次发现火山岩油藏，从 20 世纪 70—80 年代开始，在渤海湾盆地各油田相继发现火山岩油气藏。

第二阶段是局部勘探阶段（1991—2001 年）。主要在准噶尔盆地的西北缘发现车排子、红山嘴及腹部石西发现火山岩油藏，在渤海湾发现热河台火山岩油藏，这些油田都是把火山岩作为兼探目的层而发现的。

第三阶段是重大突破勘探阶段（2002—2005 年）。2001 年 6 月 26 日在松辽盆地徐家围子断陷升平构造向南延伸部分的"凹中隆"鼻状构造上，钻探了徐深1井，发现了大规模火山岩天然气藏。这一发现推动了国内深层火山岩的油气勘探。

第四阶段是全面勘探阶段（2006—2008年）。2006以来，开展了大规模的火山岩领域的勘探，建成了一大批具有一定规模、一定储量和产量、以火山岩储层为主的油气田，松辽盆地、准噶尔盆地和三塘湖盆地均发现了亿吨级油气当量的火山岩油气藏。松辽盆地、二连盆地以中—酸性火山岩为主、中—基性早白垩系火山岩为辅。渤海湾盆地群以中基性、偏碱性的古近系—新近系火山岩为主。准噶尔盆地、三塘湖盆地以石炭系—下二叠统的中—基性火山岩为主、中—酸性火山岩为辅。

火山岩作为一种特殊的油气藏类型，"十二五"以来得到持续发展，勘探开发相结合，要求精细刻画火山机构，识别岩性，识别有利储层。

5. 叠合盆地深层非均质碳酸盐岩油气藏

海相碳酸盐岩是国内外油气勘探的重要领域。碳酸盐岩主要产生于不同地质历史时期，气候相对温暖的热带、亚热带浅水海洋环境中，是一种生物化学沉积。主要由破碎的和再生的无脊椎动物介壳和钙质藻、分泌灰泥的生物以及包壳的粪便与灰泥基质混合沉积物组成。沉积环境从深水到浅水、由外滨到潮坪或潟湖沉积，不同环境的碳酸盐岩产物有机质含量、原始颗粒结构、成岩演化过程不同，决定了碳酸盐岩既是重要的烃源岩，更是主要的储集岩。由于碳酸盐岩沉积环境和相带类型多样、形成时间和埋深跨度大、成岩演化复杂、非均质性和孔洞缝发育的影响因素多，其沉积、成岩和成藏的复杂性造成碳酸盐岩油气田形成、分布和富集的特殊性。碳酸盐岩油气聚集并不严格受二级构造带的控制，多数是在一定的构造背景下，主要受沉积成岩作用及其有利相带的控制，油气藏类型以岩性地层油气藏为主。

我国碳酸盐岩与国外相比，既有普遍性，又有特殊性。我国碳酸盐岩的特色性主要表现在：地层年代老，主要发育于古生界；构造活动强具有多旋回性的叠合盆地，经历了加里东等多期构造运动，克拉通块体小；成岩和成烃演化程度高，碳酸盐岩烃源岩有机碳含量高—低并存，以低有机碳含量为主，有效烃源岩以泥岩和泥灰岩为主，多进入高—过成熟阶段；储层岩性多样，非均质性强，物性好—差兼有，缝洞型和孔隙型储层并存；圈闭类型主要为风化壳地层圈闭和礁滩相岩性圈闭；油气保存和破坏分区性强等（邹才能等，2009）。

我国海相碳酸盐岩勘探领域拥有巨大潜力，到2007年底，已探明石油储量17.8亿吨，探明率只有7.5%；探明天然气储量1.79万亿立方米，探明率34.54%，处于较低水平。因此，从海相碳酸盐岩层系的剩余油气资源潜力及近几年的勘探实践看，我国陆上海相碳酸盐岩正处于大油气田发现高峰期，勘探潜力很大，将是近期油气勘探开发和增储上产的重要领域之一。尤其是塔里木盆地的台盆地区、四川盆地中三叠统及其以下各层系和鄂尔多斯盆地下古生界，都有发现大油气田的巨大潜力和良好前景。目前已经证实的含油气区域，主要包括塔里木盆地、四川盆地、鄂尔多斯盆地、渤海湾盆地、羌塘盆地及南方的中小盆地，有效油气勘探领域和潜力巨大，长期以来是我国油气勘探的重要区域。从 20 世纪 70 年代发现了四川威远大气田、任丘潜山油田以来，近几年先后发现了以轮古潜山、塔中Ⅰ号坡折带、川东北（普光、龙岗）礁滩气藏及靖边风化壳气藏等为代表的一批碳酸盐岩大中型油气田，说明我国陆上海相碳酸盐岩勘探正处于大油气田发现高峰期，资源丰富、勘探潜力很大，更是下一步油气勘探的重要领域之一（赵政璋，2004）。

我国碳酸盐岩勘探大致可以划分为三个阶段。第一阶段是早期勘探阶段（20 世纪 50—70 年代），以地表地质调查和重磁物探为主，在大型基底构造上，通过参数井钻探与井筒资料地质解释等，发现了如四川威远、相国寺石炭系、华北任丘等油气藏，其中部分油气田的发现具有一定的偶然性。第二阶段是构造勘探阶段（20 世纪 80—90 年代），地震勘探技术在落实构造、发现碳酸盐岩油气藏的勘探中发挥了重要作用，发现了如塔里木盆地轮古、英买力潜山及塔中等含油气构造。但由于地震勘探技术精度较低，无法有效探明和开发利用资源。第三阶段是储层勘探阶段（21 世纪以来），高精度三维地震勘探技术的发展，深化了对碳酸盐岩非均质储层油气藏的认识，全面推动了碳酸盐岩油气藏的勘探开发进程，先后发现并探明了罗家寨、普光、塔河—轮古潜山、塔中Ⅰ号坡折带、龙岗等等一批大中型油气藏。每一项勘探认识和成果的取得，都是一部地震勘探技术进步与攻关史。地震技术的进步，推动碳酸盐岩油气藏依然是"十二五"以来油气勘探的重点领域。

以塔里木盆地轮古潜山的勘探过程为例，可以充分说明地震勘探技术在碳酸盐岩油气藏勘探开发中的重要作用。根据地震新技术的应用和勘探形势发展，轮古潜山的勘探可进一步细分为三个阶段。

第一阶段为构造勘探阶段。20 世纪 80 年代应用二维地震勘探发现潜山构造，1987 年轮南 1 井在奥陶系碳酸岩潜山获得高产油气流，揭开了塔里木盆地碳酸盐岩会战的序幕。90 年代前后针对轮南 2400 平方千米的大型潜山背斜开展"整体解剖勘探"，相继完成了常规三维地震 1040 平方千米，钻井 20 余口，大部分井见到良好油气显示，三分之一的井获得了高产工业油气流。如轮南 8、轮南 54 等井都是日产超过百吨的高产井，但更多的是低产井或出水井。由此逐步认识到，由于埋深大，岩溶改造作用强，使得潜山储层具有极强的非均质性，成藏规律复杂。受当时地震资料信噪比和成像精度的限制，无法描述潜山顶面形态和储层的空间变化，从而导致勘探难以取得实质性进展，大部分出油井只能作为单个出油点，处于见"油"不见"田"，更没有储量和产量的困惑阶段。此后几年间，勘探工作基本处于停顿状态。

第二阶段为常规储层勘探阶段。于 1996 年底组织轮南地区碳酸盐岩研究项目组，并将国内第一例相干数据体分析技术成功应用于轮南潜山的碳酸岩盐储层预测中，取得了较好效果，先后在轮古 1 井、轮古 2 井获得了高产稳产油气流；在此基础上提出了针对潜山顶面及储层描述，进行老三维地震资料的目标处理及高分辨率采集技术攻关试验。由于高分辨率三维地震资料采集、三维 DMO 及三步法偏移等一批新技术的应用，潜山顶面成像得到极大改善，探井成功率显著提高到 50%~60%，成为推动轮南地区碳酸盐岩勘探突破的转折期。

第三阶段为 2004 年以来的精细储层勘探阶段。2000 年之后，先后针对轮南潜山开展了多轮次的提高分辨率三维地震勘探技术攻关，使原始资料品质大幅度提升。在此基础上，为提高成像精度和整体认识的程度，2004 年对 1100 平方千米的高分辨率三维地震资料，进行了大面积三维连片叠前时间偏移处理技术攻关，使潜山顶面地震成像精度大幅度提升，基本实现了从宏观上描述岩溶系统及其储层空间发育分布规律的目的，钻井成功率大幅度提高，特别是对储层的预测成功率达到了 90%。至此，轮南地区碳酸岩盐勘探基本步入缝洞储层勘探的良性循环。勘探领域突破了鼻状背斜的限制，向东扩展到草湖凹陷的轮深 1 井区，向西扩展到哈拉哈塘地区及英买力地区。并在区域勘探中全面推广应用该技术，推动了塔中地区、巴楚地区的碳酸盐岩勘探，都取得了显著勘探效果（图 2.6）。

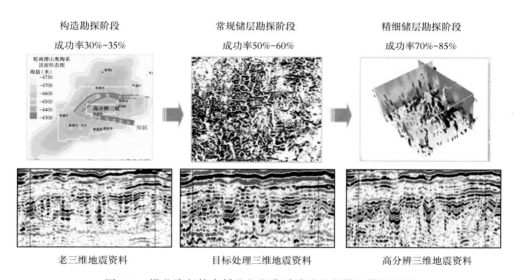

图 2.6 塔北隆起轮南低凸起奥陶系碳酸盐岩潜山勘探历程

由此可见，轮南潜山碳酸盐岩勘探不仅代表了近 20 年地震勘探技术的进步史，也是我国陆上碳酸盐岩油气勘探的一部技术攻关史，全面推动了我国陆上海相碳酸盐岩油气勘探开发高峰期的到来，为我国油气勘探开发技术发展做出了积极贡献。

二、油气资源从常规资源向非常规资源发展

"十二五"期间，随着美国在页岩气领域勘探开发取得重大突破，非常规资源迅速引起国内油气勘探工业界的高度重视，中国石油设立了重大专项及技术攻关课题，进行非常规资源的勘探开发和研究。中国石油"十二五"规划到 2015 年末，煤层气产能要达到 40 亿立方米，新增探明地质储量 2000 亿立方米、建成年产 20 亿立方米的发展目标；探明页

岩气地质储量 6000 亿立方米，可采储量 2000 亿立方米，2015 年页岩气产量 65 亿立方米。随着非常规油气地质理论和勘探开发技术的逐步进步，中国石油油气勘探不断从常规资源向非常规资源发展。

非常规油气有两个关键标志：一是油气大面积连续分布，圈闭界限不明显；二是无自然工业稳定产量，达西渗流不明显。主要包括致密油气、页岩油气、煤层气三大类。常规与非常规油气地质特征在圈闭条件、储层特征、源储配置、成藏特征、渗流机理、分布和聚集等方面，与传统石油地质学存在明显差异。非常规油气是相对于常规油气而提出，非常规油气主要指连续型分布的油气，无明确圈闭与盖层界限，流体分异差，无统一油气水界面和压力系统，含油气饱和度差异大，油气水常多相共存。具有连续型和断续型两种分布模式（邹才能等，2014）。连续型油气没有明确的圈闭界限和形态，不能像常规油气藏基于圈闭进行分类。连续型油气由其特殊的地质特征，决定了其研究不像常规油气藏那样针对生、储、盖、运、圈、保成藏要素及成藏作用过程进行研究。除了在某些方面与常规油气藏类似外，如烃源岩和储层等成藏静态要素的地质评价，连续型油气藏研究重点突出非常规资源、非常规储层、非常规成藏、非常规开发技术等。

我国非常规油气资源十分丰富，资源量为 62 万亿立方米，其中煤层气 36.8 万亿立方米、页岩气 25 万亿立方米。在四川、鄂尔多斯、塔里木、准噶尔、柴达木、吐哈、松辽、渤海湾等盆地和南方苏北等广大地区广泛分布。中国非常规油气资源类型多样，见表 2.1。

表 2.1　中国连续型油气藏的主要类型与分布

序号	类型	实例
1	致密砂岩油气	鄂尔多斯盆地苏里格上古生界气与陇东中生界油、松辽盆地中生界砂岩油与致密气、四川盆地须家河组气等
2	部分孔洞缝连通型碳酸盐岩油气	塔里木盆地轮南奥陶系油气、鄂尔多斯盆地下古生界气等
3	部分缝洞连通型火山岩油气	松辽盆地与准噶尔盆地等部分火山岩油气藏
4	煤层气	沁水盆地、吐哈盆地、准噶尔盆地等
5	泥页岩油气	四川盆地、柴西、青西、江汉盆地王场等
6	生物气	柴达木盆地第四系、松辽盆地浅层等
7	水合物	南海海域、青藏冻土带等

非常规油气地震勘探相对于传统的常规油气地震勘探技术，面临着以下主要技术难题：地表及地下条件复杂多样，带来复杂的静校正、采集、成像等地震技术问题，地震资料品质差、小微断层和 TOC 预测难度大，储层与围岩波阻抗差异小，非均质性分辨和预测难、低孔低渗透、物性差、油气藏空间关系复杂等。煤层气目的层浅，储层薄，小断裂发育，对地震分辨率要求高；页岩气目的层较深，各向异性强，裂缝发育；非常规气成藏

条件及赋存状况特殊，自生自储，以吸附气为主，地球物理响应关系复杂，基于地震信息的储层含气性预测和评价技术难度大；非常规油气的低丰度、低产量、低经济效益等勘探开发特点，决定其只能应用低成本、高性价比的地震勘探技术与成果，制约地震勘探部署与推广应用。

"十二五"以来，非常规油气勘探逐步成为热点，提高"甜点"预测精度是非常规油气勘探物探技术努力的方向和重点，需要物探专业发展岩石物理分析与测井评价技术、储层矿物成分、裂缝、TOC及含气性等参数预测技术、断层、裂缝、脆性和应力场预测技术、微地震监测技术、水平井地震导向技术等。

第二节 重点勘探区域由东部平原向西部复杂地表转移

"十二五"以来，中国石油物探工区不断从平原向复杂地表区延伸，面临多种复杂地表条件：一是复杂山地，主要有塔里木盆地（库车、塔西南）、准噶尔盆地南缘、四川盆地（大巴山、龙门山山前）、鄂尔多斯盆地西缘、柴达木盆地西北缘、玉门油田窟窿山、吐哈盆地北部山前等。二是黄土塬，主要分布在鄂尔多斯盆地。复杂山地及黄土塬地区，沟壑纵横，地形起伏剧烈，高差大（最大2000米）。三是沙漠，主要分布在塔里木盆地、柴达木盆地，沙丘绵延起伏，如塔克拉玛干沙漠腹地，为流动大沙丘覆盖，最大相对高差可达60米以上，常年干旱，少雨多风。四是东部城镇区，工农业发达，人口稠密，城市内地表建筑物密集，公路、铁路纵横交错，地下管线密布，地表条件极其复杂。五是南方水网区，城镇密布、水网纵横、养殖业发达、工业发达、油田地面设施较多。复杂的地表条件，对地震资料采集技术及装备提出了新的要求，需要发展相应的物探装备及有效的激发、观测、接收、测量等配套技术。

一、复杂山地探区

我国西北地区的山地与我国西南及南方地区的一些山地，就地震工作条件而言，有其明显不同的特点。西北地区山高无水、无植被，风化程度较高，攀登极其困难；西南及南方大多数地区，一般山高水也高，有植被，除水蚀外，风化程度较低。

中西部地区复杂山地高陡构造地震勘探区带的地震地质条件，虽然不同盆地各有差异，但共性特点非常突出，地表以复杂山地为主，地下以高陡构造为主，地表和地下地震地质条件极其复杂（俗称"双复杂"），地表一致性差，地下各向异性强，主要表现在以下两个方面：

1）地表地震地质条件复杂

（1）地表类型复杂多变：主要表现在山高坡陡，断崖林立，沟壑纵横，地形起伏变化剧烈，相对海拔高差在几百米到几千米之间变化，复杂山地在不同盆地的具体表现形式各异(图2.7），同时，不同盆地的山前过渡带还有戈壁、沙漠、丘陵、浮土等多种地表类型。

图2.7　我国中西部地区复杂山地典型照片图

（2）出露地层复杂多变：不同盆地地表出露的地层包含新生界、中生界、上古生界，乃至下古生界等各种地层，地层倾角变化大，最大近乎直立（图2.8）。地表岩性包括沙漠、浮土、砾石、砂岩、泥岩、石灰岩、变质岩等多种类型，而且地表岩性在区域上剧烈变化。

（3）表层结构复杂多变：主要表现在表层结构极不稳定，低降速层速度和厚度变化大，厚度一般在几米到几百米之间变化，低降速层速度特征不明显，高速层界面不稳定，同一条测线内，速度在1600~4000米/秒范围内变化（图2.9）。

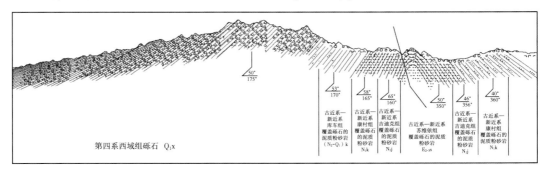

图2.8　塔里木盆地库车坳陷复杂山地典型地质剖面图

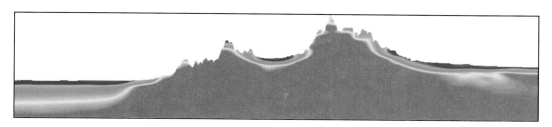

图 2.9　塔里木盆地库车坳陷西秋层析反演模型

2)地下地震地质条件复杂

(1)地下构造复杂:多为逆掩断裂控制下的高陡构造,地层褶皱严重,断裂极为发育,地层倾角大,受推覆滑脱断裂影响,深浅层构造特征不一致,多重叠置现象明显,构造样式非常复杂(图 2.10)。

(2)地层速度纵横向变化大:不但在纵向上不同地层的速度变化大,存在速度倒转现象,而且在横向上同一地层速度变化也非常明显。

(3)勘探目的层深度变化大:逆掩推覆和多重叠置的构造特征,决定了复杂山地勘探目的层深度变化非常大,最浅为 2000~3000 米,最深可达 7000 米以上。

(4)以构造油气藏为主:多表现为背斜、断背斜、断鼻、断块构造,如塔里木盆地库车前陆冲断带。但也有受断裂控制的构造—地层性油气藏,如准噶尔盆地西北缘和南缘。

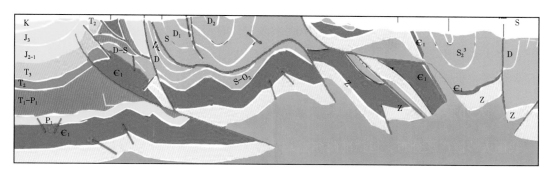

图 2.10　四川盆地复杂山地典型构造模式和速度模型图

二、黄土塬探区

鄂尔多斯盆地南部是黄土塬典型工区,总面积约 1 万平方千米,黄土厚达 150~200 米。在面积广阔的黄土高原上,发育着泾河、洛河、延河和无定河四大水系,将黄土高原纵横切割,加上长期的风化、侵蚀、冲刷、切割,形成了密集的树枝状水系和形态各异的塬、梁、峁、坡、沟等复杂地貌(图 2.11)。塬、梁、峁、坡、沟的交替出现,黄土塬厚度的剧烈变化,地形的大幅起伏,含水性的很大差异,给地震勘探工作带来了极大的困难,成为中国石油实施地震勘探工作又一大类型的复杂地区。

图 2.11 黄土塬典型地貌

黄土塬地震勘探既不同于平原，又不同于沙漠和山地，具有以下特点。

（1）黄土疏松，弹性差，速度低，震源激发的高速压力波与低速介质的耦合性极差。由于黄土厚度变化剧烈，差异压实突变，导致介质各向异性强、吸收衰减严重。

（2）原生黄土致密，次生黄土结构极为疏松，在接收排列内交替出现时，使地震信号特征变得十分复杂难辨。

（3）沟塬交替出现，地形十分复杂，相邻检波点高差可达 50 米以上，遇到冲沟时，沟的宽度可达几十米或上百米，高差可达 100 米以上，时距曲线严重失真。

（4）潜水面埋藏深，表层结构复杂多变，易产生强烈的干扰，波场复杂，中深层反射能量弱、频率低。

三、大沙漠探区

我国大沙漠广泛分布，包括准噶尔盆地古尔班古通沙漠、塔里木盆地塔克拉玛干沙漠、鄂尔多斯盆地腾格里沙漠、柴达木盆地沙漠，以及巴丹吉林沙漠、库木塔格沙漠、库布齐沙漠、乌兰布和沙漠等。地面完全被沙所覆盖，是植物非常稀少、雨水稀少、空气干燥的荒芜地区。

塔克拉玛干沙漠位于新疆南疆的塔里木盆地中心，是我国最大的沙漠，也是世界第二大流动沙漠。东西长约 1000 千米，南北宽约 400 千米，面积达 33 万平方千米。在西部和南部海拔高达 1200~1500 米，在东部和北部则为 800~1000 米。沙丘最高达 200 米。塔克拉玛干沙漠流动沙丘的面积很大，沙丘高度一般在 100~200 米，最高达 300 米左右。沙丘类型复杂多样，复合型沙山和沙垄，宛若憩息在大地上的条条巨龙，塔形沙丘群，呈各种蜂窝状、羽毛状、鱼鳞状沙丘，变幻莫测（图 2.12）。塔克拉玛干沙漠地表由几百米厚的松散冲积物形成。这一冲积层受到风的影响，其为风所移动的沙盖厚达 300 米。风形成的地形特征多种多样,各种形状与大小的沙丘均可见到。风形成的最高的地形形式是金字塔形沙丘,高195~300米。在塔克拉玛干沙漠的东部和中部,以中间凹陷的沙丘和巨大、复杂的沙丘链形成的网为主。在塔克拉玛干沙漠西部亦属常见,横贯与纵向的地形形式共存。这样一种风形成地形特征的多样形,是盆地风复杂状况的一个结果。

图2.12　塔里木盆地塔中地区沙漠工区

经过多年的努力,一般的沙漠已不再是地震作业的困难区。但当油气勘探向塔里木大沙漠腹地进军时,地震勘探遇到了以下施工挑战,更重要的是巨厚沙漠地表给地震资料品质带来严重影响。

(1)沙丘厚度大:一般大于50米,潜水面很深,在沙丘覆盖层以下,给钻井施工带来挑战,同时带来地震波的严重吸收衰减。

(2)沙丘类型多、高差变化大:分布条带状沙丘、金字塔沙丘、穹状沙丘和蜂窝状沙丘,走向性差,相对高差大(50~100米),给接收排列布设带来挑战。

(3)沙丘流动性强,塔克拉玛干沙漠流动沙丘占该沙漠总面积85%左右,给地震施工带来很大困难。

四、戈壁、砾石覆盖区探区

戈壁、砾石覆盖区一般都为山前地带,虽然地形起伏不大,但给炮井钻凿施工带来极大的困难。多期叠置的巨厚疏松砾石层,严重影响地震波能量的下传,同时产生多种多样的干扰波,致使有效信号能量极弱,噪声能量增强。潜水面深度极不稳定,埋深较深,致使低降速带的形态及速度变化频繁而剧烈，表层模型建立难度大。戈壁、砾石覆盖区主要分布在塔里木盆地、准噶尔盆地、吐哈盆地、三塘湖盆地、柴达木盆地周缘山前带地区，酒泉盆地山前区也有不同程度的分布。

由于受砾石区复杂地表条件及地下地质条件的影响，地震资料采集的资料品质较低，主要表现在：地下构造复杂，目标区反射能量弱；线性噪声干扰能量强，资料信噪比低；静校正问题突出，地震资料成像效果较差。需要发展适合戈壁、砾石覆盖区的地震激发、接收技术。

五、盐碱滩地探区

大面积的盐碱滩地，往往在地表形成一层厚度不小的硬碱壳，往下是一层疏松的泥土，检波器埋置只能埋在硬碱壳上，如图 2.13 所示。这种结构对地震信号接收极为不利，一是疏松层使信号能量产生较大的衰减；二是射线在疏松层与硬碱壳的界面上产生弯曲；三是硬碱壳本身由于爆裂等原因会产生较大的干扰波，当震源进行激发时，硬碱壳的爆裂更加严重，干扰波更加强烈。除了震动会产生爆裂外，温度改变引起的热胀冷缩也会产生爆裂。有的盐碱滩地，由于水较多，形成一批厚度不等的软碱地，软碱地的形状极不规则，界面参数很难得到，给地震勘探作业带来了很大的困难。这种地表类型在柴达木盆地分布较为普遍。

图 2.13　柴达木盆地柴东地区盐碱地地貌

六、滩海探区

滩海指由陆地向海上延伸的部分,即横跨海岸线,一部分在陆地,另一部分延伸到海里。地下油气藏(油田)也会出现整体处于在海水里,但水深较浅,一般小于 10 米(图 2.14)。滩海油田的海况虽不如海洋油田那样恶劣,但远比一般陆地地表险恶,地震采集施工作业远比平原和深海困难。中国石油渤海湾滩海勘探面积约 0.7 万平方千米,累计探明石油地质储量 2.4 亿吨,探明率 20%;累计探明天然气地质储量 43.7 亿立方米,探明率 0.7%。"十五"期间在冀东油田滩海发现亿吨级储量规模、辽河油田滩海新发现 200 亿立方米天然气储量区块、大港油田滩海新增三级储量 5000 万吨,成为中国石油重点勘探领域之一(赵政璋等,2005)。

图 2.14 滩海探区地貌

滩海地表区的复杂性主要表现在野外作业的难度与施工机具的复杂程度。

(1)水陆交替的滩海地带,淤泥较深,杂草丛生,芦苇成片生长,常规大型地震仪器如何进入施工现场,固定在什么地方,地震电缆线(排列)如何摆放,施工困难多、劳动强度大。

(2)选用什么类型的检波器,如何使检波器与周围软泥媒介实现良好耦合,检波器组合个数由于埋置条件恶劣必然受其限制,通过什么方式来取代检波器组合效应。

(3)采用什么样的震源类型,保证激发能量下传。滩海区淤泥很深,水面又浅,如果使用井炮激发震源,钻井深度必须是钻入软泥层下地层;如果采用其他类型震源,其激发能量必须穿过淤泥传到地下。

七、地层出露及喀斯特地貌探区

由于山体的强烈褶皱、断裂、逆掩推覆等构造运动，导致老地层出露到地表，经长期风化剥蚀，造成现今地貌，地形高差大、沟壑纵横，在碳酸盐岩地表出露区，易出现喀斯特地貌，溶洞、地下潜河等地质现象，给地震作业实施带来极大困难。

（1）岩石直接出露地表，风化层极薄，地表速度很高，无低速层或很薄。

（2）岩石出露，地表坚硬，激发条件差，检波器埋置做到良好耦合十分难。

（3）出露地层岩性不一，风化程度差异很大，造成表层速度结构十分复杂，横向变化剧烈，激发接收因素复杂，造成排列范围内地震波形特征变化大。

（4）地层产状不一，往往具有较大倾角，致使地震波场十分复杂。

第三节　面向目标的油气勘探开发技术需求

为保障中国石油油气勘探开发实现"四大工程"目标，股份公司要求物探技术应用尽快实现"三个延伸"，物探工作特别是地震处理解释工作必须尽快实现"六个转变"，面向前述油气勘探开发面临的新领域、新对象、新形势，系统梳理面向目标的物探瓶颈难题与技术需求，是构建中国石油油公司物探技术管理体系的重要基础。

一、不同领域不同阶段面临的物探瓶颈难题与技术需求各异

为适应国民经济发展对油气资源快速增长的需求，中国石油提出了在"十一五"后三年和"十二五"期间组织实施"四大工程"：以陆上油气勘探接替领域为核心的储量高峰期工程，以高含水老油田提高采收率为核心的二次开发工程，以天然气产能建设为核心的天然气大发展工程，以拓展海外上游业务为核心的海外业务大发展工程。"四大工程"各有侧重，贯穿油气勘探开发生产全过程。油气勘探开发目的层从中浅层向深层延伸，对象从构造向复杂岩性延伸，区域从东部向西部深层、新区、新盆地、海洋延伸，重点从石油向天然气延伸，业务链由勘探向开发延伸。

"十二五"以来，中国石油油气地质目标日趋复杂，隐蔽性增强，目的层面临"低、深、隐、难"的问题（易维启等，2016）。各类目标分布在不同盆地、不同层系、不同深度，勘探开发对油气圈闭描述精度的要求不断提高（表2.2）。主要特点是：一是复杂山地、滩海、黄土塬、大沙漠等复杂地表探区成为重点地震勘探领域，地表条件更加复杂，其中山地（黄土山地）、城区、海域等探区比例增加到50%以上；二是岩性地层向湖盆中心超薄储层延伸，海相碳酸盐岩向深层白云岩拓展，构造向超深层前陆复杂构造拓展，勘探深度已延伸至6000米至8000多米；三是储层品质向低渗透、超低渗透、低丰度、低产量延伸，特低渗油藏占油气探明储量比例增大；四是油气目标越来越复杂，常规油气剩余

资源分布在复杂推覆构造、盐下和盐间构造、复杂断块、复杂岩性等区带，非常规油气占比逐步增大；五是已开发老油田整体处于"双高"阶段，已开发主力气田逐步进入递减期。对于日趋复杂的勘探开发对象，地球物理技术面临着严峻的技术挑战，迫切需要进一步攻克关键瓶颈技术，发展适用配套物探技术，进一步提高分辨率、信噪比、成像精度和储层预测精度，为提高复杂构造圈闭、低渗透薄岩性储层、碳酸盐岩缝洞储层圈闭等的落实程度、描述精度与油气检测精度奠定基础。

表 2.2　中国石油油气勘探开发领域变化

重大转变	勘探领域	油气勘探领域发展	
		"十二五"	"十三五"
由中浅层向深层	岩性地层	三角洲前缘砂体（坳陷湖盆）	满盆含砂，湖盆中心发育厚砂体
		构造、岩性（断陷湖盆）	斜坡—洼槽区
	复杂构造	中浅层（3600~5500 米）	深层—超深层（6800~8000 米）
	海相碳酸盐岩	潜山风化壳（4800~5900 米）	礁滩、层间和顺层岩溶（6000~7500 米）
由碎屑岩向复杂储层	叠合盆地中—下组合	碎屑岩、碳酸盐岩	火山岩、变质岩潜山、基岩内幕。碳酸盐岩礁滩、岩溶
由简单背斜构造向复杂推覆构造	前陆冲断带	简单构造	逆推构造、盐相关构造、复杂潜山
由常规向非常规	湖盆中心	常规油气	致密油、致密气、页岩气、煤层气
由陆地向海洋	海洋	滩浅海	深海

1. 勘探地球物理技术发展需求

在油气盆地、区带和圈闭的勘探中，首要任务就是寻找可上钻的勘探目标，这是物探业务的第一要务。而对物探资料采集、处理和解释研究来讲，寻找可靠、规模、多层系大目标就成为首要追求。因此，在地震资料采集技术上，要发展适应复杂地表的高密度近地表调查技术、高密度二维或三维地震、一维或二维 VSP 及重磁电勘探技术；在资料处理技术上，要发展高精度近地表静校正、多维叠前保幅去噪、子波一致性处理、多维规则化处理、全深度速度层析反演和基于起伏地表地震偏移等提高资料信噪比和成像精度为主体的系列技术；在圈闭研究上，主要发展完善复杂构造快速解释与成图、分方位地震属性分析、复杂地质体（火山岩、生物礁、缝洞体等）识别与刻画、古地貌恢复、地层层序分析与解释、沉积微相分析和非均质储层预测等关键技术。所以，油气勘探对勘探地球物理技术需求总体上就是要做到：成果资料要突出高品质，技术上突出多信息，层系上突出立体性，目标上突出可靠性，时间上要突出快节奏。

2. 油藏地球物理技术发展需求

在已知油藏构造、储层和流体等信息的基础上，地球物理的主要任务是发展面向精细构造刻画、微幅构造的识别、微小断层的解释、超薄储层的分辨、储层横向连续性的判识和剩余油的预测等系列技术。因此，在物探资料采集技术上，发展小面元高精度三维或四维地震资料采集、多井二维 VSP、三维 VSP 及三维井地联采、三维井中地球物理（地震与电磁联采）等技术（赵邦六等，2017），是地震资料采集的主要技术方向；在资料处理技术上，发展高保真、高分辨率地震成像和电磁反演等数据处理技术将是主要技术需求；在资料解释研究上，发展和完善微幅构造、微小断层精细解释、油藏地震属性分析、储层精细预测、油气水判识和动态油藏三维精细建模等技术是核心工作任务。在精细油藏描述的基础上，预测剩余油分布、调整井位部署、调节注采关系、提高采收率，以实现油田高效开发的目标。所以，油藏开发对地球物理技术需求总体上就是要做到：技术上突出精准、研究上突出精细、投入上突出低成本。

3. 非常规地球物理技术发展需求

非常规油气主要包括致密油气、页岩油气、煤层气。非常油气藏主要是人工油气藏，一般要靠采取人工改造后才能产生工业油气产量，其勘探开发主要存在的难题是，如何找准优质储层段（"甜点"层）、微裂缝发育区（"甜点"区）、跨层大断裂和油气圈闭边界线；如何预测储层产状、地层主应力方向和岩层脆性矿物发育程度，为水平井钻井和压力改造工程实施提供有效信息及参数。非常规油气勘探开发对地球物理技术需求更多、要求更高，除了常规油气藏的需求之外，对 TOC、储层岩性、物性、脆性、应力场预测及小微断层、裂缝识别与刻画等，还提出更多预测参数要求。非常规油气的低丰度、低产量、低经济效益等勘探开发特点，决定其只能应用低成本地球物理技术。发展低成本、高精度地球物理技术，是非常规油气勘探开发的总体需求。重点发展高分辨率三维地震资料采集、"双高"地震数据处理、岩石物理分析与测井评价、"甜点"七性参数与含气性预测、叠前岩石物理参数反演、微地震监测、水平井随钻地震导向等技术，落实油气藏的几何参数（储层分布、连通性、物性、沉积相）、储量参数（气水系统、气水界面、驱动类型）、产能参数（压力、富集区），这是地球物理技术的主要任务。

二、物探技术发展面临形势、问题与挑战

"十二五"初，为保障中国石油油气勘探开发实现"四大工程"目标，股份公司要求物探技术应用尽快实现"三个延伸"，即物探业务尽快由常规探区向复杂探区和深层延伸、由油气勘探向油气藏开发延伸、由常规油气藏向非常规油气延伸。对物探业务来讲，任务之重、要求之高、难度之大前所未有。这就要求物探工作，特别是地震数据处理解释工作必须尽快实现"六个转变"。物探业务如何根据油气勘探开发技术需求，分析物探业务管理和技术应用与发展存在的问题，如何应对满足油气勘探开发新要求所面临的各类挑战，这就需要物探业务从管理思路和技术发展上进行调整完善，适应新时期油气勘探开发的更高要求。

1. 油气勘探节奏不断加快对物探管理效率提出了新的要求

中国石油重组改制和股份公司上市以来，地震工作量有较大幅度提升，"十一五"期间，二维地震工作量年平均为 40504 千米，矿权保护勘探工作量逐年上升，每年约占二维工作量的 20%～25%。根据精细勘探需要，东部富油气凹陷规模部署连片二次三维地震，三维地震工作量维持在较高水平，年均工作量达 15327 平方千米。期间，中国石油面临的稳产和上产压力逐年加大，三维地震计划中油藏评价与开发精细三维地震工作量稳定上升，平均为 2573 平方千米/年。大面积三维地震工作量的持续投入，使得冀东油田南堡、大港油田岐口、辽河油田大民屯、辽河油田西部凹陷、华北油田饶阳、塔里木盆地塔中 1 号坡折带、库车克拉苏、海塔南贝尔、柴西南、准噶尔盆地西北缘、四川盆地龙岗、松辽盆地徐家围子、常家围子等重点区带，三维地震勘探覆盖率达到 90% 以上。塔北地区轮南、准噶尔盆地腹部、大庆油田长垣、吉林等地区，三维地震勘探覆盖率达到 50% 以上。形成了 17 个富油气区带大连片数据体，为区带整体评价，圈闭优选奠定了资料基础，但油气勘探节奏的不断加快，对物探管理效率提出了新的要求。

然而，由于随着油气勘探开发进程的深入和不断加快，勘探开发目标日趋复杂，为确保勘探开发目标的发现和精细刻画，常规的物探方式、方法和参数需要进行强化。以高密度、宽(全)方位、宽频带为特征的地震资料采集、处理、解释新技术得到飞速发展，不断在实际生产中广泛应用，并取得了很好的技术和地质成效。这必然导致地震资料采集参数不断强化(表 2.3)，与此同时，也导致地震资料采集数据量与处理解释计算量呈几十倍、甚至上千倍的增长。

表 2.3 中国石油地震资料采集主要技术参数简表

时期		"十五"期间	"十一五"期间	"十二五"期间
观测方式		高精度	高精度	高密度
道数	二维	480～960	480～1440	960～2880
	三维	960～3600	1440～4800	6800～14800
接收线数		8～16	12～20	20～40
面元(米×米)		25×25	25×25 20×20	25×25 2×020 12.5×12.5
覆盖次数		60～120	80～160	144～256
炮道密度(万道/千米²)		12～20 平均10.7	20～40 平均25.1	60～100 平均88.6
横纵比		0.2	0.2～0.5	0.6～0.8
检波器		4串	4～2串	1串、单点
表层调查(点/千米²)		0.5～1	0.5～2	1～3

但由于勘探开发业务发展节奏的要求，不能在工作量和数据量成倍增长的情况下影响工作节奏，这就要求物探技术管理采取非常措施，在完成工作量和保证工程质量的同时，

跟上勘探开发节奏要求，并要解决好物探成本不能大幅度提高的问题。

2. 油公司体制对物探技术提出了提高经济效益的要求

新中国成立以来，我国石油工业组织机构经历了一系列的变化。从国内石油公司的演变历程看，我国石油公司管理体制总体分为两种模式：一是油公司与服务公司行政财务一体化管理模式，时间段从解放初到20世纪末期，物探工作主要特征为不分甲乙方的石油会战模式，以总部计划和行政指令、部分内部市场竞争的方式开展业务，物探工程质量由物探技术服务单位自我控制为主；二是油公司与服务公司行政与财务相对独立模式，时间段从20世纪90年代末改革重组股份公司上市至现今阶段，物探工作主要是物探工作量部署、技术管理和工程质量控制由油公司主要管控、服务公司负责工程实施的方式，具体项目实施由中国石油系统队伍内部协调和部分市场竞争获取。

油公司模式这一概念来源于西方，特指西方石油公司专注于油气价值链中产炼运销等上中下游业务及其相关的资本与商务运作，而不附带油田服务、工程建设、装备制造和基地维护等专业化服务队伍的运作模式。这种模式实现了石油公司与服务公司之间的专业化、社会化分工，实现了石油公司和服务公司资源的合理利用和高效运作。管理体制的改变，不但对油公司管理能力提出更高要求，更加强化了油公司的效益意识。因此，油公司体制下的物探技术管理如何展开，如何实现有质量、有效益的发展和建设国际一流能源公司的战略目标，是摆在大家面前的崭新课题。

在公司改制重组上市后，股份公司与物探服务公司之间成为甲乙方合同关系。油公司需要借鉴国外油公司机制进行管理，必须遵守美国上市公司管理规则，讲求投资回报，重视寻找经济可采储量和项目全生命周期的成本管理。而中国石油重组后，物探技术主要力量基本上留在技术服务公司，油公司物探管理力量和技术管控能力严重不足，建立物探技术管理模式，强化技术引领力建设，发展符合油公司勘探开发业务特点的先进适用物探主导技术，制定科学合理的技术管理规则和质量控制手段，支撑主营业务增储上产，降低勘探开发成本，提高勘探开发效益，实现油公司、服务公司双赢发展，是"十一五"后中国石油物探技术管理的主要而艰巨的任务。

3. 上市初期油公司物探技术管理制度不健全

国际石油公司基本上均为上市公司，由于物探业务市场化程度高，服务公司通过技术和报价竞标获得物探技术服务项目，油公司与服务公司之间按项目合同管理，关系相对单纯。虽然各油公司均有各自的物探项目管理模式，但其模式简单，主要靠高薪招聘高水平的第三方实施监督管理。而对国内物探技术管理来讲，由于体制、文化背景、发展历程、市场化程度不同，无法复制国际油公司物探管理模式，加之股份公司成立时间较短，许多管理仍在探索之中，中国石油上市部分（油公司）与未上市部分之间的利益关系也在调整之中，物探技术管理也难以实现有序科学管理，管理制度的缺失和业务管理体系的不完整也是必然结果。主要体现在以下几个方面。

（1）缺少符合中国油公司模式的物探业务管理办法。公司改制重组上市初期，中国石油原以服务公司为主体的物探技术管理模式，已不适合油公司的物探业务管理要求。股份公司物探技术管理只能摸着石头过河，以事论事、常处于被动应对的应急状态。

（2）缺少油公司各类物探技术企业标准规范。标准规范是企业科研成果与生产经验的有机结合，是推动业务高质量发展的重要基础。由于物探新技术不断发展和管理模式的调整，当时现行的物探行业标准规范，不仅难以涵盖股份公司主营业务发展的需要，而且存在不系统、不配套，甚至是过时与残缺的状况，不利于物探技术的顺利发展和物探项目的高质量实施。

（3）缺少物探业务基础数据库，技术应用基础不牢。随着油气勘探不断向复杂领域、复杂地表条件进军，逐渐认识到缺少各类复杂探区的基础数据，难以发挥新技术的有效作用，各种复杂勘探难题难以取得突破性进展。因此，建立物探技术应用的关键数据库，是解决复杂探区地震成像品质、储层预测有效性的重要基础，是全面推进物探业务提质、提速、提效，科学管理、科学决策、降低勘探开发成本的必要条件，不可逾越。

（4）缺少高效运行的物探生产信息化管理系统。物探管理由于缺少管理工具和平台，管理指令和生产运行数据统计主要通过电话、电子邮件等方式提交，生产动态资料的内容、格式都不规范，沟通联系效率低下，周期较长，难以适应勘探生产节奏不断提高的需求，阻碍了物探技术管理效率的提高。在信息技术飞速发展的新形势下，需要针对物探技术信息不能有效及时管理、生产动态无法及时掌握、项目质量无法及时监控、大量的物探数据无法进行数据挖掘和大数据分析等问题，研发物探工程生产运行管理系统十分迫切，也势在必行。

（5）缺少有效的物探项目质量控制工具和手段。股份公司上市初期，物探项目实施过程的质量管控，依然采用服务公司自我管理与少量监督人员住队抽查监督的模式，难以实施有效监督及时的质量管理。进入21世纪以来，计算机技术、互联网技术飞速发展，为开展多环节、大规模物探数据质量监控创造了条件，开发物探项目质量管控工具和资料资料质量分析评价系统已十分必要。这样可以克服传统的人工质量控制依赖质控人员个人的学识水平、经验的弊端，有效及时地进行质量控制，避免物探项目质控效果存在随意性、主观性的不规范、不科学的问题。

（6）缺少油公司物探人才培养的长效机制。股份公司成立后，各油气田公司无论是物探技术管理人员还是技术应用、把关人员均十分缺乏，随着大力加强油气勘探开发力度，物探部署工作量逐年增加，如何管控物探项目实施水平、引领物探技术发展也成为油公司的重大课题。所以，加强油公司物探人才培养、建立物探技术长效培养机制已刻不容缓。

4. 传统物探技术面临着许多高难度的挑战

随着油气勘探开发目标的复杂性、隐蔽性增强，传统物探技术已不适应复杂探区的勘探需求，难以有效完成地质任务要求。尽管在"十一五"股份公司建立工程技术攻关工作机制，2006 年组织启动了物探技术攻关项目，针对复杂高陡构造、大面积低渗透、碳酸盐岩缝洞型储层和火山岩等复杂目标勘探中存在的难题，实施物探关键技术开展攻关，在东部松辽盆地、渤海湾盆地取得了一定的攻关成效，但在复杂地表区提高地震资料信噪比、复杂构造成像、复杂油气藏预测等技术环节，与油气勘探生产需求还存在较大差距，非常规领域、油藏地球物理技术发展还处于初级摸索阶段。如何有效开展物探技术攻关，保障新形势下中国石油主营业务发展的需求，还存在着诸多技术挑战。

在岩性地层油气藏勘探领域，地震分辨率低、资料保真性差和储层预测的精度还难以满足分辨 10 米级薄砂层的要求，薄互储层识别与叠前地震反演预测、非均质储层预测、岩性识别与油气检测、油藏精细描述等关键技术发展与应用，依然面临储层流体预测可靠性和精度低的挑战。

在前陆盆地油气勘探领域，复杂山地地震资料信噪比低、山地静校正困难、高陡构造成像问题依然十分突出，复杂山地地震叠前提高信噪比、三维地震叠前偏移处理解释一体化、复杂构造圈闭识别评价、油气预测与识别等关键技术研究与应用，依然面临深度误差大、圈闭及储层识别精度不够的挑战。

在碳酸盐岩勘探开发领域，储层埋藏普遍较深，储层非均质性强，成藏模式复杂，油气水关系复杂，储层类型包括礁滩、缝洞、风化壳等多种类型，非均质储层空间归位成像、缝洞型储层三维定量雕刻、断裂识别、礁滩储层预测、白云岩储层参数识别、烃类检测等关键技术研究与应用，依然面临资料基础差，小尺度地质体识别精度不够，气水识别精度低等多项挑战。

在火山岩勘探领域，储集体严重不均质且埋藏普遍较深，深层地震反射弱、火山岩内幕反射杂乱，火山喷发不同期次叠置界面地震反射弱且顶面起伏剧烈，储层非均质性极强，火山岩喷发机制及地层接触关系刻画、火山岩岩相识别、岩相预测、储层物性预测、流体识别等地震关键技术研究与应用，依然面临精度不够和与重磁电震综合预测信息难以融合等方面的挑战。

在东部老区勘探领域，虽然普遍实施了三维地震叠前连片时间偏移处理技术，但由于各凹陷断裂系统复杂，断裂地震成像仍然存在归位不准、深层资料信噪比低、斜坡沉积体识别与描述难度较大，如何发展与应用高精度三维地震叠前深度偏移、叠前储层预测和地层层析分析技术，为提高滚动勘探成效和开发采收率提供技术保障，仍是地震技术的主要挑战。

在深层—超深层和非常规油气领域，物探技术面临的问题将更加复杂。深层—超深层领域主要面临的挑战是，如何提高深层—超深层地震资料品质和深部构造的成像精度，如何准确识别目标构造和特殊地质体等难题；在煤层气勘探开发领域，主要面临进行米级小尺度断层识别与雕刻和含气富集区预测的技术挑战；页岩油气勘探开发领域，面临如何进一步提高地震资料的保真度和分辨率，如何进行微小裂缝检测、富集区预测和地质、工程"甜点"综合描述等技术挑战。

第三章　油公司物探技术管理体系探索与建设

随着中国石油实施公司改制，物探业务按油公司与服务公司定位重组，上市后管理制度不齐全使得物探技术管理工作缺乏依据，油公司体制对物探业务提出了提高经济效益的要求；以及"十二五"以来，油气勘探开发重点领域发生了重大变化，油气勘探节奏不断加快对物探管理效率提出了新的要求，传统物探技术面临着许多高难度的挑战。因此，中国石油开展了油公司物探技术管理体系探索与建设。

第一节　新时期油公司物探技术科学化管理的形势要求

"十二五"以来，随着我国国民经济快速发展，国内对石油、天然气的需求不断增长。以2020年为例，我国原油、天然气产量分别为1.95亿吨和1888亿立方米（图3.1），但对外依存度分别达到73.5%和43.2%。同时，经过多年的勘探开发，中国石油部分油气田已处于勘探中—晚期阶段（图3.2），各主力油气产区勘探面临更深、更小、更薄、更低渗透等复杂地质对象，油气勘探开发形势日趋复杂。

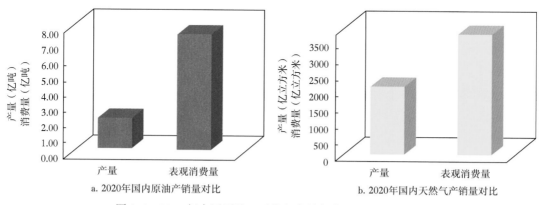

a. 2020年国内原油产销量对比　　　　　b. 2020年国内天然气产销量对比

图3.1　2020年中国原油、天然气产量与表观消费量对比图

基于国内外形势综合判断，中央和国家做出"大力提升国内油气勘探开发力度"重要批示，中国石油做出加快建设世界一流综合性国际能源公司的战略部署，公司高层领导明确提出打造物探技术利剑，为高效勘探、效益开发保驾护航。因此，发展满足更深、更

小、更薄、更低渗等复杂地质对象勘探需求的精细物探技术，解决油气勘探开发生产遇到的难题，体现世界一流油公司物探技术水平，是新阶段油公司物探技术的发展目标。

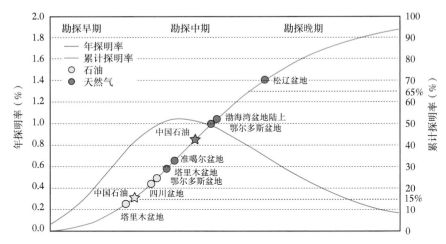

图 3.2　中国石油各大盆地常规石油、天然气勘探程度图（据侯启军等，2018）

一、适应油公司勘探开发主营业务发展

随着油气勘探开发的不断深入，中国石油油气勘探开发领域不断向"低、深、海、非"延伸，地球物理勘探技术面对的油气勘探开发目标隐蔽性增强，研究对象日趋复杂。主要表现在：一是地表条件更加复杂，山地（包括黄土山地）、城区、海域等探区比例增加到50%以上；二是地层岩性油气藏占比增大，碎屑岩岩性油藏"十一五"占比达63%，"十二五"以来上升到76%，占比近八成，领域向湖盆中心超薄储层延伸；三是海相碳酸盐岩向深层白云岩拓展，构造向超深层前陆复杂构造拓展，勘探深度已延伸至6000米至8000多米，深层占比由20世纪80年代的2.3%上升到2000年以来的18.6%；四是储层品质向低渗透、超低渗透、低丰度、低产量延伸，特低渗透层占油气探明储量比例增大（图3.3），由2000年的53%上升到2010年的79%；五是油气目标越来越复杂，常规油气剩余资源分布在复杂推覆构造、盐下和盐间构造、复杂断块、复杂岩性等区带，非常规油气占比逐步增大。

资源劣质化使得油气勘探开发的难度加大，以上对象的变化，使油气勘探开发效益下降明显，新增探明储量的采收率从2000年的23%下降到2010年的20%，剩余控制储量采收率小于20%的占88%，石油勘探成本从2000年的1.4美元/桶上升到2010年的2.8美元/桶，天然气勘探成本从2000年的0.2美元/米^{3}上升到0.8美元/米^3。在此形势下，油公司提出了通过技术创新降本增效、提质增效，技术上精雕细刻等要求，物探技术作为油气勘探的关键技术，物探技术应用是提高油气勘探成效的关键环节，面临提高地震资料精度、提高效率、控制成本等挑战，迫切需要健全、完善、构建与新阶段油气勘探开发形势相适应的，支撑国际一流企业创建的物探技术管理体系，提高物探技术的应用水平，提高物探资料的质量，更好地支撑高效勘探和高质量发展，适应集团公司建设国际一流油公司需求。

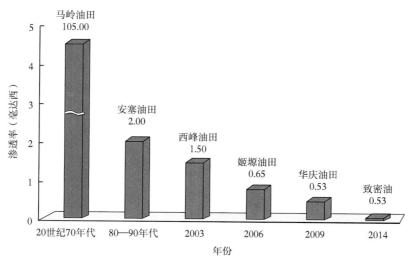

图 3.3　长庆油田油气勘探渗透率历史演变

二、适应物探技术发展规律

随着油气勘探程度的提高，我国油气勘探范围逐步由平原地区向丘陵地区、黄土高原、复杂山地等地区扩展，不仅地下地质目标复杂，地表条件也变得非常恶劣（图3.4）。以上领域的变化，使得"十二五"以前形成的地震薄储层识别、复杂构造成像、复杂油气藏预测、深层目标评价等物探技术，难以满足勘探开发需求，面临着提高储层分辨率、复杂地表提高信噪比、复杂构造提高成像精度、碳酸盐岩提高储层刻画精度、深层提高目标落实精度、成熟探区提高剩余油预测精度、非常规领域提高"甜点"预测技术针对性等一系列的技术挑战，物探技术向更高精度发展，技术类型从地面地震走向井中地震，从单分

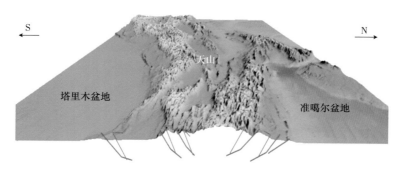

图 3.4　天山南北塔里木盆地、准噶尔盆地周缘复杂地表地形图

量到多分量，技术应用方式从叠后走向叠前，算法从声波方程到波动方程，从低维度走向四维、五维，加强多学科联合应用等是物探技术发展的规律。

地震资料采集由以二维、三维地震资料采集并存逐渐向三维地震资料采集为主的转变，三维地震资料采集工作量"十二五"年平均 13034 平方千米，三维数据处理、解释年平均工作量分别达到 35000 平方千米和 60000 平方千米以上。井中地震、井地联采、多波多分量等新技术也不断在重点、难点项目中推广应用。

为了获取高精度地下地质信息，大力发展"两宽一高"三维地震勘探技术，地震资料采集覆盖次数已从几十次增加到几百次，横纵比从 0.2 左右展宽到 0.7 左右，成像道密度从 20 万道/千米^2 左右增加到几百万道/千米^2，与常规三维地震资料采集相比，数据量增加了几十倍(图 3.5)。

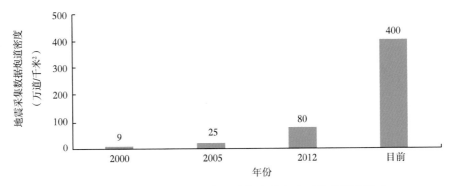

图 3.5　中国石油三维地震资料采集炮道密度平均值历史演变

为了进一步提高地下地质目标的成像精度，建立准确的全深度速度模型是地质目标准确成像的关键，而准确近地表模型是建立全深度速度模型的基础，因此，在地震勘探中要特别重视近地表结构、吸收衰减系数的调查，它是目前地震勘探中一项必不可少的关键工作。

随着地震数据量快速增长，数据存储量由吉兆级提高到太兆级，计算速度由每秒百万次提高到每秒万亿次，需要加大处理解释能力建设，提高数据处理解释运算能力，以缩短处理周期，提高处理效率，以支撑地震处理由叠加到偏移、由叠后到叠前、由时间到深度、由射线到波动、由单程到双程的跨越的需求和地震资料解释从叠后储层预测向叠前储层预测、多信息综合解释的跨越需求，适应快节奏生产要求。同时，几十年的地震勘探积累了大量地震老数据，是中国石油油气勘探的宝贵财富，仍然具有挖潜的潜力，老资料反复处理解释是"十二五"以来物探工作的重点之一。

地震数据量急剧上升和生产节奏加快，对地震资料采集、处理、解释资料品质实时监控评价也提出了新的要求，迫切需要便捷高效的物探生产运行管理软件平台和智能化质控软件系统，为现场施工队伍、油田监理及勘探管理部门协同工作提供信息化、自动化管理平台，以保障生产管理的高效实施。

　　同时，为适应物探业务内涵的变化和技术发展需求，需要建立科学、系统的业务管理体系，通过科学化、信息化、规范化管理，推进物探技术基础管理和资料品质上水平，为物探技术稳健发展提供保障。

三、规范油田公司物探管理工作

　　各油气田公司是中国石油油气勘探开发业务主体。在各油气田公司业务管理体系中，作为支撑油气勘探开发业务的物探技术，其管理工作目前主要分散于油气勘探、油气开发以及其他工程技术管理部门，没有一个专业的部门统筹管理物探业务，不同部门投资来源不同，技术需求存在差异，从而导致物探项目部署、技术管理达不到统筹、全面。

　　一是各油气田公司的物探部署研究和技术发展规划有待规范。物探业务链条长，环节多，周期长，业务管理具有节点多、交叉性强的特点，部署不规范影响勘探开发节奏，因此，做好物探业务技术发展规划十分重要。油气田公司需要按领域区带，以整体勘探和立体勘探为原则，编制物探部署中长期规划，整体部署，制定技术应用发展政策，加强技术经济一体化管理，按施工"禁采期"要求，做好部署和分步实施，严禁超节奏部署和"禁采期"施工。要提前做好部署顶层设计、技术方案论证和审查，在此基础上做好投资预算，确保项目实施高效率、低成本。

　　二是物探项目实施过程中的质量控制有待加强。从项目设计开始，严格按规范要求论证、编写和审批；项目实施必须加强过程质量控制、落实好设计审批要求和标准规范要求，并利用好地震资料采集、处理质量分析与评价系统，做好地震资料采集、处理过程的质控工作。各油气田公司需要根据各探区的工作特点和资料特点，采用应用量化质量控制软件系统，加强重要施工节点的巡查力度，物探监督和业务管理部门要不定期的赴现场进行质量抽查和现场指导（图3.6），在工程项目结束后要形成过程质量控制报告，应作为项目最终验收的依据。但在实际管理过程中，各油气田公司管理的规范性、质量控制的水平存在明显差异，科学化管理能力需要加强。

　　三是物探工程项目实施效果后评估工作需要强化。后评估是对项目成果的总结，也是对下一步工作思路的梳理，每个物探工程项目结束后均要实施后评价工作，确保项目实施高质量和高水平。各探区应根据项目任务，分析技术应用成效，包括资料品质与技术应用分析，提交圈闭的数量与面积，建议及采纳井位数量及实施情况，地震层位钻探深度误差、储层预测符合率、油气检测符合率，研究区储量或产能建设情况等，总结成果和经验，查找问题差距，对下一步工作部署提出意见建议，提出努力的方向和技术发展重点，推动该探区物探技术应用上水平。

　　因此，根据中国石油集中勘探、精细勘探、立体勘探的要求，物探工作部署要统筹考虑风险勘探、预探、评价、开发各个阶段需求，资料品质、技术发展不仅要满足常规勘探

图 3.6　油田物探业务管理人员现场检查

需求，还要达到油气评价、开发的精度，需要各油气田公司在中国石油勘探与生产分公司业务统一指导下，加强物探技术管理，设立专业部门，统筹管理物探业务，明晰管理界面，制定适合本地区的物探业务管理细则，全面规范各油气田公司物探管理工作，更好地服务于油气勘探开发目标。

四、推动公司物探技术科学发展

物探技术管理工作是物探技术发展的重要内容，是科学管理、科学决策、降低成本的重要条件，是全面推进提质、提速、提效的重要保障。随着近年来中国石油建设世界一流综合性国际能源公司进程的加快，需要建设科学、完备的物探技术管理体系，以满足新时代的物探技术发展要求。

首先，根据油气勘探开发形势发展变化，需要制定新的技术发展规划，指导复杂探区、复杂领域的技术应用。"十二五"以来，油气勘探领域在不断延伸，勘探对象更加复杂，需要进一步梳理主要盆地、主要领域物探技术的发展目标、采集处理解释工作任务和具体技术措施建议，强化油公司在物探技术应用中的主导作用，贯彻绿色环保理念，推广科学适用的技术方法和措施，进一步攻克关键技术瓶颈与难题，不断完善发展适用中国地质条件的物探配套技术和特色技术。这些需要在编制新的五年发展规划和指导意见予以实现。

其次，需进一步补充完善物探技术管理规范，以适应新形势下物探技术管理要求。"十二五"之前，中国石油勘探与生产分公司已下发技术管理标准和规范 11 个、管理办法 9 个，适应了当时的管理和技术应用的需要。但随着地震资料采集处理解释工作量不断增大、物探技术快速发展和信息化时代的到来，传统的技术管理模式已经不能满足生产管理要求。需要物探业务在统一的顶层设计下，形成国标、行标和企标相互匹配的技术规范和标准体系，确保物探技术应用有据可依，有规可循。

同时，开展地震老资料精细处理解释挖潜工作，急需物探基础数据库及相关软件支撑。"十一五"以来，油气勘探开发主要对象是复杂构造、地层岩性、致密油气、非常规等领域，需要发展物探新技术，并开展一系列物探技术攻关和老资料目标处理解释等工作，而这些研究工作需要在前人研究的基础上不断认识和提高。因此，"十二五"期间，需要强化前期物探基础数据建设，统一石油地质与地球物理图形数据格式，为物探研究工作奠定基础。

第二节 新时期物探技术管理与发展思路

在油气产业链上游业务中，工程技术体系是引领和支撑石油产业高质量发展，实现中国石油"世界一流示范企业"的最为重要的环节。物探技术作为油气上游业务技术含量较高的关键技术，其体系建设的重要性不言而喻。油公司物探技术管理推动和引领着物探技术发展，并使其在油气勘探开发中发挥主力军的作用（撒利明等，2018）。因此，创新物探技术管理是油气业务高质量发展的需要，是解决油气勘探开发疑难复杂问题的需要，是提升油公司物探科技能力和技术应用水平，保持自身发展的需要。

创建中国石油科学化的物探技术管理体系，既要立足于油公司物探技术管理需要，也要充分借鉴国际油公司物探技术管理的有益经验，根据公司自身特点和发展需求，设计体系架构及关键要素，构建一个具有创新性、示范性、引领性特征的，且集中国石油管理部门、油气田公司、中国石油勘探开发研究院北京院区、东方物探为一体的中国石油物探技术管理体系，满足逐步提高物探技术能力和油公司管理能力的需要，确保中国石油物探技术水平率先达到国际一流，为中国石油"国际一流能源公司"建设目标的实现贡献物探力量。

一、国际一流油公司物探技术管理分析

对标分析国际一流油公司物探技术管理模式，是建立中国石油国际一流物探技术管理体系的基础性工作。通过对国外物探技术进行较详细的调研，不仅包括技术装备、软件、采集、处理、解释、多波、井中、非常规、重磁电、油藏等方面的现状与水平，还同时调研分析 CGG、西方、PGS、ION、TGS、帕拉代姆等国际知名地球物理公司以及 BP、壳牌、康菲、雪佛龙、Anadarko 等国际石油公司的物探技术管理模式，对标分析了国际一流石油公司与中国石油物探技术管理模式特点与不同，提出差异化建设中国石油物探技术管理模式和需要改进的工作内容。

国际一流企业指在国际范围内比较，在国内外同行中具有强竞争优势和价值创造能力

的企业，其综合指标在国际同行中居领先地位。主要具备五个方面的特征：一是具有合理的经济规模，有较强的盈利能力和价值创造能力，综合指标在国内外同行中居领先地位；二是自主创新能力强，拥有自主知识产权的核心技术优势明显；三是主业突出，形成在本领域内一流的战略影响力；四是具有先进的经营管理能力和较强的风险管控能力；五是在国际同行业中居领先地位，具有国际竞争力。

根据国务院国有资产监督管理委员会对世界一流企业的要求，结合国际一流企业特征，认为石油行业世界一流企业应该具备以下特征：全球资源配置能力强、财富综合创造能力突出、规模实力领先、品牌与文化影响力大、引领全球行业技术发展、管理水平卓越、践行社会责任与绿色发展。

通过调研分析认为，国际一流油公司是地球物理技术发展强有力的推动者，更加重视物探技术的作用；基本建立了符合成熟市场要求的、适合国际化公司发展的研发体系和管理机制。

油公司是地球物理技术发展强有力的推动者。油公司更加重视物探技术的作用，加强物探技术发展主导权，在油价持续动荡下，把工作重心从"找油"转向找油采油并重，高速计算、数据分析和机器学习使此前获得的地震数据产生更多价值，对物探技术的期望从"资料获取"转向"资料解析、应用研发"；在根据勘探开发需求对物探技术提出更高要求的同时，积极推动和参与物探技术及核心软件、装备研发应用；在一些直接对生产成本和开发效益可能有重要影响的技术研发方面，油公司加大科研投入、试图领先行业的发展，突出技术实用性，突出价值驱动理念，技术创新加快从第三代"战略驱动"向第四代"价值驱动"的跨越；一般根据各自公司的规模和业务布局特点，建立自己的地球物理研发团队，重点研发能够解决地质问题、提高勘探开发效率、降低勘探成本的新技术新方法，研发的目标不是技术的商业化，而是建立技术基准（Benchmark），设立技术门槛，验证新技术的正确性；油公司对行业中感兴趣的关键技术和关键人才，通过与服务公司建立战略合作联盟，吸引人才为我所用。

油公司形成了物探主管对该公司的物探技术统筹管理的基本模式（图 3.7）。主要内容有：一是物探工作量的部署规划，技术研发的部署规划，严格把关技术设计，一般地震资料采集技术方案由甲方主导设计，确定参数，乙方按照甲方技术设计组织生产。二是技术标准的完善和执行，包括本企业的技术标准、物探行业的技术标准、仪器软件厂商的技术标准、国家及国际社会的相关标准规范等。三是高度重视过程质量控制。质量管控是国际油公司物探技术管理体系中的重点，严格执行甲方技术设计，技术设计变动必须经甲方代表签字认可，按照技术设计进行质量控制，管理过程中重视第三方监督，利用仪器和软件厂商提供的质控手段进行量化质控，在质量监督过程中，监督的知识水平经验也占了一定的因素。所以，他们对于监督监理公司的选择比较严格，必须选择知名度比较高的行业认可的监理公司。四是 HSE 管理。健康安全环保是物探业务管理中一个重要组成部分，严格执行行业和本企业 HSE 规范，特别是本企业的 HSE 要求，坚持零事故要求，杜绝环境污染和伤害等。五是操作规范管理，主要是物探项目实施中的过程管理，注重细节，严格按照操作手册、流程执行，各个工序均有预案，识别风险点，提前做好风险防范。在物探技术管理过程中，严格遵守契约精神和市场行为规范，加强对技术服务方的合同管理，项目开工前，按照合同对服务方的技术装备、人员、HSE 管理等到位情况一一验收，确保项目投入到位。

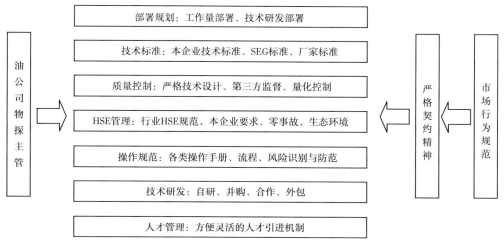

图 3.7 国外油公司物探技术管理基本模式框图

国外大石油公司在长时间的探索中，建立了符合市场要求、适合企业发展的研发体系。一是以物探技术中心为主，构建了三层次研发体系。第一层为公司战略研究中心，主要从事基础性和前瞻性的研究工作，将其与应用研究早期结合；第二层为专业公司研究部门，主要负责将科学研究转化为实用技术，确保科研与生产的紧密结合；第三层为各地区公司的研发机构，主要负责技术的商业化开发、推广应用和技术服务。总体来讲，各研究层级之间分工明确，任务清晰，从基础研究、技术攻关到集成推广有序衔接，形成物探技术发展完整链条。二是实行项目经理负责制，主要采用矩阵式组织结构形式，将多专业、不同部门的人员有效组织起来，开展重大技术项目的协同攻关，形成了协同机制。三是充分利用企业外部的研发力量和成果资源，与大学、社会研究院所、服务客户组成多元主体科研联盟架构，开展联合研究，共同提高自己的技术水平和服务效果。四是研究人员与技术服务人员经常进行岗位交流，在较大程度上促进了科研与生产的结合，实现了创新链条与产业链条的对接。五是加强对信息资源的管理和利用，实现企业内部资源的充分共享，企业外部信息的及时获取，确保科技研发项目的过程监控。六是对科研人员实行"双轨制"的职业发展途径。即研究人员可以面对两种选择：技术专家型和技术管理型。两种方式同一级别基本享受同等待遇，甚至技术专家的待遇还要稍高于同级别的管理人员，这就为技术的研发带来了活力。七是针对不同的岗位、人员，制定有明确的量化考核办法，为实行多层次的激励提供了依据。在物探技术管理过程中，严格遵守契约精神和市场行为规范，加强对乙方单位的合同管理，项目开工前，按照合同对乙方的技术装备人员等到位情况一一验收，确保项目投入。

整体上，国外油公司的物探技术管理按照市场化、专业化要求，管理重点是技术把关、质量控制和 HSE 防范等，目标是高质高效安全地完成勘探开发生产任务。

二、与国际一流油公司物探技术管理的对标分析

将中国石油与世界一流油公司的物探技术管理体系进行对标，选择合理的指标，坚持目标导向，按照创建世界一流示范企业的总体要求，既注重指标的可比较性、可获得性和时效性，又关注各指标与石油行业、企业发展的相关性。通过综合分析，选择从发展理念、运行管理、科技创新、体制机制、标准规范、安全环保、人才管理、资产创效等八个方面进行了对标。

1. 发展理念

世界一流石油公司和油服公司已经跨过"战略驱动"进入第四代的"价值驱动"发展理念。"价值驱动"型管理理念的特点是：突出价值管理，重视投资回报，推动实现整合创新链，布局产业链，匹配资金链，提升价值链的有机融合。主要体现在前瞻性、引领性、价值驱动，明晰公司核心能力，厘清发展重点，优化资产组合。

2. 运行管理

围绕油气业务链提质增效和高效协同，以"计划—组织—领导—协调—控制"为链条，实现信息技术（IT）、工业技术（OT）、管理技术（MT）的"IOM-3T"有机融合，实现感知生产全过程数据、多元主体交互信息共享、分析认知生产全过程知识、智能（智慧）决策生产全过程的一体化集成管理。主要体现在"计划—组织—领导—协调—控制"一体化信息共享、动态群体智能决策、"技术成果—专业服务—装备设施—人员团队"一体化资源智能化配置。

3. 科技创新

围绕"研发—试验—生产/制造—应用/推广"科技创新链条，形成以多元创新主体群、创新元素[创新团队、创新资金、创新技术资源（知识产权+实验基地）、创新环境（内外部环境）]组成的智能化生态科技创新体系。主要体现在智能化多元创新主体协同研发、"创新团队—创新资金—创新技术资源—创新环境"一体智能化协同、科技创新管理体制机制的一体协同化、关键核心技术的自主知识产权化和专利布局、技术体系是否合乎市场需求。关键核心技术是否自主可控、科技成果的转化率、"研发—试验—生产/制造—应用/推广"科技创新信息共享利用、新技术获取方式。

4. 体制机制

油公司管理由"矩阵式组织管理模式"向"平台化组织管理模式"转变，实现油公

司管理体制的扁平化、专业化、敏捷化和开放化；建立有效的油公司资源共享机制、高效运行机制、匹配的绩效考核和激励约束机制、科技创新创效机制。主要体现在"数据采集处理一体化"管理平台，动态群体智能决策平台，资源共享机制平台，扁平化、专业化、敏捷化和开放化组织。

5. 标准规范

标准是自主创新的制高点，谁掌握了标准制定的话语权，谁就掌握了市场竞争的主动权。实施国际先进标准是创建世界一流企业的关键。企业经营管理水平的高低很大程度上体现在标准上。世界一流企业的竞争实力和发展能力与其技术、产品、服务等标准在国际标准体系中的主导作用直接相关，标准化水平已经成为衡量一个国家、行业、企业核心竞争力的重要指标。主要体现在具有国际标准的关键科学技术成果和卡脖子技术、有制定国际标准的话语权、科技创新过程与标准化协同。

6. 安全环保

健康、安全与环境管理体系是近几年国际石油天然气工业领域至关重要的管理体系之一，体现了现代石油天然气工业的发展方向，突出预防为主、领导承诺、全员参与、持续改进的管理思想，是油公司实现世界一流石油公司、走向国际大市场的准行证。主要体现在宏观层面多元异构主体协同防控机制、微观层面的快速精准"安全隐患监测—辨识甄别—评估预警—响应决策—应急施策"防控机制、信息共享平台构建、预防关口前置。

7. 人才管理

石油公司物探团队是油公司石油物探技术管理体系—生产关系中最活跃的要素，也是承担实施由公司石油物探发展战略的关键载体。队伍结构、员工技能、人才结构是实现世界一流油公司的重要考核指标。主要体现在团队结构、员工技能、人才结构、高质量发展下的新一代信息技术人才结构。

8. 资产创效

石油公司拥有众多资产或项目，传统上，通常应用专家打分或领导拍板等主观方法进行资产投资，导致资产分配不均、决策失误等各种问题。为提高油公司资产创效能力，采取更为科学的方法，解决油公司资产优化组合问题。主要体现在资产组合与油公司物探技术战略发展吻合程度、油公司资产组合经济价值、油公司资产组合的风险管理。

通过八个方面的对标，认为中国石油需要从五个方面强化油公司物探技术管理体系建设。一是油公司物探技术发展战略正处于从"战略驱动"发展理念向"价值驱动"发展理念过渡阶段，从产能驱动型发展模式向创新驱动型发展模式过渡时期，应强化价值驱动理念，强化创新驱动。二是油公司物探技术管理体系还不完善，核心竞争力相对不足，与勘探开发实际需求相比，一些关键核心技术还未完全实现自主可控，应加强关键瓶颈技术攻关。三是高质量国际标准规范制定的主导权尚处于失语和缺位状态，未能在国际标准制定中起到引领作用。四是管理模式采用传统组织架构"横向职能分工、纵向层级分工"的金字塔模式，高质量运行管理未能实现信息技术、工业技术、管理技术之间的深度融合。五是高质量团队建设与创新型人才管理需要加强，队伍结构和人才创新型结构需要优化，高新信息化技术人才结构亟待优化。

而中国石油是集油公司与服务公司为一体的大型集团公司，既要全力发展油公司业务，又要兼顾支撑工程技术等服务业务发展。因此，中国石油的国企性质决定了物探技术管理必须坚持油公司与服务公司一体化发展的理念，油公司必须对服务公司物探技术发展与应用进行一体化管理，国外单纯甲方形式的管理模式不适应中国石油物探技术管理要求。

三、中国石油物探力量基本状况与物探技术管理的特点

中国石油重组以后，物探力量被切分为以各油气田企业和直属研究院所为主的股份公司物探力量和以东方物探为主的服务公司物探力量两大类。主要物探力量在服务公司（约占94%），从业人员约29000名，是物探技术服务的中坚力量，承担了全部物探采集业务，同时是物探处理解释技术研究和应用的主力军。油公司物探力量相对薄弱（约占6%），从业人员约1600名，承担物探项目实施与管理工作、本探区处理技术把关和攻关，以及钻探目标评价优选和井位部署，支撑油气增储上产。油公司直属院所定位于中国石油总部"一部三中心"职责，既是总部物探决策的参谋部，同时承担着物探共性技术研究、瓶颈技术攻关、技术示范与评价、高级物探人才培养等主要任务。

分析中国石油物探技术管理现状，与国际一流油公司相比有其自身的特点，中国石油物探技术管理包括油公司技术发展及应用、服务公司技术发展及应用等，覆盖面更宽。但油公司物探技术管理体系亟待进一步完善，与国际油公司存在一定差距：一是缺乏油公司技术准入的标准（Benchmark）；二是技术管理规范执行不到位；三是在国际上的认可度有待提高，国际化程度不够。

中国石油是国有大型企业，企业体量大，承担着政治、经济、社会三大责任，是国家经济发展的压舱石，加上企业重组时的市场关联约定，决定了中国石油物探技术管理必须坚持油公司与服务公司一体化发展理念。在油公司和服务公司物探力量对比悬殊，而油公司需要对服务公司物探技术发展与应用进行一体化管理的情况下，国外单纯甲乙方形式的管理模式不适应中国石油物探技术管理要求。中国石油物探技术发展必须兼顾股份公司油气勘探开发需求和集团公司物探技术和队伍的稳定与发展，既要兼顾物探市场，又要发展技术，确保技术发展与应用的有机统一，因此中国石油必须建立集团公司、股份公司一体化协同发展的物探技术管理体系。

四、中国石油油公司物探技术管理体系创建的思路

中国石油国企性质决定了物探技术管理必须坚持油公司与服务公司一体化发展理念，

油公司必须对服务公司物探技术发展与应用进行一体化管理和整体推进，国外单纯甲方形式的管理模式不适应中国石油物探技术管理要求，必须实施一体化的物探技术管理。

1. 油公司物探技术管理体系的创建思路

根据中国石油物探技术管理体制现状，为满足股份公司主营业务发展的需要和适应上市规则的要求，中国石油勘探与生产分公司认真组织梳理了物探技术管理存在的突出问题，深刻分析了油气勘探开发业务的技术需求，明确提出了物探技术发展面临的严峻挑战，对标国际油公司物探项目管理好的做法，提出"面向需求打基础，系统规划建体系，科学有序立机制，技术引领谋发展"的体系建设思路。具体思路：以高质量发展和国际一流公司创建为目标，从物探业务管理入手，围绕技术发展规划、标准体系、质量控制体系、信息化管理、科研攻关管理、人才管理等内容做好体系顶层设计；从物探项目管理入手，抓好技术应用与质量管理，将油公司和服务公司技术管理有机统一起来；从强化基础工作入手，建章立制，规范技术管理，支撑以关键技术和技术应用为核心的技术体系发挥作用，努力应对新时期物探业务需要解决的各类地质问题和诸多技术挑战，进一步提升解决地质问题的能力；从数字化、信息化入手，实现物探项目过程管理、质量控制的自动化和技术应用的绿色化，体现物探业务管理的科学性、先进性和规范性。

进入"十二五"以来，随着油气勘探对象的日趋复杂及物探技术的飞速发展，中国石油勘探与生产分公司提出建设国际一流油公司物探管理体系的任务，其整体目标是：围绕中国石油建设世界一流综合性国际能源公司的战略目标，落实股份公司实现"四项战略任务"、推动"四个转变"、确保"三个保障"的工作要求，面对勘探目标越来越复杂、勘探难度越来越大、技术要求越来越高的挑战，加强物探业务管理系统化的顶层设计，创新物探工作制度机制，制订标准规范，完善质量管理，研发信息化管理平台、强化核心技术研发、培养技术领军人才等一系列管理措施，建立新时代油公司物探技术管理新模式，实现物探业务管理的科学性、先进性和规范性，进一步提升物探业务管理水平，促进物探技术的创新发展，着力打造物探技术利剑，推动物探技术在油气勘探开发中发挥更大作用。

中国石油勘探与生产分公司经过业务分析与梳理，明确了油公司物探技术管理的主要任务是：推广应用先进适用的配套技术，推动油气勘探的重大突破、提高油气开发效益，为实现公司上游业务目标提供技术支撑；组织油气勘探开发重大工程的物探攻关，引导促进物探新技术研发和面向地质目标的关键技术研究及其配套集成，形成油公司的技术利器；着力加强物探技术基础管理和生产综合管理，打好新技术发展基础；适时组织技术研讨和交流，分区带领域建立物探技术应用政策，提升技术应用成效；持续培养油公司复合型跨学科人才，提升解决复杂地质问题的能力。

在此基础上，中国石油勘探与生产分公司确立了油公司物探技术管理体系建设的基本内容：制定中长期物探技术发展规划和技术指导意见，加大油公司在物探技术应用中的主导作用，推广科学适用的技术方法和措施，进一步攻克关键技术瓶颈与难题；组织制定物探业务管理办法，规范股份公司国内物探技术管理行为，有利于营造物探技术发展应用的工作环境；制订完善中国石油物探技术标准规范，构架国标、行标和企标相互匹配的物探技术质控体系；创建信息化、智能化的物探生产运行管理软件平台，提效业务生产管理水平与时效；研发物探项目质量控制评价软件工具，利用信息化手段，提高现场施工队伍、油田监理及勘探管理部门协同信息化、自动化质控水平；建立科技研发、技术攻关和人才培养机制，培育油公司核心关键技术和培养物探业务高端人才。

2. 油公司物探技术管理的重点内容

中国石油在 21 世纪初改制上市后，物探采集队伍及装备和主力处理解释队伍全部留在技术服务公司，上市油公司旗下的物探队伍仅以地震数据处理、解释人员为主，且力量严重不足。由于各油田公司所面临的勘探目标、地质特点、物探需求以及物探力量不同，物探业务管理和研究机构设置均有较大的差异。在新的管理体制下，为充分发挥技术服务公司和油公司两个积极性，中国石油勘探与生产分公司明确了油公司物探技术管理的重点内容。

一是制定适应新形势需要的物探技术发展规划和技术指导意见。目的是规划发展先进适用配套的物探技术，为中国石油主营业务可持续发展提供物探技术保障。具体做法：结合股份公司业务发展计划，组织相关单位和物探技术专家，总结五年技术发展计划实施效果，梳理下一个五年计划期间勘探开发重点领域、物探技术现状与需求、技术发展与工作重点、实施途径与保障措施等，分盆地、分领域制定技术政策，指导公司物探技术发展。

二是依据物探技术发展的需要，结合现有国标、行标现状，组织编写和完善中国石油的企业标准及规范。目的是及时规范各油气田公司技术管理行为，指导油公司和服务公司提高物探技术的应用水平，更好地支撑油气勘探开发业务。如"十二五"期间，完善修订技术规范和管理办法，下发了 5 类 28 个标准及管理办法，强化物探技术发展基础，规范了物探技术管理，提高了物探工作效率和信息化管理水平，从而保证物探成果质量和精度。

三是加强物探基础数据库建设与管理。目的是为新技术应用打好数据基础，为科学管理与决策、缩短周期和降低成本创造条件，全面推进物探业务的提质、提速、提效。充分应用计算机数据库技术，建立测量与 SPS、静校正、地表高程、高精度卫星图片、表层调查、速度、地表吸收补偿、岩石物理数据库等八大基础数据库和若干物探成果库，科学有效地管理各种物探数据，实现物探业务全过程数字化管控。

四是建立技术质量控制体系和评价标准。目的是强化物探项目的过程质量控制，科学公正地评价物探成果的质量，确保项目实施的高质量。具体做到以目前企标、行标技术质量监督规范为基础，采用地震资料采集现场实时质量监控软件、地震资料处理质量监控软件、地震储层预测质量监控软件等质控工具，对每个物探项目实施过程进行评价，及时发现影响地震成果质量的问题，强化技术流程、参数应用的管理，力求物探资料采集高品质、数据处理高保真、数据解释高可靠性。

五是实施物探工程项目的全流程跟踪管理。目的是科学、有序、安全、高效地组织物探项目，确保在最佳季节实施物探采集工程项目，减少野外队伍的劳动强度和施工成本，实现物探项目的科学化部署和数字化管控。从"十三五"开始，全面推广应用物探工程生产运行管理系统，所有采集、处理、解释项目运行动态数据上线运行，并与A1（勘探与生产技术数据管理系统）数据管理、A8（勘探与生产调度指挥系统）调度指挥、A7（工程技术生产运行管理系统）质量分析与评价有机结合，实现信息共享、综合分析，确保数据的可靠性与唯一性，实现过程质控协同统一。

六是组织物探科研攻关和技术研讨交流。设立物探科研和技术攻关项目、建立技术研讨和交流机制，目的是面对油气勘探开发难题，广泛利用中国石油乃至国内外优秀专家的智力资源，解决生产实际遇到的技术难题，尽快实现技术难题的突破。长期实践证明，组织技术研讨和交流，可以相互启发、避免重走弯路，同时激励油公司物探人才快速成长，为中国石油物探技术创新和技术应用水平的提升创造有利条件。

七是建立油公司人才建设和培训机制。针对油公司物探从业人员少、技术应用水平不高的问题，明确建立物探技术培养和人才梯队建设机制是油公司物探业务管理的重要工作任务。通过多渠道、多层次人才技术培训，加快油公司物探专业人才的培养。中国石油勘探与生产分公司十分重视该项工作，将其纳入物探业务管理的重要内容，在物探业务管理办法中予以明确，并要求各油气田公司明确建立了物探人才培养机制，采用多种方式外送培养。

3. 油公司业务管理模式创建基本策略

在新的油公司物探技术管理体系建设思路指引下，按照物探业务管理的7项主要内容，中国石油勘探与生产分公司从管理体系顶层设计入手，按轻重缓急、先易后难的原则，逐步有序建设物探技术管理体系，确保体系建设与物探生产组织"两不误，两促进"。

（1）谋划顶层设计，制定物探业务管理办法，推动业务管理制度化、信息化，提高管理科学化水平。

为高效高质量物探业务发展提供合规性保障，适应油公司油气勘探开发业务新发展形势的要求，提升物探技术专业化管理能力，推动物探管理向精益化、高质量发展，起草制定物探业务管理办法，厘定各类管理机构的职责，创新物探管理制度、标准规范、质量控制工具、信息化管理平台和人才培养机制等系列管理体系，规范业务管理流程，明确工作职责，强化工作基础，实现物探业务管理的制度化、信息化、智能化、定量化，实现物探项目合规、优质、高效、绿色、安全运行，提高物探技术管理科学化水平。

（2）重视股份公司物探技术规划和指导意见编制工作，引领中国石油物探技术发展与应用。

围绕国内上游油气勘探开发业务的总体要求和工作部署，立足油气勘探四大领域，以支撑"油气储量增长高峰期""高含水老油田二次开发"和"天然气快速增长"为目标，在对勘探、评价、开发等不同阶段地震技术应用关键问题进行分析的基础上，形成针对不同地表类型的地震资料采集技术优选策略和面向不同地质对象的技术参数优化策略，分盆地、分领域制定物探技术政策，提出物探技术发展的目标、采集处理解释工作任务和具体技术措施建议，明确技术发展方向和工作重点，引领股份公司物探技术发展与应用。

（3）结合现有国标、行标制定和完善集团公司物探技术企标，构架相互匹配的物探技术质控体系。

梳理"十二五"以前中国石油勘探与生产分公司已下发的物探技术管理标准规范、专项管理办法，加强技术标准规范的顶层设计，补齐短板，加快组织制定物探技术应用急需、当前标准体系中暂缺的物探技术标准规范，形成国标、行标和企标相互匹配的技术规范和标准体系，实现制度化、标准化和合规性物探技术标准管理，大幅度提高物探技术管理科学化水平。

（4）创建物探工程生产运行管理信息化平台，提高生产运行管理水平。

针对物探技术信息不能有效及时管理、生产动态无法及时掌握、项目质量无法及时监控、大量的物探数据无法进行数据挖掘、大数据分析等问题，研发物探工程生产运行管理系统，对生产过程进行动态管理，及时掌握生产动态，实现项目全生命周期管理，及时监控项目质量，实现对物探项目的精细化管理，实现全方面数据综合分析，提高管理工作效率，实现从技术、时效、成本、质量等方面对数据进行综合分析，有效支撑决策，为项目部署和运作提供有效支撑，提高管理与决策水平。

（5）强化技术集成，制定地震资料采集技术优选和关键技术参数优化策略，提高质量控制科学化水平。

在加强物探技术试验及应用效果评价的基础上，开展技术适应性评价优选。重点针对"双复杂"探区的地质任务，形成针对不同目标的地震资料采集技术优选策略和关键技术参数优化策略，包括复杂地表复杂构造提高成像精度策略，复杂岩性提高储层预测精度策略，复杂地表提高施工效率策略，以及老区提高分辨率和剩余油预测精度策略等。同时，建立地震资料采集处理、储层预测质量控制系统，实现资料评价的自动化、科学化和绿色量化管理。

（6）组织培养跨学科物探技术人才队伍，保障物探技术应用实效。

以中国石油上游业务高质量发展目标为导向，围绕油气勘探开发物探技术需求，立足各单位业务特点，针对青年技术骨干知识结构和实践经验短板，开展针对性物探、地质和工程知识技术培训，尽快建立油公司、服务公司物探专业化和复合型人才队伍。中国石油勘探与生产分公司组织分盆地、分领域、分专业、分专题、分层次的针对性人才培训，并到油气田现场组织各类物探技术研讨会、交流会，鼓励各油气田物探人员参加活动，学习提高。同时要求油气田派人参加国内外地球物理技术会议，跟踪掌握物探技术的最新动态，掌握技术发展趋势，拓宽专业视野。

第三节　中国石油物探技术管理体系建设

依据中国石油物探技术管理体系创建思路和重点建设内容，中国石油勘探与生产分公司组织中国石油勘探开发研究院、各油气田公司、东方物探相关力量，开创性启动中国石油物探技术管理体系建设任务，力求建立适应国内勘探开发需求、保障技术应用精准科学、项目实施高效顺畅、业务发展后劲十足的物探技术管理体系，全面实现油气勘探开发业务提质、提速、提效。

一、强化顶层设计，部署物探技术管理体系建设

2012 年 8 月 21—22 日在新疆乌鲁木齐市召开了"中国石油上游业务物探基础工作现场会"，这是股份公司成立以来第一次物探基础管理工作会议。旨在全面加强物探基础管理工作，顶层部署、扎实推动物探技术管理体系建设工作。

股份公司高层领导对会议十分重视，赵政璋副总裁专门对会议召开做出了批示：物探工作的重点是按照地质要求提高现场采集质量，提高目标性处理精度，强化钻探目标落实，强化与地质的结合，强化已有资料的充分利用，严格控制成本的上升，确保勘探开发目标的实现。这为中国石油物探技术发展及技术管理体系建设指明了方向。

中国石油勘探与生产分公司主管物探工作的赵邦六总工程师在会上发表了重要讲话：分析了新阶段物探专业存在的问题与面临的挑战，强调了抓好物探基础工作的重要性；指出了新阶段物探工作必须解决的难题与任务，明确了新阶段加强物探技术管理的基本思路；提出了加强物探基础工作的具体要求，部署安排了新阶段物探技术管理的相关工作任务。赵邦六明确指出，油气勘探开发想要更高品质的物探资料、更高质量的技术成果、更高成功率的井位和较低的勘探成本，就必须强化物探基础工作，打牢物探根基，无法回避，别无选择（附录 1.3.1）。

会议选择代表性的油田，针对物探技术管理的典型经验和做法在会上进行交流。

会议形成了加强物探技术管理的初步设想。

（1）在具有一定物探基础的油田，推广新疆油田的物探管理经验：设立专门的油田层面的物探主管，全面负责物探技术工作；勘探公司设立物探项目经理部，以项目管理为核心，实行全方位的物探管理；建立油公司物探技术研究团队，强化物探技术研究，开展针对性技术攻关；加强物探信息化建设，提高技术管理科学化水平。

（2）在物探人员较少的油田，推广塔里木油田的物探管理经验：勘探开发一体化管理，物探总监全面负责勘探开发物探技术应用；勘探开发部设立物探经理部，勘探开发部副主任兼物探经理部主任，全面负责物探采集工程；勘探开发研究院成立物探中心，全面负责资料处理解释质量控制；借助外部力量开展资料处理质量监督。

（3）推广华北油田一体化精细管理经验：建立地震资料品质数据库，宏观把握资料品质状况；建立完善技术管理制度体系，按章管理规范管理；成立物探技术研究院，并行开展地震部署、井位部署研究，突出发挥物探技术作用。

（4）推广新疆油田、大庆油田信息化建设经验：构建物探技术管理及基础数据库；构建质控标准和质控软件应用平台，发挥信息化技术在物探质量管理中的作用；突出专业化技术应用平台建设，突出生产运行在线管理。

此次会议明确提出加强物探基础工作，完善物探技术管理体制与机制，强调信息化技术在物探生产、质量管理中的重要作用，提出为物探人才成长和引领新技术发展创造良好工作环境等重要事项，基本形成了物探技术管理体系建设的构想，为中国石油物探技术管理体系建设奠定了顶层设计基础。

根据此次会议精神和成果，中国石油全面启动了完善物探管理模式、加强物探基础工作、强化物探过程管理、加强物探人才培养和抓好物探项目管理等物探技术管理工作。

二、组织盆地级物探技术研讨会，推进物探技术发展和管理提升

物探基础工作现场会后，中国石油勘探与生产分公司陆续组织召开了七大盆地物探技术研讨会和重点探区物探技术专题研讨。在历次会议上，中国石油勘探与生产分公司物探主管领导都会结合会议主题及研讨领域，提出加强股份公司、油田公司物探管理体系、物探技术配套、物探部署、基础数据库建设、人才培养、队伍建设、技术推广与应用、质量控制、资料品质评价等方面的工作，不断推动油公司物探技术管理体系建设与完善（附录1）。

一是在2012年在西南油气田物探工作调研会上提出"强化物探技术管理，完善管理体系，形成技术系列，努力提高天然气勘探开发成功率"的5点建议（附录1）：（1）强化油公司的物探技术管理，完善体制，建立机制，形成体系。要求油田公司形成成套的物探技术管理文件体系，建立与四川盆地地质特点相适应的管理规定、技术规范、企业标准，不能只借用行业标准，要根据四川盆地的地质需求，细化和完善管理体系与规范。（2）加强地震部署的研究，最大限度发挥物探作用。强调从工作部署的节奏上，要充分考虑物探技术自身特点，特别是地震资料采集和地震资料处理两个环节。从提高品质，控制成本的角度出发，提出建立地震资料采集"禁采期"概念。（3）按照勘探区带和勘探对象，建立物探技术政策，形成物探配套技术系列。要求根据实际情况，围绕地质目标建立实用的技术策略，形成物探配套技术。（4）油田公司要强化物探基础工作管理，建好物探基础数据库。要求四川盆地也要尽快建立好5个基础数据库：①按照区带形成高精度的卫星数据库；②全盆地按区带来划分，形成统一的地震基准面数据库；③表层结构数据库，包括静校正数据库；④地下层速度数据库，包括声波测井、VSP测井、处理速度谱等速度信息；⑤岩石物理分析数据库。（5）加快油公司物探技术人才的培养。特别是油田公司研究院物

探力量要尽快加强，要建立一支优秀的物探技术应用研究团队，完成好三个任务：①建设油田物探基础数据库，②搞好目标处理与目标跟踪解释，③做好外送资料处理的质量控制和公正评价。

二是 2012 年在长庆油田物探工作调研会上提出关于物探管理工作的 6 点建议（附录1.1.4）：（1）强化物探项目的一体化管理。做到勘探开发地震部署一体化、技术管理一体化。物探管理主要是抓好项目实施的过程管理，油田勘探部要对物探技术发展、施工过程、质量控制等进行统一管理，要实现立体采集、目标处理、资料共享，切实发挥好物探在勘探开发中的作用。（2）必须建立物探基础数据库。希望在三年内建立高精度的近地表数据库。（3）加强地震资料处理管理。要选择有针对性的技术方法，面向岩性油气预测必须要做到保幅保真处理。（4）重视物探领军人才培养，加快物探人员的补充。（5）抓好2012 年物探项目管理，保质保量按计划完成。（6）建立合理解决物探采集成本问题的机制。

三是 2013 年在渤海湾盆地物探技术研讨会上，提出物探技术发展与管理的建议（附录1.1.8）：（1）面向三大勘探领域和目标，制定物探技术攻关的规划，分年度组织实施。（2）强力推进物探新技术应用，进一步提高地质成果质量。重点推广经济型的单点接收的"两宽一高"的三维地震采集技术、面向储层的保真成像技术、面向油藏的综合储层预测技术。（3）规范物探技术管理，最大限度发挥物探技术应有的作用：①各油田要建立物探基础数据库，2015 年要完成六个数据库（表层结构、静校正、吸收补偿、速度、岩石物理、测量）的建库工作；②全面开展分区带、分层系、分区块的岩石物理分析研究；③开展面向复杂目标的地质模型的正演研究；④继续完善物探技术管理办法。（4）加强物探技术人才培养和物探管理队伍建设：①重视油田物探技术领军人物的培育，提高油田物探技术把关与导向能力；②注重地震资料处理、解释新生力量的补充；③强化物探与地质、物探与测井、采集与处理、处理与解释等一体化复合型人才的培养，以提高解决复杂物探问题的能力，特别是井控速度建模人才的培养极为迫切。

四是 2014 年在塔里木盆地物探技术研讨会上，对塔里木油田物探技术管理提出 5 点建议（附录1.1.9）：（1）围绕三大领域，做好物探部署规划和技术发展规划；（2）高度重视井中地震对高陡构造成像、缝洞体储层预测的重要作用；（3）抓好物探基础数据库的建设工作，认真组织梳理，建好已确定的 8 个数据库，希望能在 2015 年底完成，为下一步精细勘探和开发建产发挥好基础性作用；（4）抓好油公司的物探技术人才的培养；（5）坚持开放、联合的物探技术攻关模式。

五是 2016 年在准噶尔盆地物探技术研讨会上，提出准噶尔盆地物探工作的 5 点意见（附录1.1.12）：（1）分区带分领域制定物探技术发展规划，把握物探技术方向；（2）强化物探关键技术领域攻关，尽快解决瓶颈难题；（3）加强物探新技术应用和部署研究，提升勘探开发成效；（4）加强物探人才队伍的建设，打好油田可持续发展基础；（5）继续支持好股份公司新技术研发与应用，推动中国石油物探技术水平整体提升。

六是 2017 年在柴达木盆地物探技术研讨会上，结合柴达木盆地油气勘探需求和物探技术发展现状，提出 5 点下一步工作建议及要求（附录 1.1.13）：（1）细化地质潜力和勘探需求分析，加强物探部署研究，提出近期物探主要攻关方向和目标区带及勘探领域；（2）系统分析总结柴达木盆地物探技术应用成果，明确制定各区带或各领域物探技术应用政策；（3）针对盆地油气勘探的关键地质难题和物探技术瓶颈问题，强化围绕落实钻探目标的物探技术攻关；（4）强化物探基础管理和过程质量控制，特别是物探基础数据的管理，尽快建好用好"八大"基础数据库；（5）加强物探专业团队的建设和复合型物探人才的培养，如图 3.8 所示。

图 3.8　2017 年柴达木盆地物探技术研讨会

七是 2017 年在中国石油地震储层预测技术研讨会上，结合储层预测技术发展现状与发展趋势，对今后储层预测工作提出 5 点要求（附录 1.2.5）：（1）强化岩石物理分析和数据库建设，夯实储层预测工作基础；（2）制定地震资料"双高"处理指导意见，规范指导储层预测的前期工作；（3）研发面向目标的储层预测新方法，建立适合不同储层类型的储层预测方法系列；（4）强化储层预测质量控制手段的研发，确保预测结果的可信度和可靠性；（5）加快储层预测复合型人才培养，为上游业务油气生产与可持续发展创造必要条件。

八是 2018 年在鄂尔多斯盆地物探技术研讨会上，提出下一步物探工作的 5 点建议及目标（附录 1.1.7）：（1）细化地质潜力和勘探需求分析，加强物探部署研究，提出近期物探主要攻关方向和目标区带及勘探领域；（2）系统分析总结鄂尔多斯盆地物探技术应用成果，明确制定各区带或各领域物探技术应用政策；（3）针对盆地油气勘探的关键地质难题和物探技术瓶颈问题，强化围绕落实钻探目标的物探技术攻关；（4）强化物探基础管理和过程质量控制，特别是物探基础数据的管理，要尽快建好、用好"八大"基础数据库；(5)加强物探专业团队的建设和复合型物探人才的培养。

2020年为了贯彻落实中国石油提质增效精神，做好上游业务高效勘探、精细勘探工作，召开了渤海湾盆地物探提质增效工作会，其中首要工作是强化物探技术管理组织，全面提升物探在油气田勘探开发提质效方面的能力，要求油公司要加强物探的管理、业务的组织，提升驾驭能力、引领能力。一是要深化挖潜领域和区带的研究，开展老资料的评价，明确挖潜方向，做好整体部署和顶层设计。二是面向油田勘探开发，特别是一体化勘探开发的需求，要设立物探业务挖潜的专项，制定挖潜的目标，明确挖潜的工作内容。三是根据目标评价、油藏评价、油气藏描述、寻找剩余油的需求，科学安排好物探攻关的项目，特别是要做好新技术应用前的准备工作。油田公司要有为新技术应用创造良好的应用环境的安排，物探业务管理部门、勘探开发油藏评价管理部门，要为物探新技术的应用创造条件。

通过这些会议的召开，系统梳理和全面总结物探技术在各大盆地油气勘探开发各阶段所发挥的作用及取得的成效；广泛交流和充分展示物探新技术在油气勘探开发中的应用前景；深入了解不同盆地各地质单元、勘探区带、各类油气领域和主要勘探开发对象的地质需求及存在的主要地质难题；进一步研讨解决油气勘探开发难题的物探技术思路和管理措施；明确下一步面向各勘探区带、勘探领域、勘探开发对象和面向复杂地表、复杂构造、复杂储层、复杂油气藏的物探技术发展方向、攻关重点及具体技术政策；持续开拓创新，更大幅度地提高物探资料的品质，全面提升物探新技术的应用水平，进一步提升物探技术解决油气勘探开发难题的能力和成效。

在历次分盆地物探技术研讨会的推动下，近年来，物探技术在中国石油各个探区均取得了长足进步。推动了由二维地震为主转向三维地震为主，由常规三维地震资料采集转向高精度高密度三维地震资料采集，推广了高密度宽方位设计、低频可控震源激发、小面元单点接收、三维三分量地震资料采集、有线+节点接收、井地联采、时频电磁等物探新技术应用，促使油气勘探从单一领域向立体勘探延伸，由简单对象向复杂对象进发，由显性构造、断块圈闭向更隐蔽的岩性、致密油气、页岩油气领域迈进，为各大盆地的油气重大发现和规模储量提交发挥了重要作用，促使油气勘探水平不断提升。物探技术应用由预探阶段向油藏评价与开发阶段快速延伸，特别是井震结合精细储层描述有效支撑了致密油水平井部署、油藏评价和油田开发，见到了良好效果。

物探技术管理持续改进，管理水平不断提高，有力保障了物探技术的正确应用。各油田公司在物探技术管理上不断加强，制定了许多物探资料采集、处理、解释的技术规范，并在地震资料采集、处理的质量控制上不断采取新措施，不断加大新技术的试验应用力度，使物探技术管理更加精细、更加务实，使技术应用成功率明显提高，应用效果也更加突出，有力地支撑了中国石油的油气勘探开发。

虽然各大盆地勘探领域广，勘探潜力大，但也存在着目标层系多、埋藏深度大、储层非均质性强、油气藏类型复杂，再加上恶劣复杂的地表条件等诸多因素，对于物探技术而言难度大、挑战多，包括复杂构造领域提高构造成像精度和圈闭落实程度，岩性地层领域提高薄层预测精度和断层、低幅构造成像精度，碳酸盐岩领域提高断溶体、礁滩体识别和复杂储集体预测精度，火成岩领域提高岩相识别精度和岩性预测精度，非常规领域提高地质、工程"甜点"预测精度，油气藏开发提高油气采收率和难采储量动用率。复杂油气藏类型的精确描述和准确刻画，需要依赖高品质的地震资料，但是目前地震资料品质在许多地区还满足不了油气勘探开发需求。

物探技术发展必须围绕地质需求，以解决高难度复杂油气藏勘探开发为己任。面向复杂地表、复杂构造、复杂储层、复杂油气藏、精细评价和效益开发要求，发展针对性关键技术。以地震资料处理为重点，发展物探核心技术，大幅提升地震资料品质。围绕物探基础数据库建设，强化物探技术发展基础。根据各盆地油气勘探开发需求以及物探技术面临挑战，提出下一步加强物探技术管理，促进物探技术发展与应用的对策。

（1）强化油公司的物探技术管理，完善体制，建立机制，形成体系。完善体制就是围绕加强油公司物探管理力量、强化过程管理和精细管理、实现地震资料采集处理解释全过程中的技术管理和质量控制并引领技术发展来考虑；建立机制就是建立更好的激励和考核机制，实现勘探成果与服务方项目、成本和效益挂钩，有奖有罚，体现油公司管理的公平与水平；形成体系就是油田公司要有成套的物探技术管理文件体系，建立与各个盆地地质特点相适应的管理规定、技术规范、企业标准，要根据具体地质需求，细化和完善管理体系与规范。

（2）加强地震部署的研究，最大限度发挥物探作用。油气田要从部署的思路上和节奏上做调整，采取"整体部署，分步实施"的部署原则。此外，要兼顾多目的层勘探的需要，地震资料采集方案要确保达到最深目的层勘探的要求，做到"勘探开发兼顾，浅层深层兼顾"。地震数据处理要根据不同目的层勘探开发的要求，采取针对性目标处理。从工作部署的节奏上，要充分考虑物探技术自身特点，特别是地震资料采集和地震数据处理两个环节。从提高品质，控制成本的角度出发，要严格执行地震资料采集"禁采期"制度。因为地震采集质量和成本与气候条件、地表条件关系密切，不同时期采集质量差异大，劳动强度、施工效率差距很大。有两个时间段不宜实施地震资料采集：一是洪水期、二是冰冻期，这时安全和施工效率得不到保证，在此情况下地震采集质量无法得到有效保障。同时，工作节奏安排上也要给地震资料处理留有足够的时间。地震数据处理是一个很关键并且技术含量很高的工作，环节多、周期长，对勘探开发成功率起重要作用。所以，提高质量、控制成本要从地震部署节奏调整开始，要从精细物探技术管理上来保证。

（3）**按照勘探区带和勘探对象，建立相应的物探技术政策，形成物探配套技术系列。**各个盆地不同地质构造区带差异大，勘探开发对象多样，不同油气藏类型对地震资料品质和技术应用的要求不同。因此，物探技术不能一项技术用到底，要根据实际情况，通过梳理总结，针对不同区带、不同领域圈闭类型和钻探目标特点，明确地震资料采集、处理、解释关键技术和配套技术系列。一是组织评价资源潜力区，在有利的资料复杂区确定攻关区带；二是展开新一轮地震资料品质评估，在资料品质较差区和地质有利区开展针对性的物探技术攻关，地震攻关分采集和处理两个方面；三是细化地质需求，提出具体的攻关需求，特别是要明确物探攻关的区块、目标和项目，既要解放思想，又要实事求是，确保下一轮的地震资料采集、处理能够见到更好的效果。

（4）**加强物探新技术应用和部署研究，实现面向目标的地震资料采集，面向储层成像的资料保真处理和面向油藏的综合地质研究，提升勘探开发成效。**地震资料采集方面要重点推广经济型的单点接收的"两宽一高"的三维地震资料采集技术。地震资料处理上要推广应用面向储层的保真成像技术，充分挖掘地震资料的潜力，确保地震数据品质有质的提高。储层预测方面要开展面向油藏的综合研究技术，特别是深度域资料的应用和地震正演研究。新技术应用是大幅度提高地震资料质量和提高勘探成功率的关键因素，目前在物探新技术和资料信息应用的深度和精度上都还有较大差距。要靠提高资料的品质来提质增效，提高勘探开发的成功率。

（5）**加快油公司物探技术人才的培养。**油公司的物探技术管理工作就是要组织对物探技术进行分析和评价，选择经济、实用、有效的物探技术应用于油气勘探开发之中，必须从重技术的多样性转变到重技术的实用性和经济性上来，尽快实现物探人才数量、技术水平应与油气勘探开发节奏、规模相匹配的目标。通过物探人才队伍建设，打好油田可持续发展基础。一是培养一大批复合型应用人才，即熟悉地质、物探、工程这样的复合型人才，做到地质概念清楚，物探功底扎实，努力提升解决复杂地质问题的能力；二是培养一批关键勘探领域的技术研究专家，要按照油田物探专业技术领域细化专家岗位设置，如静校正分析、高分辨率处理、地震成像、VSP 处理、岩石物理分析、储层预测等关键环节都要设置专家，培养一批这方面的专业人才，让这些专家发挥技术专长，尽早攻克面临的高难度物探、地质问题。

三、制定物探业务管理办法，统领物探技术管理

2013 年，中国石油勘探与生产分公司决定编制物探业务管理办法，理顺中国石油物探工程项目管理模式，以支撑主营业务发展、满足生产需求为原则，使油公司主导中国石油物探技术发展。2014 年起，中国石油勘探与生产分公司组织中国石油勘探开发研究院对以前的物探管理办法、规定等进行了梳理，提出了编制物探业务管理办法的思路提纲，中国

石油勘探开发研究院油气地球物理研究所组织相关力量编写了包括管理机构与职责、地震资料采集、处理解释、科研、基础管理等章节的初稿，2014—2016年组织中国石油勘探开发研究院和中国石油勘探与生产分公司专家多轮反复讨论修改，将管理范围集中到日常物探业务管理上，将管理对象集中在油气预探、油气藏评价、油气田开发、新能源等业务中部署实施的物探（地震、重磁电）工程项目（包括物探资料采集、处理与解释科研与攻关、物探基础管理以及综合管理等。2017年基本形成了下发油田征求意见的讨论稿，各单位反馈了修改意见。在充分吸纳各单位意见的基础上，召集主要油气田企业和中国石油勘探开发研究院50余位勘探开发及物探业务负责人进行了多次集中讨论，形成了中国石油部门征求意见稿。通过中国石油法律事务部、物资装备等部门、中国石油勘探与生产分公司各相关业务处室会审和相关领导审查，进一步完善整理，于2018年5月形成了《中国石油勘探与生产分公司物探业务管理办法》文件稿（油勘〔2018〕178号）并正式下发。

该办法明确了物探生产、科研与攻关、基础管理和综合管理等全流程、全过程的管理，提出了加强人才培养、建立激励机制等配套措施，规范了各级管理者所从事的物探业务活动，明确了总部、油田、中国石油勘探开发研究院的管理机构与职责，规定了地震资料采集工程、处理解释工程的立项管理、过程管理和成果管理，规定了物探科研与攻关项目的一般管理、立项管理、过程管理和成果管理，明确了物探基础管理包括基础资料管理和物探生产信息化管理及综合管理等内容。《中国石油勘探与生产分公司物探业务管理办法》共八章55条，是中国石油物探技术管理体系建设的纲领性文件，为提升中国石油国内勘探开发物探业务精细管理水平，实现物探业务管理的科学性、先进性、适用性和规范性提供了根本保障。

四、编制物探技术发展规划，指导物探技术发展

为了更好地指导中国石油物探技术发展，中国石油勘探与生产分公司围绕国内上游油气业务的总体要求和决策部署，以支撑中国石油"油气储量增长高峰期""高含水老油田二次开发"和"天然气快速增长"工程为目标，在勘探、评价、开发等不同阶段地震技术应用关键问题分析的基础上，分别在"十五""十一五""十二五""十三五"，组织中国石油勘探开发研究院油气地球物理研究所相关专家开展中国石油未来五年期物探技术发展规划的编制工作，重点梳理当期物探技术管理及应用成效，分析国内外技术发展现状、公司未来五年勘探形势、主要领域和面临的技术问题，分盆地、分领域制定物探技术政策，提出物探技术发展的工作任务和具体技术措施建议，明确技术发展方向和工作重点，经过专家和油田反复讨论，征求中国石油勘探与生产分公司相关处室意见，主管领导审核后下发了股份公司"十二五"物探技术发展规划和"十三五""十四五"物探技术发展指导意见（图3.9）。它们作为中国石油不同阶段物探技术发展的纲领性文件，为不同阶段物探技术发展提出了遵循，指明了方向，规划了路线。

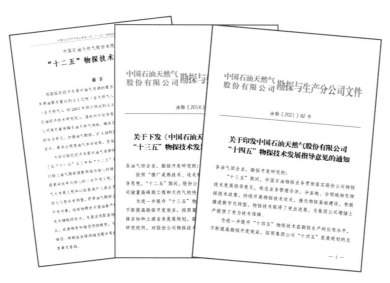

图 3.9 "十二五"至"十四五"物探技术发展指导意见的通知

规划/指导意见按照集成推广、科研攻关、跟踪三个层次规划了"十二五""十三五""十四五"各个阶段物探技术在地震资料采集、地震处理、地震解释、井中地震、重磁电等各个环节发展的重点。由于中国石油探区八大含油气盆地面临的勘探对象、勘探层系、油气藏类型、地质问题有较大差异，物探问题和对策有不同的特点。在分析不同类型盆地面临的问题、技术需求和挑战基础上，提出了各盆地物探技术发展指导意见，为物探技术精细化发展提供了遵循。

此外，针对地震老资料精细处理、复杂构造准确成像、复杂储层精细描述、油藏地球物理技术发展等议题开展讨论，制定了《地震数据处理噪声衰减技术应用指导意见》《高保真、高分辨率地震数据处理技术应用指导意见》《叠前深度偏移速度建模技术应用指导意见》等一系列技术应用指导文件，使相关技术应用有章可循(附录3)。

五、狠抓地震资料采集源头，强化技术设计针对性，建立"禁采期"制度

地震资料采集是股份公司物探业务重要组成部分，其投资占公司年度物探业务投资的八成以上，是物探技术管理的重要环节。按照股份公司规定，针对面积大于 200 平方千米的三维地震资料采集工程以及所有面向油气藏评价和开发的三维地震资料采集工程的技术设计方案，在技术单位设计、油气田公司组织评审的基础上，由中国石油勘探与生产分公司组织专家组进行地震采集设计方案审查。审查以地质目标为导向，经济适用为原则，突出立体勘探，坚持勘探开发一体化，力求使设计方案科学合理、经济高效。中国石油勘探与生产分公司明确要求油田公司抓好工程技术设计，建立油田、股份公司两级审查制度，多次强调，在地震采集技术设计上，要注重采集方案的先进性、经济性和有效性

（附录 1.1.5）。

针对地震野外资料采集施工期安排问题，中国石油勘探与生产分公司主管领导多次在不同场合（2012 年西南油气田物探工作调研会，见附录 1.1.1；2012 年川庆物探公司工作调研会，见附录 1.1.2；2019 年物探业务精益管理及高质量发展推进会，见附录 1.3.3）提出建立地震资料采集"禁采期"要求，即根据地震数据采集质量和成本与气候条件、地表条件关系密切，不同时期地震资料采集质量差异大，劳动强度、施工效率差距很大的特点，从提高品质、控制成本的角度出发，建立"禁采期"制度，针对各个探区的具体气候特点，制定最佳施工窗口，例如：在四川盆地有两个时间段不宜实施地震资料采集，一是洪水期（6 月底到 8 月下旬，雨水多，洪水大，天气闷热），二是冰冻期（1 月初至 2 月底），安全和施工效率得不到保证，在此情况下地震资料采集质量更无法得到有效保障。在最佳施工窗口期施工，确保地震数据质量和野外施工安全环保。

技术应用上，注重"两宽一高"地震资料采集技术、低频可控震源、高灵敏单点检波器等先进技术应用；重视表层结构、速度、吸收衰减参数等调查，注重无人机、卫星遥感影像等技术应用。这一系列技术管理措施应用，确保物探技术在油气藏勘探开发过程中发挥最大限度支撑作用。近年来，针对地震资料采集工程技术需求与投资计划下达之间顺序进行协调，明确先审查地震资料采集工程技术设计方案，后根据完善的设计方案下达投资计划，避免了需求与计划之间的矛盾，践行了降本增效的初心。

六、强化项目过程管理，提高物探数据质量

随着油气勘探开发不断深入，研究对象日益复杂，由此带来的地震资料采集、处理、解释技术要求不断提高。为实现对地震资料采集、处理、解释工程质量更好地开展监督和评价，中国石油勘探与生产分公司一方面组织专家深入物探工程施工现场（附录 1.1.4），对试验、前期施工质量进行把关，分析存在的问题，提出解决对策建议；另一方面提出了加强野外施工过程质量监控，在野外推广数字化地震队系统的应用，解决了传统影像归档及时性和准确性的难题，节约人力物力，实现质量管理数字化、信息化、科学化。野外测量记录测量员轨迹、放线过程中记录放线员轨迹、检波器埋置过程等信息，通过手机客户端上传照片或视频，钻井工序全面上传钻井过程及井深测量、下药的全过程视频，自证合格。针对检波器埋置，组织开发针对不同检波器结构的专用埋置工具，钻孔深埋，增强检波器与地面的耦合。在四川盆地，将检波器埋置在地表以下 30 厘米左右，实现检波器与地表的体耦合，降低野外噪声，提高弱信号记录能力。

组织中国石油勘探开发研究院、新疆油田、华北油田、东方物探等单位制定、完善《地震采集工程质量技术监督及评价规范》《常规地震勘探数据处理技术规范》，编制《储层预测质控规范》，强化过程质量监督，组织研发相应的质量控制软件系统，实现质量控制自动化、科学化、规范化。

《地震采集工程质量监督及评价规范》（Q/SY 01052—2016）主要针对陆上地震资料，包含监督工作要求、工序质量检查、工序质量评价、资料质量评价、提交资料清单等内容。在工序质量检查部分详细规范了测量、表层调查、激发、检波器埋置、数据采集、实时监控、现场处理、资料整理等关键工序的具体要求和量化标准。同时，还组织研发了Seis-Acq.QC系统，在中国石油各油气田、勘探服务公司及监理公司全面推广应用，实现了现场质控、远程质控功能，为提高地震采集数据品质奠定坚实基础（附录2.5）。

《常规地震勘探数据处理技术规范》（Q/SY 01123—2017）主要针对陆上（包括水陆交互带）二维、三维地震勘探纵波数据处理和成果验收，规定了地震勘探纵波数据的处理设计、处理技术、质量监控、总结报告和成果评价、验收及归档的主要内容及要求。在处理技术部分详细规范了数据解编或格式转换、观测系统定义、原始资料分析、采集因素一致性处理、基准面静校正、叠前噪声压制、叠前补偿、反褶积、叠加速度分析、剩余静校正、数据规则化、叠加、叠后时间偏移、叠前时间偏移、叠前深度偏移、OVT域处理、叠前道集处理、叠后数据处理、最终成果剖面显示等关键环节的具体要求和量化标准。同时，还组织研发了Seis-Pro.QC系统，在中国石油各油气田、研究院所全面推广应用，有效满足了地震数据处理质量高效、实施质控需求。

《储层预测质控规范》涵盖基础资料、岩石物理分析、正演模拟、地震属性、地震反演、方位各向异性、机器学习、储层要素预测、储层综合评价等方面内容，实现了主要储层预测技术与过程质控的紧密结合，具有较高的指导性和较强的可操作性，组织研发了Seis-Res.QC系统，并在多个工区进行了试应用，取得了较好应用效果，为规范储层预测技术应用、提高预测结果可信度提供保障。

七、推广先进技术，提高资料品质

一是全面推广"两宽一高"地震资料采集技术。复杂山地突出高密度采集技术，碳酸盐岩、火山岩突出宽方位采集技术，碎屑岩和致密油气突出宽频采集技术，成像道密度由"十一五"的平均不足40万道/千米^{2}提高到平均200万道/千米^{2}以上，横纵比由原来的0.2左右提高到0.7以上。二是推广复杂地表精细调查与层析反演表层建模技术，针对不同地表类型，灵活应用小折射、微测井、双井微测井、岩心取心等方法，开展表层岩性、近地表速度、表层吸收衰减等调查。三是推广高精度可控震源和高灵敏度单点检波器技术，2020年高精度可控震源技术项目利用率二维59%、三维48%，综合效率平均提高30%以上；高灵敏单点检波器接收利用率二维34%、三维71%，接收环节提升效率一倍以上。四是大力推广无人机航拍、无人机放线和跨障碍搬运等，提高野外放样精度，提高施工效率。五是大力推广节点地震资料采集系统，在城区、复杂山地、复杂水网等地表区，采用无线节点仪器或与有线仪器混合使用，提高接收点位放样到位率，降低野外劳动强度，提高施工效率，降低作业成本（附录2）。

八、强化瓶颈技术攻关及研发，提高技术水平

十年多来，中国石油一直将物探技术作为油气勘探的核心技术，每年投入大量的经费，组织技术研发与应用。随着油气勘探开发目标不断向"低、深、海、非"延伸，传统技术面临诸多挑战，为解决油气勘探开发中的瓶颈技术难题，自 2006 年开始，股份公司设立专项资金开展物探技术攻关，加快物探关键技术研发与推广应用。攻关原则是突出重点探区、依托重点项目、尽快见到实效。攻关思路是推广成熟技术、攻克瓶颈技术、引领技术发展。在物探技术攻关组织中，充分发挥中国石油整体技术优势，坚持集成、引进与研发相结合，坚持整体部署与分步实施相结合，管理上设立四级管理机构，明确各级责任，即股份公司成立油气勘探工程技术攻关领导小组，负责项目的立项审批和组织领导；中国石油勘探与生产分公司成立地震技术攻关领导小组，负责项目立项、设计审查、中期检查和成果验收，定目标、定工作量、定规模、定技术方案，明确"规定动作"，鼓励"自选动作"；油田公司成立技术攻关管理小组，负责项目的实施组织、过程监督和中期评估；承担单位成立项目实施组，负责项目实施。并制定完善的规章制度，严把立项、中期检查和最终成果验收三个关键环节。攻关单位选择中，引入竞争机制，"背对背"并行攻关。

在攻关项目实施过程中，强化顶层技术设计，突出攻关技术的针对性、时效性、创新性；强化运行管理，确保攻关效果，制定攻关管理办法，规范项目运行；制定技术设计、成果展示细则；强化方案审查、中期检查、终期验收；对项目运行过程全面量化评价考核。强化过程质量控制，组织专家全过程跟踪指导，对项目实施效果进行后评估。通过一系列攻关管理制度的建立，有效保障物探攻关项目在技术上取得创新，应用上获得成效，有力支撑了油气勘探生产。

连续 15 年开展物探技术攻关，共设立项目 177 个（图 3.10）。攻关分为集中攻关（2006—2010 年）、扩大领域（2011—2013 年）、重点突破（2014—2020 年）三个阶段，共

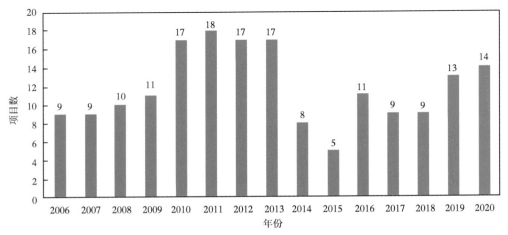

图 3.10　中国石油历年物探攻关项目设置情况统计表

有国内外近 40 家单位，3200 多人次参与攻关，攻关涉及 197 个区域。

在攻关项目运行中，强化攻关技术方向交流与研讨，为高效开展物探技术攻关提供了技术保障。例如，针对塔里木盆地塔中和塔东复杂碳酸盐岩储层地震技术攻关方向，中国石油勘探与生产分公司于 2016 年 4 月在新疆库尔勒市召开塔里木盆地塔中、塔东碳酸盐岩储层地震技术攻关研讨会，组织大庆油田、塔里木油田、东方物探、中国石油勘探开发研究院、斯伦贝谢公司和 CGG 公司等七家单位领导和专家参加会议，认真梳理了塔中和塔东碳酸盐岩储层开发现状与需求，地震资料采集、处理、解释技术进展、现状与面临的难题，针对地质需求与地震技术难题展开了讨论，形成了会议共识，做出了下步攻关工作具体安排：一是继续深化、细化塔中和塔东两大探区储层发育成因研究；二是开展复杂储层地震目标采集攻关试验，面向奥陶系和寒武系盐下白云岩储层优化采集方案，切实把握好技术方向；三是持续开展面向碳酸盐岩储层成像处理攻关，针对不同储层类型开展地震成像攻关，形成沙漠区复杂碳酸盐岩地震数据处理技术系列和处理流程；四是深化碳酸盐岩储层识别及精细描述技术攻关，明确不同储层类型的地震响应特征；五是大力推动井中地震技术的应用，加大井中地震资料处理和地震信息应用的技术研发；六是油田公司和研究院建立一支碳酸盐岩储层成像和储层精细刻画专家团队，指导地震新技术应用，评价新技术实施效果。

通过物探技术攻关，发展形成了复杂山地高陡构造成像、碳酸盐岩储层预测、低渗透复杂砂岩油气藏描述、深层火山岩预测和深层潜山油气藏预测 5 项配套技术，实现了窄方位到宽方位、低密度到高密度、叠后到叠前、时间域到深度域、定性到定量、纵波到多波等 6 个跨越，共发现落实圈闭 1182 个，预测有利面积超过 36977 平方千米，提交井位约 1536 口，有效支撑了库车、高磨、双鱼石、英雄岭、塔北、塔中、准噶尔盆地南缘、玛湖、克拉美丽、吉木萨尔、苏里格、松辽中央古隆起、兴隆台、孔南、牛东潜山等探区油气勘探大发现和规模储量提交（附录 1）。

在开展物探技术攻关的同时，为解决油气勘探开发中的基础性、通用性应用问题，中国石油勘探与生产分公司自 2006 年以来，围绕基础软件研发与推广、重点领域技术攻关和前沿技术研究三个层次，突出创新驱动，强化科研与生产结合、基础研究与有形化推广结合，加大科技创新和应用基础研究，部署开展制约生产瓶颈问题物探科技研发，共组织实施 96 个科技项目（图 3.11），共有国内外公司和大专院校近 20 家、近 1000 多人次参与研究。研发了地震资料采集质量分析与评价系统、地震数据处理质量过程分析与定量评价系统、地震储层预测质量分析与评价系统、地震岩石物理分析应用系统、石油物探成果图件生成与质控系统、复杂构造逆时偏移成像软件、基于地震沉积学的井震结合储层预测软件、基于表层模型的 Q 补偿处理系统、三维黏弹叠前时间偏移软件系统、DQRTM 叠前逆时深度偏移系统软件、DQVSPRTM 逆时偏移软件等 11 套软件，形成了《石油地质与地球物理图形数据 PCG 格式》《地震数据处理质量分析与评价》等 6 个规范。这一系列科研项目全部形成有形化成果，已见到丰富的应用成效，为今后股份公司物探技术发展创造了有利条件，也奠定了中国石油在国内物探技术发展中的主体地位。

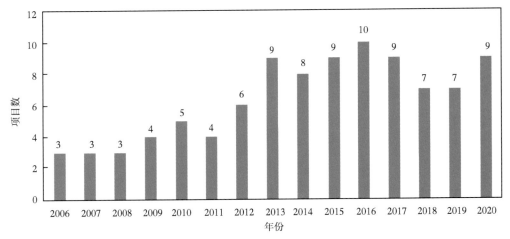

图 3.11　中国石油勘探与生产分公司历年物探科技项目设置情况统计表

根据油气勘探生产需求和物探技术长远发展，为强化地震资料采集、处理、解释等方面物探攻关和科技攻关管理，颁布《油气勘探重点工程技术攻关项目管理办法》统筹管理。颁布《物探工程技术报告编写规范》，统筹管理物探项目部署、井中地震、综合物化探、物探监督的技术设计、施工总结、成果报告编写规范。颁布《地震资料处理解释项目成果报告多媒体展示规定》，规范地震资料处理与解释项目成果报告多媒体展示内容和方式，充分展示地震资料基础分析和岩石物理基础研究工作，清晰描述技术方法基本原理和应用条件，突出资料处理解释技术应用对比分析和过程质量监控及效果。该规定于 2020 年 4 月重新修订，进一步完善处理解释项目成果报告多媒体展示要求。

目前，物探技术攻关和物探科研已经成为推动物探技术进步的主要抓手，也是解决油气勘探开发地质难题的关键一招。

九、加强地震资料处理解释深入挖潜，为勘探生产降本增效开拓渠道

随着油气勘探开发的深入，勘探对象由构造圈闭逐步向岩性圈闭转变，常规针对构造圈闭落实的地震数据处理解释思路和技术已经不能满足复杂岩性勘探的需求。为此，中国石油领导提出实现"由构造向岩性勘探转变，由叠后向叠前转变，由储层向油气检测转变，由定性预测向定量预测转变，由单井、单剖面解释向立体空间解释转变，由技术多样性向实用性转变"的地震资料处理解释新要求。

2017 年，中国石油勘探与生产分公司组织召开了股份公司地震资料处理解释工作推进会及"双高"地震资料处理技术专题研讨会（图 3.12），研讨在低油价条件下对现有地震资料如何深入挖潜的管理办法，解决地层岩性、复杂构造、复杂储层等精细勘探的需求，

为勘探开发降本增效开拓渠道。中国石油勘探与生产分公司主管领导参加会议并对下步工作做出了明确要求。

图 3.12　股份公司"双高"地震资料处理技术专题研讨会

一是高度认识老资料深化挖潜的必要性。利用先进的处理解释技术挖掘地震老资料的价值仍然很大，高精度的地震成像技术和高分辨率的地震数据处理解释技术为地震资料挖潜创造很好条件；物探基础数据库为地震数据处理挖潜奠定坚实的工作基础；以往开展的地震数据重新处理解释取得了丰富的地质成果，在油气勘探开发中发挥了重要作用，实践证明，地震数据重新处理解释是复杂地质目标精细勘探、效益勘探的必然选择和有效措施。2016—2018 年，围绕复杂构造准确成像、提高地震分辨率和提高储层描述精度三大核心任务，组织实施地震老资料重新处理解释二维 86621 千米、三维 145491 平方千米，落实圈闭 10452 个，预测储层 39805 平方千米，提交井位 2738 口，为老区增储上产提供了有力支撑。

二是高度重视强化地震资料深化挖潜过程中的管理工作。地震老资料处理解释管理规范亟待加强，需要尽快纠正项目招标不规范、论证不充分、过程质量控制不到位、处理解释周期安排不合理、考核指标不科学、验收把关不严格等问题。要强化认识，抓紧、抓实、抓好地震资料处理解释工作。强化地震资料挖潜意识，切实加大地震老资料处理解释力度；做好部署研究和规划，科学立项，有序开展研究；做好部署的顶层设计，做细地震资料处理解释的技术设计；强化两个一体化：解释处理一体化、地质物探一体化；强化物探基础数据库建设，创造应有的条件和资源保障；围绕目标处理加大投入，专项管理，确保效果。要抓好关键性物探技术应用攻关，确保目标性处理解释的地质效果。围绕勘探领域选择好攻关目标，开展前期立项分析与评价；针对钻探目标类型选择先进、实用、有效的地震数据处理解释关键技术，确保品质有明显改善（图 3.13）；加强地震老资料处理解释过程控制，科学评价处理解释效果；建立地震资料处理解释管理制度，明确管理规范，确保成效；加快油田公司复合型地震处理解释领军人才培养，为提高勘探水平提供人力资源保障。

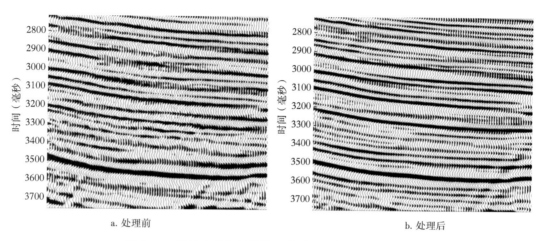

a. 处理前　　　　　　　　　　　　　　　　b. 处理后

图 3.13　近地表吸收补偿处理前后地震剖面对比示意图

地震资料处理解释挖潜工作是物探业务管理重要组成部分，将不断完善相关管理办法，持续加强老资料处理解释管理工作。

十、推进地震储层预测技术发展，提高储层描述精度

随着油气勘探开发程度的不断深入，复杂岩性油气藏已成为中国石油油气勘探开发的主要目标，包括碎屑岩、碳酸盐岩、火山岩、风化壳和变质岩等类型。这些油气藏普遍面临储层厚度变化大、孔隙结构复杂、非均质性强、隐蔽性强、油气水关系复杂等诸多挑战，描述和预测复杂岩性目标的地震储层预测技术，已成为提高复杂岩性油气藏勘探开发成效的必然选择。但常规的叠后地震属性、叠前地震反演技术已经难以满足复杂岩性目标储层预测需求，需要不断创新地震储层预测技术和流程，从叠前振幅反演逐步向宽/全方位叠前振幅反演发展，强化地震岩石物理分析，综合应用地质、测井和油藏等多学科资料，实现复杂储层精细描述。

为了落实中国石油"突出高效勘探、低成本开发，坚定不移走技术发展之路"的总体工作要求，进一步提高地震储层预测技术应用水平，中国石油勘探与生产分公司物探主管领导十分重视地震储层预测技术发展，在股份公司历次物探会议上，都要谈到地震储层预测技术应用问题，并做出相应的工作安排，不断推动地震储层预测技术的发展（附录

1.1.1 至附录 1.3.3）。特别是在股份公司油气盆地级物探技术研讨会（附录 1.1）、中国石油地震储层预测技术研讨会（附录 1.2.5）、股份公司页岩油气地球物理技术研讨会（附录 1.2.7）等会议上，针对储层预测技术应用需要纠正的问题和有待改进的方面，提出了相应的工作措施。

在 2017 年 11 月中国石油勘探与生产分公司组织召开的地震储层预测技术研讨会上（图 3.14），公司物探主管领导提出了"强化储层岩石物理基础、强化技术方法优选、强化过程质量控制、强化地质物探等多信息综合应用以及加快面向复杂油气藏的新一代智能化地震储层预测技术的研发与应用、加快复合型物探人才队伍建设"的储层预测工作要求。会议针对碎屑岩、碳酸盐岩、火山岩等复杂岩性储层预测中面临的难题，围绕复杂储层预测基础理论、技术发展、质控方法和应用效果进行了研讨。

图 3.14　地震储层预测技术研讨会

针对储层预测技术在应用中存在的理论基础与资料基础还不够扎实、方法针对性不够强、质量控制不到位、与地质等信息结合不深入，导致部分预测成果存在多解性等问题，中国石油勘探与生产分公司物探主管领导部署了储层预测工作五点要求，推动储层预测技术进一步发展（附录 1.2.5）：

（1）强化岩石物理分析和数据库建设，夯实储层预测工作基础。推广中国石油自研的岩石物理分析软件，全面开展数据库建设，目标是到"十三五"末，各油田全部建全、建好各探区岩石物理数据库，在此基础上，开展分区带、分领域、分层系的大数据分析和信息应用，为储层预测技术应用奠定扎实的理论基础。

（2）加强处理解释预测一体化，制定地震资料高分辨率、高保真处理指导意见，规范指导储层预测的前期工作。地震资料品质，尤其是保真度对储层预测精度起着至关重要的作用，因此，储层预测所用的地震资料必须按高保真要求处理。在地震资料处理中，一是必须做好规则噪声压制带内高频、低频有效信号的释放和子波一致性处理，保护低信噪比范围内弱信号不被伤害，保持有效信号的特征，保护局部岩性和流体异常特征，强化理论质控，弱化单纯的视觉评价方法；二是开展好表层吸收补偿处理和 Q 偏移处理，在保真的条件下努力提高地震资料的分辨率，为薄储层预测打好地震资料基础；三是在道集优化方面，谨慎使用随机噪声压制技术，同时要做好层间多次波等噪声的识别与剔除工作。高分辨率、高保真处理涉及处理方法、流程和参数的选择，也是一项系统性工作，需要有明确的技术指导意见进行规范。

（3）研发面向目标的储层预测新方法，建立适合不同储层类型的储层预测方法系列。加强致密砂岩、白云岩、火山岩、变质岩等复杂岩性储层地球物理响应特征研究。一是加强重点探区实验岩石物理测试，特别是低频岩石物理测试分析，建立针对不同储层微观孔隙结构的岩石物理模型，建立基于弹性参数的孔隙度—饱和度—有效压力三维弹性参数岩石物理模板；二是加强基于储层特征的多信息约束地震反演技术研究，加强地震岩石物理反演新技术研究，继续探索孔隙度、渗透性等储层物性参数反演技术研究，提高复杂孔隙储层三维量化表征精度；三是强化重磁电震联合反演技术研究与应用，充分利用重磁电在烃类检测中的独特优势，开展碳酸盐岩、火山岩等复杂储层油气预测工作；四是强化地震属性信息、反演信息与测井、地质等信息的综合应用，利用好大数据分析、深度学习等工具，加快研发智能化储层预测新技术，努力提高储层预测成功率，更好地解决隐蔽性储层预测难题。

（4）强化储层预测质量控制，确保预测结果的可靠性。要做好储层预测质量控制软件的顶层设计，质控内容要涵盖保幅地震数据处理质控、岩石物理分析质控、储层预测方法质控、参数选择合理性等过程质控，制定针对不同储层类型的预测技术应用框架流程，明确关键技术及质控环节，从地震储层预测基础资料、关键技术、流程配套入手，建立质控技术体系，形成地震储层预测技术应用质控规范，做好预测结果风险防范。要求中国石油勘探开发研究院采取灵活开发的方式，吸纳油田和社会力量，取长补短，快速形成质控与储层预测技术应用一体化的软件，使其尽早在储层预测技术应用中发挥作用。

（5）加强地质、物探及测井的多学科结合，加快储层预测复合型人才培养，为上游业务油气生产与可持续发展创造必要条件。储层预测是技术性、综合性、复杂性很强的一项工作，必须加强地质、物探、测井等多学科综合研究，提高储层预测精度。从业人员需要具备地质、物探、测井、工程等多方面知识外，还需要具备计算机软件应用能力。目前，各油气田达到这样要求的技术人员非常稀少，必须加快培养，并创造条件，使他们尽快成才。各油气田需要加强与大专院校、研究院所的联系，选拔优秀人才脱产培训，加快培养进程。同时，希望油田公司研究院能为青年拔尖人才建立储层预测工作室，让年轻科技人才自由组合成多专业研究团队，开展复杂储层技术研发和应用攻关，尽快攻克勘探开发亟须解决的油气藏描述难题。

通过此次会议推动，对提高地震资料品质、分析地质条件的可行性、提高解释人员的素养、加强项目的组织管理等方面都提出了特定的要求，进一步推动了产、学、研一体化结合，加强储层预测项目成员知识结构上的相互扩展、相互渗透，更加增强了强化复合型人才培养和多学科融合的责任意识，加强跨部门之间的资料协调，共同推动储层预测这一交叉学科技术的不断完善和发展，为股份公司高效勘探、低成本开发做出应有的贡献。

经过多年系统研究，面向目标的储层预测技术系列基本形成，有力支撑了复杂油气藏勘探开发。围绕油气勘探开发对象，中国石油基本形成了基于碎屑岩、碳酸盐岩、火山岩、致密油气、非常规等几大领域的储层预测技术系列，技术应用成果丰富，在油气勘探开发中发挥了重要支撑作用。

碎屑岩储层预测方面，形成了频谱增强、层序地层控制、地震反射零时间切片、子波分解与重构、叠前弹性参数反演、谱反演、地质统计学反演、流体检测等薄储层地震储层预测技术系列，为中国石油碎屑岩领域油气藏勘探开发突破奠定了坚实基础，先后支撑发现了大庆长垣构造两侧、苏里格、陇东、须家河、环玛湖等一批亿吨级规模储量区。

碳酸盐岩储层预测方面，形成了储层成因分析、构造及古地貌精细描述、叠前/叠后裂缝预测、缝洞单元划分及综合评价、叠前/叠后缝洞体油气检测、缝洞体雕刻与定量描述等储层地震预测技术系列，在塔北、塔中提交三级储量超10亿吨和大川中中央古隆起带整体探明万亿立方米天然气提供了有力技术保障。

火山岩储层预测方面，形成了重磁电井震结合的火山岩岩性、岩相识别、叠前AVO属性、弹性参数叠前反演、岩性雕刻等复杂储层综合预测技术系列，为克拉美丽、徐家围子、长岭断陷千亿立方米深层天然气探明储量提交做出了重要贡献。

致密油气、煤层气、页岩气等非常规储层"甜点"预测方面，基本形成了正演模拟与属性分析、叠前弹性参数反演定量预测储层物性、岩石脆性、微观（岩相、测井）与宏观（地震）结合裂缝预测、TOC定量预测、水平井轨迹优化等致密油储层地震预测技术系列，为长庆油田亿吨级规模储量上交，吉木萨尔、松辽盆地中深层、渤海湾盆地深层致密油、四川盆地南部页岩气等探区勘探开发奠定了扎实的资料基础（附录1）。

面向地震储层预测的基础研究取得了突破性进展。一方面是面向地震油气藏描述的岩石物理研究取得重要进展，为强化储层预测基础创造了良好条件。岩石物理分析与模拟实验已经起步，研究重点突出岩性、物性和含油气性相关的岩石物理特征、响应机制，夯实预测方法理论基础。大庆油田开发了岩石物理分析软件系统，建成了岩石物理数据库；中国石油勘探开发研究院重点开展部分饱和复杂孔隙介质地震岩石物理分析技术与应用研究，建成了具有世界先进水平的低频岩石物理实验室，实现了跨频段岩石物理实验技术研究，初步解决地震、测井和超声波之间的尺度问题，开展复杂介质地震波传播理论研究，揭示含流体复杂孔隙介质弹性波传播规律，强化地震岩石物理分析方法研究，为储层及流体定量化预测奠定了基础。另一方面是储层预测技术的前期应用条件和质控方法研究已经起步，着力解决储层预测的多解性问题。在地震资料采集处理阶段，研发了 Seis-Acq. QC 和 Seis-Pro. QC 系统，对地震资料采集、处理环节进行量化质控，提高地震信号和叠前道集的振幅、频率、相位的保真度，以满足复杂岩性储层和流体预测的需要；在构造解释阶段，编制了"地震资料解释技术规范""解释成果展示规定"，制定了 PCG 图形格式标准，研发了地球物理成果图件质控软件；在储层预测阶段，地震反演质控关键技术研究取得阶段进展，中国石油勘探开发研究院启动了储层预测质控体系可行性研究，初步建立了井震相关性、子波稳定性、储层模型、速度等信息的综合评价量板，不断夯实储层预测技术应用基础（附录 1）。

十一、推广自主知识产权 GeoEast 软件，搭建地震处理解释研究平台

面对低油价挑战，必须用先进实用可靠的技术，提高勘探开发精度，提高成功率，提高工作效益和效率。为提升中国石油整体核心技术竞争能力，提高油气勘探开发效益，从 2012 年开始中国石油将 GeoEast 软件作为公司的战略利器推广应用，并于 2015 年 7 月在吉林市举办了股份公司 GeoEast 软件应用技术交流会（附录 1.2.1），中国石油勘探与生产分公司物探主管领导概括了国产物探软件 GeoEast 3.0 的现状特点，指出了推广应用还需改进的四方面问题：一是各单位重视程度、主动性还存在一定差距，二是软件应用范围、力度、规模还有提升的空间，三是应用水平还有待提高，四是掌握人员数量偏低，软件配备规模不够；提出了下一步 GeoEast 软件推广意见，重点是：（1）各油田公司、研究院所，要站在建设综合性国际能源公司的高度，用好 GeoEast 软件；（2）强化责任，确保国产软件应用带来规模成效；（3）谋划未来，确保软件开发的可持续、有特色、高水平（附录 1.2.1、附录 1.2.4）（图 3.15）。明确要求到 2018 年股份公司内 GeoEast 软件应用人员熟练掌握率达到 100%，处理、解释项目应用率分别达到 50% 和 70% 的应用目标（简称 "157" 工作目标）。为保障 GeoEast 软件规模化应用，降低油气勘探开发成本，中国石油勘探与生产分公司与东方物探签订《GeoEast 企业版技术服务框架协议》，将推广应用工作纳入正式的股份公司年度投资计划。

为对前期 GeoEast 软件推广应用进行总结交流，同时对下步深化应用工作进行推进动员，股份公司分别于 2017 年 4 月和 2018 年 7 月在成都和西安召开了 GeoEast 软件应用技术交流会和 GeoEast 软件应用交流与工作会，中国石油勘探与生产分公司物探主管领导按照中国石油领导要求，总结了 GeoEast 软件推广应用中存在的问题，提出了下一步国产软

图 3.15　相关推广应用文件

件推广工作要求：一是坚定信心，扎实推进，全面完成 GeoEast 软件推广应用"157"工作目标；二是进一步升级完善软件，开展针对性技术培训和支持，为股份公司各推广应用单位提供有效保障；三是快建成"共建、共享、共赢"合作开发机制，持续提升 GeoEast 软件能力，增强核心竞争力；四是加快并做好采油厂试点工作，拓展 GeoEast 软件应用空间，为股份公司深入推广提供经验；五是认真做好三年推广应用工作的总结与经验交流，完善配套机制和政策，确保后续软件应用持续稳定（附录 1.2.2、附录 1.2.3）。

在中国石油勘探与生产分公司强力组织和推动下，在油公司内部大力推广具有自主知识产权的大型地震数据处理解释一体化软件 GeoEast，成为中国石油地震处理解释技术研发和应用的主力软件（附录 2.8）。

到 2019 年，GeoEast 软件优势处理解释技术已经形成生产能力，性能持续提升。新发布的 GeoEast 3.2 版本，处理系统形成九大技术系列，有效提高了其解决复杂地质目标的成像质量和精度问题的能力；解释系统新增五个子系统，形成集构造解释、储层预测、油气检测及井震联合地质分析为一体的综合地震地质解释系统，为进一步持续深入推广应用提供有效的技术支撑；高端处理解释技术形成生产能力。股份公司各单位软件升级全面开展，有效满足了各推广应用单位对软件功能的具体需求。在七个方面取得了进展：（1）形成配套的 OBN 深度域处理技术和船载高效现场处理软件，继续保持 OBN 处理业界领先；（2）Q 层析反演及高效的 Q 叠前深度偏移技术的研发成功使得 GeoEast 软件具备完整的 Q 偏移移技术能力；（3）高效混采分离关键技术及配套功能的研发，填补了技术空白，为物探高端业务发展提供了保障；（4）Diva 软件完成了各向异性建模等技术的开发，GeoEast-Lightning 软件新增最小二乘偏移、时间域全波形反演功能，完备的深度域成像技术系列可以满足实际生产需要；（5）研发复杂储层横波估算、流体替换等岩石物理建模方法，加强配套功能开发，叠前反演精度和效率进一步提升；（6）完成转换波叠前偏移照明补偿、基于纵波 AVO 属性的高精度多波层位匹配、转换波弹性阻抗反演、多波叠后联合反演等关键技术和配套软件的研发，形成多波属性提取和反演的完整流程；（7）多学科一体化开放式软件平台研发进展顺利，完成云计算管理系统研发，集成面向处理解释的云计算、大规模异构集群资源管理和监控等先进技术，具备了规模推广应用的条件。

GeoEast 软件的推广应用工作持续推进，应用成果丰富，全面完成"157"推广应用目标。2017 年成都会议及 2018 年西安会议后，各油田公司及科研院所进一步解放思想，持续深入开展工作，各单位对 GeoEast 软件的应用更为成熟，全流程应用比例更高，用于更为多样的地质目标，应用成果更为丰富，GeoEast 软件在各油田的勘探开发工作中的有效作用更为突出。具体表现在以下几方面。

（1）GeoEast 软件部署及升级工作持续开展，有效保障生产应用。自股份公司 GeoEast 软件推广应用以来，累计完成处理 24920 个 CPU 核、1458 个 GPU、解释 1253 个许可和 162 个特色功能包的安装规模，已经远远超过三年推广应用计划开始之初各单位的软件安装需求。随着 GeoEast 3.2 版的释放，各推广应用单位陆续开展该版本升级安装工作，目前已经完成 14 家单位的处理系统升级 8 套 10328 个 CPU 核，解释系统 66 套 544 个许可的 3.2 版软件升级工作，并新装解释系统 53 套 242 个许可。

（2）GeoEast 软件应用培训和技术支持工作持续开展，有力地保障了各单位的应用需求。各油田和科研院所加大了 GeoEast 软件推广应用力度，软件培训和技术支持的需求不断增加。通过开展各类 GeoEast 软件技术培训，在大庆油田、塔里木油田、华北油田、冀东油田、辽河油田、长庆油田、青海油田、新疆油田和中国石油勘探开发研究院西北院区等多个油田院所建立靠前支持站点，全方位的技术支持服务工作有效提高了支持效率，保障了各单位的应用需求。同时东方物探与各单位密切配合，全力打造 GeoEast 软件处理解释应用精品示范项目，使得 GeoEast 软件特色和优势技术在找油找气中的作用得到有效发挥和进一步凸显。

（3）国产软件规模化应用进一步深入，应用范围有效延伸，应用效果显著。经过持续推广应用，GeoEast 软件在股份公司层面的工业化和规模化应用得到进一步深入，在油田的推广应用范围得到有效延伸，吐哈采油厂、华北采油厂、大庆采油厂的软件推广及试应用工作成效显著，为后续的深入推广应用打下坚实的基础。随着股份公司 GeoEast 软件推广应用工作的持续深入，各单位对软件的应用成熟度进一步提高，全流程处理解释，甚至处理解释一体化项目屡见不鲜，软件能力在油田的勘探开发中的作用得到持续凸显。其中在大庆油田龙西地区超大三维连片处理解释、塔里木油田超深复杂油气藏勘探与开发、新疆油田玛湖地区致密砂砾岩油气勘探精细勘探、川西北双鱼石中坝地区、鄂尔多斯盆地古峰庄地区精细勘探、吐哈油田天草凹陷一体化研究及有利目标优选等项目中，GeoEast 软件的叠前精细处理、构造解释、现代属性、油气检测，以及 Q 偏移、波动方程偏移、井震联合解释、层序地层学、水平井导向等高端处理解释技术得到有效应用，并取得显著成效，国产软件在油田的增储上产中发挥了重要的作用（附录 2.11）。

十二、启动物探信息化建设，开发物探工程生产运行管理系统，搭建物探技术管理体系工作平台

物探信息工作是物探技术管理的基础工作，也是新形势下科学管理、科学决策的重要手段，更是低油价下降低管理成本、提高工作效率的重要举措。

为了提高信息化管理水平，2012 年，中国石油勘探与生产分公司组织北京中油瑞飞信息技术有限责任公司、各油气田公司、研究院所及相关物探公司共同研发物探工程生产运行管理系统（图 3.16），与中国石油信息化建设项目 A1 系统相结合。2014 年该系统研发成功，同年底，中国石油勘探与生产分公司下发了油勘〔2014〕208 号《关于物探工程生产运行管理系统推广应用的通知》。各油气田公司高度重视，积极组织落实，地震资料采集项目全部上线运行，地震资料处理与解释项目、综合物化探项目和井中物探项目开始试点运行。A1 系统总体运行良好，采集项目周报、月报与年报表及时、准确，为领导掌握生产动态和决策提供了重要依据。2016 年，中国石油勘探与生产分公司组织召开物探业务信息化工作推进会，在公司范围内全面启动公司物探业务的信息化应用，实现了包括地震、非地震、井中等物探工程项目的全流程、全技术管理。物探工程生产运行管理系统规范了物探工程项目的管理流程和质控要求，提供了项目各环节关键数据的综合分析和各盆地地震部署、技术发展与决策支持，是物探技术管理体系的重要工作平台（附录 2.7）。

图 3.16　物探工程生产运行管理系统界面

（1）物探信息化平台初具规模。物探工程生产运行管理系统是 A1 2.0 升级项目中的重要组成部分。作为 A1 系统的前端数据源，这是一个面向物探业务全过程管理需求，满足物探信息数据可查询、可分析、来源可追溯的专业管理子系统。自 2012 年立项以来，通过前期需求分析、详细设计、扎实部署、集中研发及分步骤的试点、推广，到 2020 年底已达到全面上线推广的要求。各单位按照中国石油勘探与生产分公司下发的统一规范要求编写各项目的技术管理报告，进行周报和年报的上报工作。地震资料采集项目已实现全部上线，地震资料处理解释、综合物化探和井中项目的试点工作顺利完成。物探工程生产运行管理系统的全面应用标志着物探专业在中国石油勘探与生产分公司率先实现业务管理全专业、全过程、全流程的科学管理。

（2）推动物探生产运行信息化管理。随着信息技术的不断进步和大数据时代的来临，作为以数据为主要对象的物探工程项目，利用物探信息化平台对项目过程中产生的海量物探数据进行科学管理、科学分析，这是提升物探工程管理效率、数据利用率和物探质量控制的重要手段。物探工程生产运行管理系统作为物探业务管理平台，不只是提供传统的数据管理和报表上报，更是物探项目管理流程的再造和物探业务管理能力与水平的提升。项目在总体设计中，重点强化了物探项目的流程管理、信息共享、综合分析和过程质控等功能，并通过与各油田、研究院所的专家进行充分结合，突出了三个统一：一是与 A1、A7、A8 等系统做到数据标准统一、数据模型统一和数据流向的协同一致，并将与它们升级后的系统实现数据共享；二是实现了信息化管理与项目技术管理的协同统一，发布了物探工程从部署、设计到实施、验收、存档等环节的技术报告规范，实现了报告表格与系统上载数据表格的一致，减轻了数据录入的工作量，确保了数据的唯一性和可靠性；三是通过开发与各质控系统的数据接口，实现项目业务管理和质控管理的协同统一。随着该管理系统的全面推广和 A1、A7 等统建系统的升级运行，物探工程生产运行系统成为中国石油物探技术管理人员日常工作的重要平台，成为物探项目管理、数据综合分析、过程质量控制的重要手段，为勘探开发提供科学决策依据。

（3）推动地震资料采集、处理质控系统应用。中国石油勘探与生产分公司组织研发的地震资料采集数据质量实时分析与自动评价系统，实现了地震野外采集质量监控模式的突破，可自动进行单炮能量分析、信噪比分析、异常道分析等多项实时自动数据分析，目前其技术和性能均处于国际先进水平。2013 年，下发了油勘〔2013〕193 号文件《关于实行地震采集项目实时质量监控与定量评价的通知》，在中国石油内部全面推广，提高了地震野外采集质量监控效率 8~10 倍，为"两宽一高"等大数据量地震资料采集提供了科学高效的质控手段，也为物探公司节约了投入。中国石油勘探与生产与公司组织研发的地震数据处理质量分析与评价系统，实现了室内地震资料处理质量监控模式的突破，可实时分析处理各环节的质量。2015 年，下发了油勘〔2015〕42 号文件《关于印发地震数据处理质量分析与评价技术管理规定（试行）的通知》，在中国石油内部试点运行，之后进行完善后全面推广。这项工作的开展，可实现处理监督人员和油田管理人员对处理过程及时的质量控制和分析，为进一步提升地震采集处理质量提供了科学的工具。

针对持续推广应用工作，中国石油勘探与生产分公司要求：一是各单位主管领导和主管部门要高度重视，明确业务管理岗位。物探业务人员要全面掌握和应用物探工程生产运行管理系统，利用该系统做好生产动态管理、过程质量控制和综合数据分析，努力实现物探业务管理的信息化和决策的科学化。二是根据该系统要求修改完善本油田的物探管理制度与业务管理规定。从项目立项、方案设计、组织实施到项目验收，全面梳理、明确管理流程，落实管理责任，做到合规管理，特别是明确 A1 系统中各类数据的入库检验、上传下载、运行维护等规定要求，落实岗位责任。三是按照物探工程生产运行管理系统管理规定的要求继续做好数据的上载工作，确保加载数据的准确性、可靠性和及时性。各油田在继续做好本年度地震资料采集项目录入工作的同时，各单位要组织专门人员，做好年度地震处理解释项目、综合物化探项目和井中地震项目的数据录入工作，并陆续完成主要历史数据的补录工作。四是加强信息系统的完善和维护工作。在系统推广应用过程中，各单位要及时反馈问题，若有新的功能需求，可及时提出，以便今后继续升级，方便大家应用。特别是北京中油瑞飞信息技术有限责任公司（现昆仑数智科技有限责任公司）、中国石油勘探开发研究院西北分院、新疆油田及大庆油田项目组要做好系统的日常维护，并根据各单位反馈的意见及时进行系统功能的完善。五是建立物探管理及质检系统应用检查与通报机制，每年对应用质量、应用效果等情况进行通报。

十三、开展复合型物探人才培养，为物探技术发挥更大作用夯实基础

随着跨学科技术不断融合，企业的发展越来越离不开高素质的人才。随着油气勘探开发领域不断延伸，资源劣质化、目标复杂化程度日趋提高，勘探开发对物探技术应用的依赖程度和要求越来越高，对处理解释一体化、地震地质一体化的复合型人才和攻坚克难的专业能手需求愈发迫切。

面对这些复杂地质问题，虽然物探技术人员大多经过多年来的积累取得了较大进展，解决这些问题有一定基础，但青年技术人员存在明显短板（附录 1.3.4）：一是石油地质基础、测井知识不足，地质专业知识的局限性致使物探与地质结合不够深入，技术应用中缺乏宏观地质概念；二是新技术应用的经验和技巧不足，重软件操作，轻地质成因指导，重解释图件绘制，轻资料基础与质量控制，因此实际工作中还存在勘定钻探目标信心不足、敏感度不够，圈闭和油气藏描述不细、精度不高，勘探评价和开发成功率没能达到应有的水平，没有真正实现"六个转变"，在油价断崖式下跌且持续低迷的背景下，这种现象不利于上游业务生产的提质增效，也不利于中国石油的长远发展。因此，实施复合型物探青年骨干人才培养计划是客观所需、形势所迫，也是物探人补齐短板、迎接挑战、冲出重围的必然选择。

中国石油历来高度重视企业员工的培训工作，制定了长期的培训投入计划和预算，建立了完备的企业员工培训体系，包括脱产和半脱产的新入职员工的培训、在职员工的企业文化培训、专业培训、综合培训等，并将年度培训纳入业绩考核指标。但是，现有培训模式也存在一定的不足。

一是员工对培训的认识不够，学习兴趣不高。员工对终身学习的认识缺乏正确理解，普遍的心理是完成规定任务，有些学员将培训看成是一种放松心情的福利，没有抱着来汲取知识的心态参加培训；而有些企业也存在"应付"培训任务的现象，派出的培训人员往往是单位的相对"闲人"，对培训效果没有良好预期。

二是员工培训形式单调，难以激发员工学习热情。在员工培训的形式上，以传统的课堂授课式培训方式为主。授课式培训因其设计成本低、易复制、系统性强，较之于其他新颖的培训形式有着明显的优点，但由于其存在着无法与参训员工互动，很难引起员工兴趣。同时，授课式培训往往存在着"泛泛而谈、个性化差"的问题，限于时间关系，关键技术问题往往谈不透谈不深，使员工感到培训内容与自身日常实际工作差距大，对自己的工作没有太多帮助，难以激发员工学习热情。

三是培训管理不完善。现阶段，中国石油有多个职工培训中心，需求单位提出培训计划后，由职工培训中心或其他院校等培训机构具体操作实施，需求单位一般有人员跟班管理，培训内容虽然经过了相关部门审核，但考虑到培训机构课程和培训师组织，培训内容相对比较广普，针对性不强，培训班纪律、学员生活、考核等过程管理不到位，也使员工培训效果大打折扣。

四是培训的后续工作不到位。多数培训在培训结束后没有跟踪环节，培训对员工的成长和工作是否有效果，员工是否有进一步培训需求等，存在管理缺失，对于员工受训的各种成效关注的不够，缺少必要的考核和晋升机制，更加增加了员工"学而无用"的感觉，反而觉得参加培训影响了工作，既不能通过自身的工作表现赢得培训机会后得到晋升，也不能将培训所学很好地运用到自身现有的实际工作中，使员工对培训本身的目的产生怀疑，影响了员工培训的积极性，也造成企业培训资源的浪费。

围绕中国石油上游业务高质量发展目标，按照中国石油"十三五"物探技术发展指导意见，中国石油勘探与生产分公司超前谋划，将复合型物探人才培养作为精益管理体系建设的重要组成部分，报中国石油相关领导批准，中国石油勘探与生产分公司、中国石油勘探开发研究院以及各油气田公司各物探管理部门对复合型物探青年骨干人才培养管理工作开展了创新性探索，确定在2016—2020年每年选拔一批生产一线的物探专业青年技术骨干参加集中培训，依托中国石油勘探开发研究院"一部三中心"定位和具有实践经验的专业化高端人才济济、培训资源和培训经验丰富的优势，补齐知识短板、扩充知识面、培养物探复合型专业人才，形成合理的物探人才接替队伍（图3.17、图3.18）。其中中国石油勘探与生产分公司、各油气田公司、中国石油勘探开发研究院根据自身定位在复合型人才培训中发挥不同作用。

图 3.17　学员学习交流瞬间

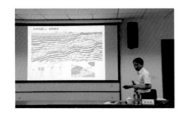

图 3.18　老师授课瞬间

中国石油勘探与生产分公司负责复合型物探人才培养的顶层设计、政策保障、舆论引导、监督评价、跟踪管理工作。中国石油勘探与生产分公司是股份公司直属专业分公司，是中国石油最大的业务板块，负责管理16家油气田企业的石油、天然气及煤层气等能源业务的勘探开发生产，掌握和制定油气勘探开发中长期发展战略规划、人才队伍整体情况，站在全局高度、战略高度负责人才培养的顶层设计、贯彻培训计划、动态管理物探人才队伍。

各油气田公司负责具体参训人员的选拔、任用和效果反馈工作。人的素质直接决定企事业单位的生产效益和科研成效。各油气田公司和科研院所是最为了解学员个人情况、未来发展潜力、掌握学员职业规划的机构。既是学员输出方，也是最终使用方。用人单位高效地选拔出最适合培养、最有发展潜力、最需要培训的人员。学员参加培训后，用人单位直接将学员安排到适合岗位，发挥最大效用；并根据学员表现反馈培训效果，提供管理部门和培养单位进行培训后评估。

中国石油勘探开发研究院负责具体培训方案的策划设计、课程系统的建设、人才培养的组织实施工作和培训结果考核工作。作为中国石油"一部三中心"中高层次科技人才培养中心，中国石油勘探与生产分公司拥有雄厚的师资队伍和理论技术实力，利用自身丰富的培训经验，遵照培养目标要求，围绕人才队伍建设需求，构建了一套学科特色明显、内容覆盖全面、集行业领军人物、注重现场实践、重视过程管理的培训方案，并具体负责复合型物探人才实训班的组织实施工作。

实施过程中，总部管理部门、各油气田公司、中国石油勘探开发研究院三位一体有机融合，协同培养管理（图3.19）。中国石油勘探与生产分公司根据中国石油人才需求和业务发展，做好人才队伍短中长期建设的顶层设计，提出人才培训对象选拔的标准，在每期培训班上，主管领导都在开班及结业仪式上讲话，向学员提出学习要求与成才希望；油田负责选派具有发展潜力的技术骨干参训并由中国石油勘探与生产分公司审核把关；中国石油勘探开发研究院对标培养目标，设计并实施培训方案。中国石油勘探与生产分公司建立

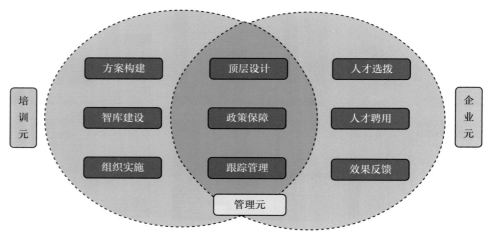

图 3.19　复合型物探人才培养管理模式示意图

受训人才档案，对人才培训后的发展进行跟踪管理。通过有力的组织保障，做好人才选育工作，促进各类资源深度融合，保证人才培养有序运行，促使人才素质在循环积累中不断提高，促进企业不断发展。

高潜力人才遴选机制获得优质种子选手。一是中国石油勘探与生产分公司牵头，注重战略引领，强化顶层设计，制定政策保障。将培养计划写入股份公司"十三五"发展规划和专业技术发展指导意见，设立专项经费支持，统筹安排和部署物探实训的实施流程，逐步建立健全培养选拔、使用考核配套机制，为人才队伍培养提供了强有力的组织保障。二是各级单位在政策指导下，负责各项事宜的具体实施。项目得到各级领导、各级单位的高度重视和支持，中国石油主管副总经理亲自批示，中国石油勘探与生产分公司主管副总经理亲任领导小组组长。根据股份公司统一要求，明确选拔标准：科研生产一线、本科以上学历、毕业5年以上、曾任项目长、中青年骨干。各油气田公司精心选拔了一批毕业5年以上、30~45岁，担任过处理解释项目长的科研生产一线的高潜力人才参加培训。

人才选育用留全过程动态跟踪管理保障种子苗壮成长。中国石油勘探与生产分公司建立学员档案，定期跟踪学员发展情况。各油气田公司重视优秀学员的未来成长规划，助其承担更加重要的科研生产工作，强化"一线历练"、坚持岗位培养；通过物探技术攻关、GeoEast软件应用大赛、技能比武、青年人才技术论坛、"青年十大科技进展"评比等活动，搭建展示平台，让专业能力强、综合素质高的优秀青年人才"浮出水面"。中国石油建立各专业人才库，将各油气田公司的骨干人才纳入专家库，充分发挥他们的专业引领优势，同时采取多种措施有序培育打造各专业"领军人才"，引领示范技术创新，推动公司跨越发展，实现高素质人才队伍总量提升、结构优化、素质升级。

十四、修订完善物探专业标准规范，保障物探技术应用效果

物探技术标准规范是物探技术管理的重要抓手，为物探技术应用提供标准规范，为研究人员开展相关工作提供技术指南。

针对物探技术链条长、技术门类多、技术发展升级换代快等特点，中国石油勘探与生产分公司加强物探技术标准规范修改完善工作：

一是组织相关油田、东方物探和中国石油勘探开发研究院对以往标准规范进行梳理，对不适应技术发展要求的标准规范进行废止。

二是根据技术发展需要，对采集、处理、解释环节的相关技术标准规范进行修订和增补，补充新要求，新指标等。共计修订与增补标准规范32个，详见附录3。

三是适应新技术发展要求，制定新技术、新装备技术标准规范。

四是根据加大科研攻关、加强基础研究等要求，修订管理办法。近年来，先后组织制定了《中国石油勘探与生产分公司物探业务管理办法》（油勘〔2018〕178号）、《物探工程生产运行管理系统数据加载上报管理规定》（油勘〔2014〕208号）、《物探工程技术报告

编写规范》（油勘〔2014〕208 号）（包括附件 2-1、附件 2-11 至附件 2-18）、《高保真、高分辨率地震数据处理技术应用指导意见》（油勘〔2018〕270 号）、《叠前深度偏移速度建模技术应用指导意见》（油勘〔2018〕342 号）、《地震数据处理噪声衰减技术应用指导意见》（油勘〔2020〕357 号）、《地震资料处理解释项目成果报告多媒体展示规定》（油勘函字〔2013〕25 号），为物探数据管理和图形格式制定规范（图 3.20），为地震资料采集、处理、解释等技术应用提供遵循（附录 3）。

图 3.20　物探数据管理和图形格式制定的相关规范

　　2018 年，中国石油勘探与生产分公司组织对物探技术规范进行系统梳理，将物探技术规范体系分为通用基础和专业技术两大类。通用基础类包括资料管理、工程数据格式、图形数据格式、成果图件格式和岩石物理数据格式等 5 个规范文件。专业技术类包括地震资料采集、处理、解释三个分类，每类包含相应的技术规范和质控规范。公司根据各类技术规范基础分年度进行制定和修订，逐步建立起较为系统完备的物探技术企业规范体系（附录 3），规范物探技术在实际生产中的应用（图 3.21）。

图 3.21　制定的相关技术标准

十五、建设物探基础数据库，提高物探工作效率和勘探精度

物探基础数据库可以为地震资料处理和综合地质研究奠定很好基础，尤其是为地震资料处理提供了便利条件，较大幅度缩短了资料处理周期，资料品质也有了很大提高。为了满足当前地震资料处理需求，中国石油勘探与生产分公司物探主管领导自 2012 年初开始，在先后召开的股份公司物探业务管理工作会议、油气盆地物探技术会议、物探专题技术交流会议三大类 24 次会议上，如在中国石油上游业务物探基础工作现场会上（附录 1.3.1、附录 1.3.2）等，发表系列讲话（附录 1.1 至附录 1.3），大力推动和组织安排各油田公司开展物探八大基础数据库建立工作（图 3.22）：一是按照区带形成高精度的卫星数据库。复杂地表条件下，无论是地震设计，还是钻井工程、油田建设方面都离不开卫星数据，可以一库多用。二是地震基准面数据库。全盆地按区带来划分，形成统一的处理基准面，便于服务方资料处理时使用，更有利于处理质量控制与评价。三是表层结构数据库，包括静校正数据库，这是基础数据库的核心，是确保地震资料处理质量的关键。四是地下层速度数据库，包括声波测井、VSP 测井、处理速度谱等速度信息，这是构造研究的基础，影响着盆地内各类构造的精度。五是岩石物理分析数据库。油气储层预测需要岩石物理分析做支撑，需要从中优选敏感的地球物理参数进行地震反演，还需要建立静校正数据库、测量与 SPS 数据库和吸收补偿数据库，以此提高地震资料处理的分辨率和准确性，同时对有条件的地区建立异地备份库。物探基础数据库对地震资料品质、勘探精度和勘探效率提高起到非常关键的作用（附录 2.13）。

图 3.22　中国石油勘探与生产分公司物探基础数据库结构图

第四章 油公司物探技术管理体系基本构架与内涵

面对复杂的油气勘探开发难题，如何引领物探技术发展，建立适应技术发展的管理体系，规范技术应用确保实施效果，是中国石油物探业务高质量发展面临的主要课题。经过中国石油勘探与生产分公司大力推动与组织，重点加强了 15 个方面的探索与建设（见第三章），中国石油油公司物探技术管理体系建设取得了重要进展，在 2019 年物探业务精益管理及高质量发展推进会上，中国石油勘探与生产分公司赵邦六副总经理指出（附录1.3.3）："十二五"以来，中国石油勘探与生产分公司围绕油气勘探开发生产遇到的复杂构造、地层岩性、致密油气、非常规等领域的地质需求，在组织开展一系列物探技术研发与攻关的同时，强化物探基础建设，规范物探采集、处理与解释技术管理，基本形成了一套较为完整的国内物探技术管理体系，为今后物探技术快速高质量发展创造了良好条件。主要表现在：一是制定了物探业务管理办法，物探技术管理规范化程度大幅度提高。二是建立了地震采集、处理质量控制系统，资料评价实现了自动化、科学化和绿色量化管理。三是完善了一系列物探技术标准，技术应用标准化程度大幅度提高。四是物探基础工作得到实质性改变，各油气田根据 2012 年中国石油上游板块物探基础工作会的要求，开展了测量与 SPS、静校正、地表高程、高精度卫星图片、表层调查、速度、地表吸收补偿、岩石物理数据八大数据库的建设，建成测量与 SPS 库 10 个、静校正库 8 个、地表高程库 6个、高精度卫星图片库 8 个、表层调查库 12 个、速度库 10 个、地表吸收补偿库 6 个、岩石物理库 5 个。五是物探业务应用信息化程度大幅度提高。六是物探科技研发和技术攻关取得突出成效。七是物探技术管理水平大幅度提升。八是物探人才队伍建设机制基本形成。物探技术管理体系建设为中国石油打造物探技术利剑、大幅提升物探技术应用水平发挥了重要作用。

第一节 油公司物探技术管理体系基本架构

中国石油油公司物探技术管理体系是中国石油整个企业管理体系的一个重要组成部分。它以物探技术资源为基础，按照规定的程序和方法进行工作和活动，其管理要素按照技术活动规律被组织控制和有效管理，针对物探技术活动全过程的各个环节和整个生命周期过程，实施计划、组织、领导、协调、控制等管理职能，旨在加快物探技术快速发展和促进物探技术创新，转化为油公司物探技术绩效和竞争优势，为公司主营业务大发展提供坚实的技术保障。以下对油公司物探技术管理体系的主要构成进行梳理总结。

一、油公司物探技术管理体系基本定义

油公司是生产力和生产关系协同发展的有机生态综合体。物探技术是油公司石油产业快速发展的第一生产力，物探技术管理体系是推动油公司石油产业快速发展的生产关系，二者是油公司石油生产的两个方面，有机统一构成了油公司的生产方式。先进的物探技术生产力代表着油公司实现国际一流油公司的石油产业未来发展方向，决定着油公司快速发展的生产关系，即油公司物探技术管理体系（赵邦六等，2021c）。

现代石油物探技术对石油产业经济和社会的影响日益广泛而深入，石油产业上游业务的快速发展对物探技术的依赖程度日趋增强。以石油产业链上游物探技术发展的局部跃升带动中国石油油公司石油产业生产力的跨越发展，有效激活物探技术潜能，实现物探技术应用绿色转型、质量转型、创新型转型和信息化转型，逐步提高国际一流油公司物探技术管理体系和管理能力现代化水平势在必行。

要科学规划和合理组织油公司物探技术能力，做到最科学、最有效地完成物探技术管理的任务，必须通盘考虑、统筹谋划，形成整体的油公司物探技术优势。只有建立油公司物探技术管理体系，才能有效地沟通固有物探技术之间的联系，更好地从总体性角度把握物探技术管理工作，提高油公司物探技术水平。此外，油公司物探技术管理工作的目标是要使整个油公司适应外界环境变化，提高油公司物探技术工作的适应性。其适应性主要表现在各种物探专业技术相互联合的基础上。只有建立油公司物探技术管理体系，才可能对各种物探专业技术进行有效的调节，使各个局部有节奏地运转起来。因此，建立油公司物探技术管理体系对油公司的物探技术管理工作非常重要。

二、油公司物探技术管理体系及管理要素

油公司物探技术管理体系是油公司整个企业管理体系的一个组成部分，主要包括实施油公司物探技术管理的组织结构、方法、过程和资源。这些管理要素按照技术活动规律被有效管理起来，旨在提高油公司物探技术绩效和竞争优势。

物探技术管理组织结构指与物探技术有关的机构设置、部门职能分配，以及明确规定的各级管理人员的职责权限及其相互关系。方法指物探技术管理活动的工作程序和办法，包括一套通过反馈来测量和评价系统绩效的方法。过程是将输入转化为输出的一组彼此相关的资源和活动，包括在产品、服务形成全过程各个环节所开展的技术活动过程，以及确保问题被纠正的评审过程和实施不断改进的过程。资源指人员、资金、设施、设备等。

油公司物探技术管理体系就是以物探技术资源为基础，有一套组织机构，所有的员工都有其技术职责，按规定的程序和方法进行工作和活动，以提高油公司物探技术竞争力为目标的有机整体。油公司物探技术管理体系的四大支柱，即组织结构、方法、过程和资源是相互联系、有机结合的。组织结构是油公司物探技术管理体系有效运作的保障，方法是物探技术管理体系发挥作用的手段，过程是物探技术管理体系的基础，资源是实施有效物探技术管理的前提（图4.1）。

对物探技术管理是在每一项过程中进行的，对技术活动有效控制也是在各项过程中实现的。对技术资源管理和组织结构管理交织在技术过程管理中，构成了对技术的全面管理。

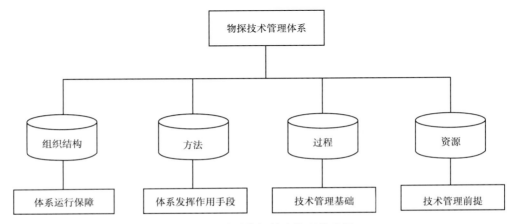

图4.1 油公司物探技术管理体系图

三、油公司物探技术管理体系架构

21世纪以来，中国石油以高质量发展为抓手，以业务管理为统领，基于构建的油公司物探技术管理体系，最终形成以油公司物探"采集—处理—解释"业务链条为主线的油公司物探技术管理体系总体架构，支撑物探资料采集、处理、解释等技术应用健康运行，满足建设世界一流企业业务归核化、机构扁平化、辅助业务专业化、运营市场化、管理数字化要求，建立了面向国内油气勘探开发的油公司物探技术管理体系架构，推动物探技术管理绿色化、高质量、信息化、创新型转型，实现物探技术管理体系和管理能力现代化（图4.2）。

中国石油物探技术管理体系架构明确了物探技术发展与应用以及与之匹配的管理模式，集公司管理部门、油公司、服务公司为一体，是具有中国特色的物探技术管理现代化体系架构。

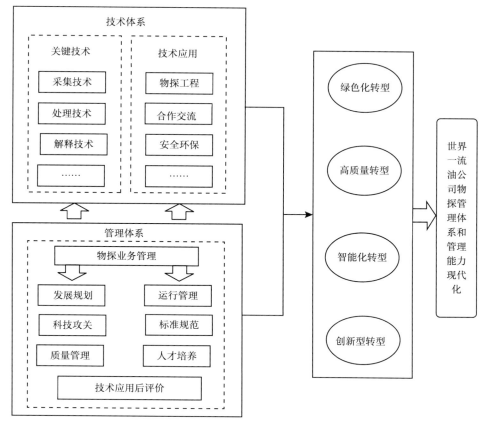

图 4.2　中国石油物探技术管理体系架构

第二节　油公司物探技术管理体系内涵

　　目前形成的油公司物探技术管理体系以物探业务管理办法为统领(图 4.3),包括发展规划、标准规范、运行管理、质量管理、科研攻关、人才培养等子体系,7 个要素互为支撑,形成了物探技术管理的有机整体。

　　物探技术管理体系的创建,一是筑牢基础,通过制定物探业务管理办法明确系统内各层级具体职责和管理内容,制定和完善物探技术标准规范明确开展相关技术研究工作需要遵循的规则和要求,建设基础数据库及相应管理系统为物探业务顺利发展筑牢坚实基础。二是提供保障,研发物探工程生产运行管理系统为业务信息化、科学化管理提供平台,建立地震资料采集、处理、解释等质量控制体系为相关领域稳健发展提供技术保障。三是明确方向,根据不同阶段油气勘探开发需求针对物探业务需要制定技术发展规划,根据不同地质难点制定具体技术应用指导意见,提升物探业务发展的科学性和准确性。四是加强实效,业务开展、规范管理、技术应用均是由具体人员实施,人员素质高低关系最终实施效

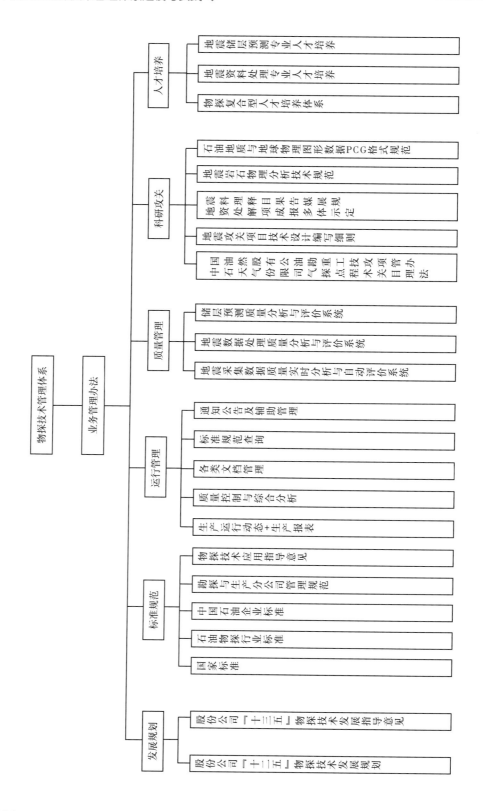

图 4.3　物探技术管理体系结构图

果，物探复合型人才和专业技术人才培养显得尤为重要。物探技术管理体系建设，不仅保障物探业务稳健发展，也将进一步夯实中国油气勘探开发基础。

一、物探业务管理办法

物探业务管理办法主要由《中国石油勘探与生产分公司物探业务管理办法》构成，规定了总部、油气田、中国石油勘探开发研究院的管理职责，明确了总部突出部署规划、重点难点项目的管控，油气田企业负责本企业物探业务运行的具体职责和内容。中国石油勘探开发研究院主要负责物探技术与管理的支撑工作，明确了物探业务管理内容涵盖股份公司国内勘探开发活动中的物探生产、科研与攻关、基础管理和综合管理等全流程、全过程的管理，进一步明确物探业务实行统一归口、分类、分级、全流程管理，明确了物探项目管理的具体内涵，突出了信息化管理，规范了各级管理者所从事的物探业务活动，实现了物探项目合规、优质、高效、绿色、安全运行，充分体现了精益管理的理念。物探业务管理办法为物探业务高效高质量发展提供了合规性保障，是物探技术管理体系的总纲。

各油气田企业结合实际，编制物探业务管理细则，明确物探业务管理牵头单位，做到责任落实到位，建立物探业务管理的问责机制。同时，各单位设立科研攻关激励机制，对科研攻关项目组织好、成效好、有重大油气突破的单位和个人进行奖励。

二、物探技术发展规划

物探技术发展规划主要由历次编制发布的五年物探技术发展规划和指导意见构成，是物探技术发展和应用的总纲，指导物探技术发展，包括以下内容：

"十二五"物探技术发展规划、"十三五"物探技术发展指导意见，内容包含上个五年规划物探技术发展现状、物探技术面临的需求及挑战、下个五年物探技术发展方向和重点等，提出了主要盆地、主要领域物探技术发展的目标、采集处理解释工作任务和具体技术措施建议，提出了不同地表类型的地震资料采集技术优选策略和面向不同地质对象的参数优化策略，指导地震工程技术方案设计。复杂地表复杂构造领域，以提高信噪比为主的高密度、高覆盖技术为该领域首选技术，落实复杂构造，发现规模储量；沙漠戈壁复杂岩性领域，以高密度可控震源高效采集技术为该领域获得高效益勘探的经济技术策略；复杂巨厚黄土地表复杂构造和复杂岩性领域，以提高信噪比为主要考量因素，多种技术方法综合应用；东部地区以提高分辨率为主要考量因素，采用单点接收、宽频激发等技术。同时，围绕物探技术稳健发展明确了实施途径和保障措施。保障措施包括完善物探技术管理制度、全面推广地震处理解释国产软件和地震采集处理质控体系、加大物探技术攻关科技投入、强化复合型及专业人才培养和加强国内外新技术交流合作等方面。规划和指导意见明确加大油公司在物探技术应用中的主导作用，贯彻绿色环保理念，推广科学适用的技术方法和措施，进一步攻克关键技术瓶颈与难题，重点发展完善了单点高密度地震采集、基于起伏地表地震成像、复杂储层预测和井中地球物理等适用配套技术或特色技术。

三、物探技术标准规范

物探技术标准规范主要由中国石油编制完成的企业标准以及参照执行的国家、行业技术标准和规范构成，也包括专项技术应用指导意见等。其中，大部分的国家、行业石油物探技术标准和规范是由中国石油主导或参与编制完成的。

标准规范是科研成果和生产经验的有机结合，是推动业务高质量发展的重要基础。物探业务在石油物探专业标准化委员会（赵邦六任主任委员）统一的顶层设计下，形成了包括国标、行标、企标（中国石油）和企业管理规范（中国石油勘探与生产分公司）完整的物探标准规范体系。截至 2020 年底已建立了物探通用基础、物探测量、地震采集、地震处理、地震解释、重磁电化、物探装备使用维护及井中物探等 8 类物探标准及规范 91 个，其中国标 6 个、石油物探行业标准 52 个、中国石油企业标准 24 个（勘探专标委 14 个、信息部 1 个、安全环保专标委 1 个、劳动定员定额专标委 1 个、工程技术专标委 7 个）、中国石油勘探与生产分公司管理规范 9 个。形成了国标、行标和企标相互匹配的技术规范和标准体系，已成为国内石油专业标准体系最完备的业务标准体系（图 4.4），确保了物探技术应用有据可依，有规可循。下一步要强化物探技术标准的宣贯和执行检查。

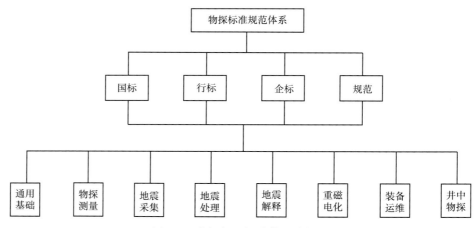

图 4.4　物探标准规范体系结构图

为适应中国石油油气勘探生产需求，根据物探技术长远发展安排，还对公司企业标准进行分类，按计划分年度补充、修订。形成了中国石油独有的通用基础、地震采集、地震处理、地震解释四大类管理规范（图 4.5）。通用基础类包括《物探资料管理规范》《物探工程数据格式规范》《石油地质与地球物理图形数据 PCG 格式规范》《石油地球物理成果图件编制规范和勘探与生产数据规格　第 1 部分–物探》。地震资料采集、处理、解释部分均包含技术规范和质控规范。技术类规范有《地震勘探表层调查技术规范》《陆上地震采集技术规范》《常规地震勘探数据处理规范》《地震资料构造解释技术规范和地震岩石物理分析技术规范》。质控规范有《地震资料采集工程质量监督及评价规范》《地震数据处理质量分析与评价规范》《地震储层预测技术与质量控制规范》。

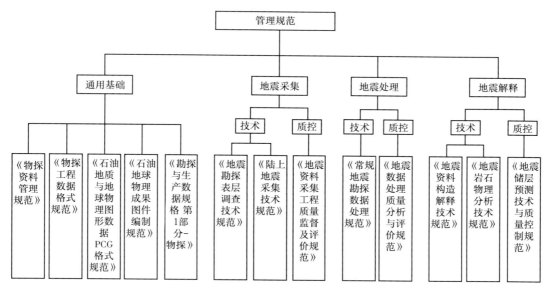

图 4.5　中国石油勘探与生产分公司管理规范

《地震数据处理噪声衰减技术应用指导意见》《高保真、高分辨率地震数据处理技术应用指导意见》《叠前深度偏移速度建模技术应用指导意见》这三个指导意见针对地震资料处理中技术应用思路多，大家对新技术应用存在一定顾虑等问题，引导技术人员如何应用先进技术，提高薄储层分辨率、复杂地区资料信噪比、复杂构造成像精度，为提高薄储层和流体预测符合率奠定基础，为效益勘探开发提供保障。

四、物探生产运行管理

物探生产运行管理主要由物探工程生产运行管理系统平台和相应的管理措施构成，对物探工程项目运行过程进行动态管理。物探工程生产运行管理系统包括生产运行、质量控制、生产报表、综合分析、文档管理、标准规范及辅助功能等 7 部分（图 4.6），贯穿物探工程技术设计、生产过程动态、项目成果等环节，实现生产动态管理、项目全生命周期管理和精细化管理以及全方位数据综合分析。

生产运行包括地震采集、地震处理、地震解释、综合物化探、井中地震等项目；质量控制包含采集现场质控与处理过程质控；生产报表功能用于管理和汇总各油田上报的项目运行报表信息，并对项目报表数据进行统计分析生成工作量统计报表；综合分析功能用于系统内项目数据项进行汇总、提取、过滤、统计、分析，可实现对项目数据自由组合并生成报表和图表；文档管理包括会议纪要、会议资料、油田信息、技术总结和技术设计文档

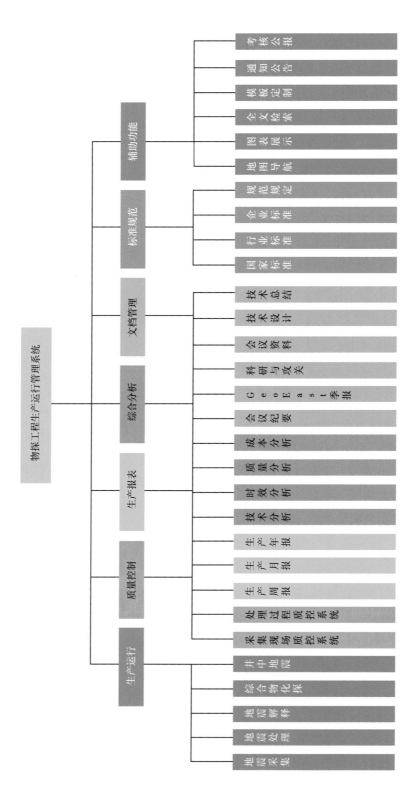

图 4.6 物探工程生产运行管理系统结构图

的加载、浏览；标准规范包括企业标准、规范规定、国家标准和行业标准的加载、浏览；辅助功能包含地图导航、通知公告、图表展示、全文检索、考核公报等。

该系统满足物探信息数据可查询、可分析，是来源可追溯的专业管理子系统，实现了包括地面地震、非地震、井中地震等物探工程项目的全流程、全技术管理。该系统规范了物探工程项目的管理流程和质控要求，提供了项目各环节关键数据的综合分析和各盆地地震部署、技术发展与决策支持，是物探技术及管理人员的重要工作平台。

在生产动态管理方面，加强物探技术信息管理，及时掌握生产动态；在项目全生命周期管理方面，实现对物探业务全过程的信息管理，及时监控项目质量，实现对物探项目的精细化管理；在全方位数据综合分析方面，方便数据分析和问题的及时反馈，提高管理工作效率，实现从技术、时效、成本、质量等方面对数据进行综合分析；在支撑决策方面，为项目部署和运作提供有效支撑，提高管理与决策水平。

以地震资料采集项目为例，生产运行管理包括立项信息、技术设计、施工设计、施工准备、试验工作、开工验收、现场施工、现场监控、施工验收、归档与上交等 10 个环节（图 4.7），项目开始后相关信息上传到生产运行管理系统。在现场施工过程中，野外地震小队每天加载测量、表层调查、钻井、采集等工序的日进展动态，上传质控信息和相关图件，每周和每月更新项目动态汇总信息，相关管理人员、项目授权技术人员可随时了解项目情况。

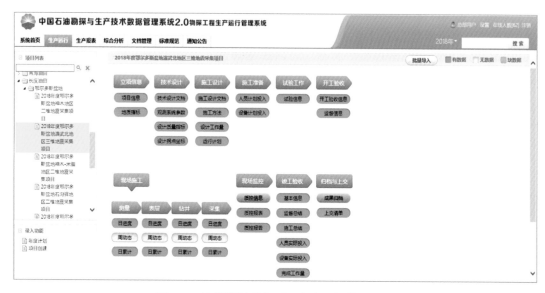

图 4.7　地震资料采集项目生产运行管理流程

该系统还是物探技术管理部门与各油气田、研究院所日常信息沟通的重要手段，大容量图件、文档、会议材料、管理文档等可以通过该平台安全上传和下载，并可下发通知、公告，极大地方便了物探技术管理人员，极大地提高管理工作效率，实现从技术、时效、成本、质量等方面对数据进行综合分析。

五、物探技术质量管理

物探技术质量管理系统主要由地震采集、地震处理、储层预测等三个主要环节的量化质量控制软件和相对应的标准规范组成，其目的是提高地震资料品质。

1. 地震资料采集过程质量控制系统

按照由石油物探专业标准化委员会提出并归口的《陆上地震数据采集系统作业技术规范》（SY/T 7323—2016），在地震数据采集过程中，除了对采集设备有一系列的供电、结构与布局、工作环境、操作技术、存储运输、主机系统、地面采集设备、辅助支持设备、技术检验、作业环境、工具及材料、维修技术、维修检验、采集系统软件的安装、使用和维护有规范要求外，针对采集过程中的技术参数和数据安全提出如下具体要求：

（1）每次接班后应查看交接班记录和仪器工作日志；

（2）应根据施工任务书设置施工参数；

（3）在开始地震资料采集前、采集参数发生变化、主机软件重启或仪器操作员交接班时，应检查采样间隔、前放增益、记录长度、震源扫描参数等关键采集因素是否符合施工设计要求；

（4）采集过程中，至少应双份存储地震数据；

（5）每日应用清洗带清洗磁头一次，并在清洗带标签上做一标记；配备硬盘记录系统的主机应对硬盘使用状态进行检查，确保硬盘存储空间满足当日生产需求；

（6）生产数据带应妥善保管，做到与空白磁带或硬盘分开存放，标志明显，并做好写保护，做到防尘、防震、防磁、防潮，应避免在温差变化过大的环境下使用磁带或硬盘；

（7）存储在移动硬盘（含 NAS 盘）、磁带等外部存储介质中的地震数据应经过现场处理等第三方确认安全、有效后方可删除；

（8）每日施工结束退出操作系统前，应输出当日各种仪器测试报告和生产班报；

（9）每日施工结束或者换班前，应及时填写好交接班记录和仪器工作日志，整理好各种相关资料。

中国石油自主研发的 Seis-Acq.QC 系统是野外地震数据采集质量控制软件，能按照采集设计要求，开展单炮质量分析、单道质量分析、观测系统分析等方面的质控工作（图4.8）。根据用户选择的分析参数（环境噪声、频谱、信噪比、能量、高程、偏移距、静校正量、激发能量、激发主频等），自动分析计算各个属性值；根据用户设置的评价标准，自动进行质量评价，自动评价出不合格炮，自动报警；自动生成不可更改的评价报告，包括各评价参数值、评价等级及合格与否说明等内容。该系统为现场施工队伍、油田监理及勘探管理部门协同工作提供了统一技术平台，实现了野外地震采集数据质量控制信息化、自动化，野外质控时间从过去的人工质控几分钟缩短到 10 秒之内，提高野外施工日效，减少单炮记录回放和打印，实现无纸化办公，降低野外施工成本，对进一步规范地震采集现场工作流程具有重要作用。

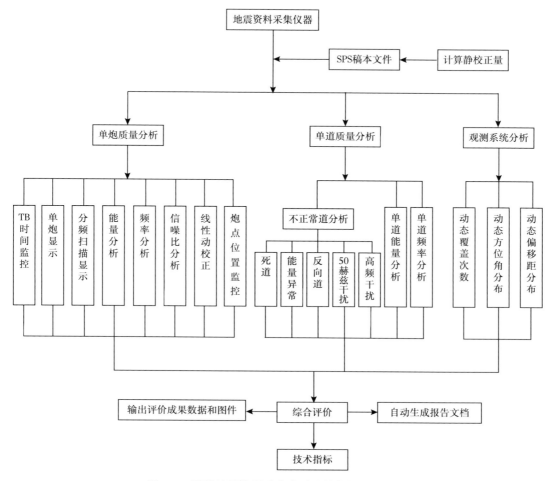

图 4.8 野外地震资料采集实时监控与评价流程图

利用 Seis-Acq. QC 系统得到的质控结果，同时进行了分频扫描、能量分析、信噪比估算、频率分析、主频及频宽分析、*FK* 谱分析、频时分析、时频分析等，具有质量控制的全面性和客观性。图 4.9 展示了某工区野外施工过程中的单炮记录目的层能量、频率等实时分析窗口，结果直观明了客观。

2. 地震数据处理过程质量控制系统

按照中国石油勘探与生产分公司下发的油勘〔2015〕42 号《地震数据处理质量分析与评价技术管理规定（试行）》文件，为规范地震数据处理过程质量分析与评价内容，加强地震数据处理过程质量监控和成果检验，确保处理成果质量与科学评价，股份公司油气勘探开发业务中的地震数据处理项目，地震数据处理过程质控主要包含原始资料分析与评价、基准面静校正、叠前去噪、叠前补偿、反褶积、动静校正、叠后偏移、数据规则化、

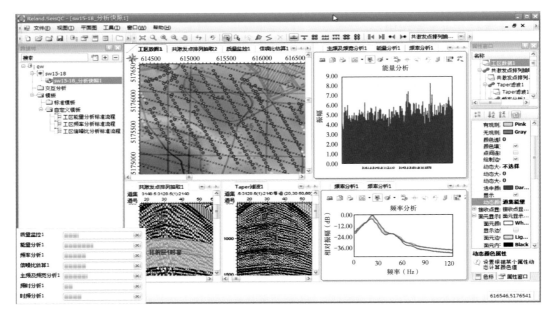

图 4.9 某工区野外地震资料采集实时监控与评价窗口截图

叠前时间偏移、叠前深度偏移、叠后处理及成果分析等。

中国石油自主研发的"地震数据处理质量过程分析与定量评价系统"Seis-Pro.QC,独立于各类资料处理软件,与上述规定中处理过程质控要求相匹配,能满足地震资料处理过程中的原始资料分析等13个环节质控分析要求(图4.10),集质控管理、定量分析、过程对比、质控评价为一体,是目前国际上相对完整的处理质量控制系统,实现了地震资料处理过程质量监控标准化、可视化、自动化、高效化。

按照上述管理规定及软件功能,中国石油地震数据处理中的质控关键环节及主要包括如下内容。

原始资料质控分析:包括对观测系统检查进行的炮检点位置定义及观测属性分析,和对原始资料总体特征分析进行的近地表及地震数据属性分析,质控的重点是地震记录的噪声特征及子波特征,通过单炮或道集(纯波和增益方式显示)、一维振幅谱(频谱)、二维振幅谱等图件识别噪声类型及特征,评价分析噪声类型及特征的合理性;采用自相关等方法评价子波特征分析的合理性。

基准面静校正:包括初至拾取质量检查、静校正量检查、静校正效果检查和闭合差检查,对效果进行质控点单炮、质控线剖面、共炮检距初至剖面等对比检查,评价单炮初至、反射同相轴、规则干扰的规律性、叠加剖面的信噪比及成像质量改善程度。

叠前去噪质控:包括质控点、线去噪试验及总体效果检查,采用去噪前后不同数据域的自相关、一维振幅谱、二维振幅谱、数据差等,评价每个去噪步骤的噪声压制效果,在质控点、线、面上定量统计信噪比,采用单炮、道集、剖面、属性切片、数据差等图件,

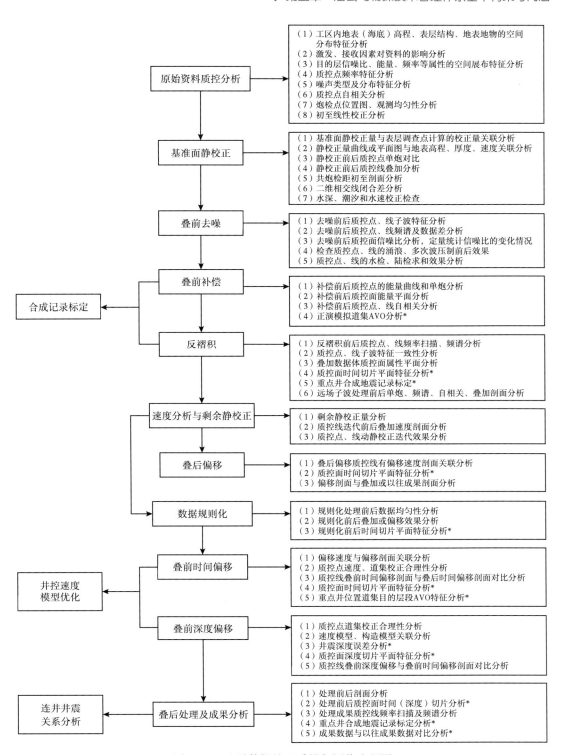

图 4.10 地震数据处理质量与评价流程图

*表示必须做

评价去噪效果。

叠前补偿质控：包括子波特征、能量和保真度检查，采用质控点自相关、能量曲线和质控面能量平面图等，评价能量均匀性、空间上子波一致性，分析实际数据与合成数据 AVO 特征的一致性，检查信号（振幅或波形）保真度。

反褶积质控：包括子波特征与频宽检查，采用质控点自相关、频率扫描、频谱分析、合成地震记录标定等方法，评价反褶积处理效果，评价频宽、能量和子波一致性，定量统计主要目的层段主频、频宽的变化，要求井旁地震道与合成记录在目的层段相关系数达到 0.8 以上。

速度分析及剩余静校正质控：主要是精度检查，利用速度谱、速度剖面、动校正前后道集、叠加剖面等图件，评价速度分析精度，处理后道集同相轴拉平，速度趋势合理。利用质控点道集、质控线叠加剖面和炮、检点剩余静校正量平面图，评价剩余静校正的效果。处理后道集同相轴光滑，叠加剖面成像聚焦、剩余静校正量收敛且小于一个处理采样间隔。

叠后偏移质控：主要是偏移速度及效果检查，利用叠加速度剖面、偏移速度扫描等图件，评价偏移速度分析精度。在质控线偏移速度剖面上检查速度变化趋势与构造变化趋势的相关性。利用质控线偏移剖面和质控面切片图件，评价偏移成像效果。处理后绕射波收敛，反射波归位，成像聚焦，构造形态合理。

数据规则化质控：主要是数据均匀性检查，利用不同炮检距、方位角的覆盖次数图，评价数据规则化前后效果。根据偏移算法对数据均匀性的要求，检查分炮检距段覆盖次数或分方位覆盖次数均匀性。利用质控点、线规则化前后道集、叠加剖面及属性切片、偏移剖面等图件，检查规则化效果。

叠前时间偏移质控：主要是速度、效果及保真度检查。利用偏移道集、速度谱、速度剖面、速度扫描等图件，评价速度分析精度，在质控线偏移速度剖面上检查速度变化趋势与构造变化趋势的相关性，且成像道集同相轴拉平。利用质控线偏移剖面和质控面切片图件，评价偏移成像效果，处理后绕射波收敛，反射波归位，成像聚焦，构造形态合理。分析实际数据与重点井合成数据 AVO 特征的一致性，处理后井旁地震道与合成记录在目的层段相关系数达到 0.8 以上。

叠前深度偏移质控：主要是速度、效果及保真度检查。利用偏移道集、剩余延迟、偏移速度剖面、各向异性参数场（可选）、测井或 VSP 速度等资料，评价速度模型精度，在质控线偏移速度剖面上检查速度变化趋势与构造变化趋势的相关性，且成像道集同相轴拉平，剩余延迟收敛。利用质控线偏移剖面和质控面切片图件，评价偏移成像效果，处理后绕射波收敛，反射波归位，成像聚焦，构造形态合理，统计标志层和目的层井震深度误差，误差控制在 2% 以内。在时间域进行实际数据与重点井合成数据 AVO/AVA 特征的一致性分析。

叠后处理及成果分析:主要是总体效果检查。在质控线、面上利用纯波剖面、切片等图件,进行信噪比检查,评价叠后去噪方法、参数时空变化的合理性,处理后无明显采集脚印、偏移画弧等。在质控线、面上利用频谱、频率扫描、合成记录、切片等图件,进行分辨率检查,评价叠后提高分辨率方法、参数时空变化的合理性,处理后应无明显空间假频,反射能量聚焦,断裂清晰,目的层反射波主频和有效频宽满足处理设计要求。

3. 地震储层预测质量控制系统

按照由中国石油标准化委员会勘探与生产专业标准化技术委员会提出并归口的《地震储层预测技术与质量控制规范》要求,在地震储层预测中需要在井震标定、构造解释、地震岩石物理分析、正演分析、地震属性分析、地震反演以及针对碎屑岩、碳酸盐岩、火山岩及非常规储层预测关键技术环节、储层预测成果开展一系列针对性的质控工作,并制定了详细的地震储层预测关键环节质控图表及评分表,指导质控定量化、科学化。

Seis-Pro. QC 系统独立于各类储层预测软件,主要包括测井基础资料、地震基础资料质控、岩石物理分析及质控、正演模拟分析及质控、地震属性分析及质控、地震反演及质控、方位各向异性分析及质控、储层参数预测及质控等八个环节(表4.1),是目前国际上相对完整的地震储层预测质控体系,实现了储层预测过程质量监控的标准化、可视化、自动化、高效化,为储层预测技术应用效果提升、客观评估预测风险提供手段。

表 4.1　储层预测质量控制与评价关键环节

关键环节	质控内容	质控标准	量化参数及图件
测井基础资料	(1)基础资料检查 (2)成果资料检查 (3)测试资料核查 (4)多井一致性检查	(1)井筒资料完备性 (2)单井数据正确性 (3)多井数据一致性 (4)储层预测分辨率分析	标准化完成率 校正完成率 一致性分布图 岩性解释图 储层可解释性
地震基础资料	(1)构造成像特征 (2)信噪比及分辨率 (3)井震标定一致性 (4)地震道集保幅性 (5)频率成分 (6)各向异性响应	(1)构造成像准确性 (2)地震数据保幅性 (3)目的层段信噪比 (4)目的层段分辨率 (5)目的层段道集分析	标定相关系数 标定时差 连井统层吻合程度 层位追踪等时性
岩石物理	(1)多参数敏感分析 (2)观测尺度分析 (3)岩心测量标定 (4)岩石物理建模 (5)曲线预测	(1)岩性、物性、烃类、脆性、TOC、裂缝、应力弹性参数敏感性 (2)岩石物理模型合理性 (3)曲线预测准确性 (4)地震尺度可预测性	弹性参数敏感度 曲线预测与实测相关 曲线预测误差交会 交会图

续表

关键环节	质控内容	质控标准	量化参数及图件
模型正演	(1)地质、岩性、断裂模型分析 (2)单井、多井模型正演分析 (3)储层反射特征分析 (4)特征属性分析 (5)反演算法评价	(1)模型设计合理性 (2)特征属性敏感性 (3)正演方法可靠性 (4)反演算法适用性	正演与工区实际资料相关分析 反演算法效果图 属性特征图
地震反演	(1)井震标定 (2)构造解释 (3)子波提取一致性分析 (4)储层建模 (5)弹性参数反演 (6)物性参数反演	(1)井震标定相关性 (2)子波提取一致性 (3)储层建模合理性 (4)反演结果可靠性	子波提取综合评分 反演过程参数 模型目的层一致性检查图 反演平面图
地震属性	(1)敏感属性分析 (2)敏感层段分析 (3)属性融合分析 (4)断裂特征分析	(1)预测结果地质合理 (2)与测井成果吻合性 (3)裂缝预测结果分析	井点属性与测井规律相似性分析图 沉积相地质图与属性图规律一致性
预测结果	(1)已知信息检验 (2)目标认识/地质规律 (3)新井检验 (4)滚动评价 (5)技术流程总结	(1)实测、生产动态信息检验 (2)预测误差与井震关系一致性	反演结果误差 伪井曲线相关系数 模版误差距离

　　测井和地震基础资料质控：包括原始曲线与环境校正后曲线与同一地震资料标定的相关系数高低，相关系数分布的收敛度、平面分布趋势以及校正前后曲线交汇图的变化，实现曲线校正质量评估，以及道集井震标定相关性、AVO 类型匹配性、实测与正演 AVO 曲线相关性的综合评价，计算正演与实测曲线误差。

　　储层预测技术应用过程质控：包括多子波波形—振幅—频率对比、多子波互相关性对比及定量优选综合评价，测井岩石物理规律与预测规律的马氏距离评价，伪井曲线与实测曲线相关性及相关性平面分布评价。与正演相关的地质/岩性/断裂模型分析、单/多井模型正演分析、储层反射特征分析、特征属性分析、反演算法评价。与反演相关的井震标定、构造解释、子波提取一致性分析、储层建模、弹性参数反演、物性参数反演等。

　　储层预测结果质控评价：主要包括已知信息检验、目标认识/地质规律认识、新井检验、后期滚动评价等。

　　地震资料采集、处理质控软件系统已与物探工程生产运行管理系统连接，可以远程浏览与监控评价结果，分析结果归档管理，供管理部门远程质控、分析和考核，实现资料处理各环节的定量监控。地震数据采集、处理、解释三个环节的质量控制全面实现信息化、定量化，大幅度节约了野外采集、资料处理环节的质控成本和时间，减少了资料评价的随意性和主观性，大幅度提高质控的科学性和准确性。

六、物探科研攻关管理

物探科研攻关管理主要由科研攻关项目过程管理对应的管理办法等构成。主要为了加强项目顶层设计管理，规范项目过程运作，确保科研攻关效果。

管理办法包括《油气勘探重点工程技术攻关项目管理办法》，规定攻关项目确立、项目执行、项目检查、成果验收等；《物探攻关项目过程跟踪管理办法》，强化物探攻关项目过程管理，中国石油勘探与生产分公司组成专家组，跟踪项目研究过程，评价项目质量，提出整改建议，提高攻关技术水平；《地震资料处理解释项目成果报告多媒体展示规定》，主要规范中期检查和成果验收中的成果展示，包括项目部署、技术设计、成果报告多媒体展示内容和方式，要求充分展示地震资料基础分析和岩石物理基础研究工作，清晰描述技术方法基本原理和应用条件，突出资料处理解释技术应用对比分析和过程质量监控及效果。

物探科研攻关管理的重点是过程管理，包括立项管理、过程控制、成果管理。其中，立项管理包括立项申请和审查，项目设立原则是"依托重点项目、推广成熟技术、攻克瓶颈技术、引领技术发展"，技术设计要求需求单位编写开题设计，并组织专家进行预审，中国石油勘探与生产分公司组织专家对科研与攻关项目开题设计进行审查，确定年度物探科研与攻关计划；过程控制包括项目招标、项目开题设计、中期检查等，对于高难度的技术攻关项目建立并行攻关机制并行攻关，由中国石油勘探与生产分公司组织专家按项目确定的点、线、面、体对科研攻关项目进行过程跟踪、阶段成果检查；成果管理主要包括成果验收和归档，物探科研项目突出技术创新点、有形化成果以及在生产中的应用效果，物探攻关项目突出工作量完成情况、考核指标完成情况、关键技术及效果、地质效果等。

根据物探科研攻关项目处理解释一体化特点，和提交圈闭评价和井位目标的要求，按照物探攻关项目管理规定，在过程管理中，针对地质需求与难点，强化关键节点一体化质控，重点把好静校正、去噪、补偿、速度建模、偏移成像、构造解释、储层预测等环节（图 4.11），力求攻关成果真实可靠。

为激励物探科研攻关，还制定了物探攻关项目验收考评办法，包括攻关管理、基础工作、关键技术、任务完成及成效等。攻关管理考核内容包括组织机构、任务交底、审查意见的落实与执行、过程控制措施等；基础工作考核内容包括实物工作量、资料收集与分析、难点与问题的把握、流程与参数的试验与对比等；关键技术考核内容包括技术流程的针对性、关键技术的针对性、技术的先进性、技术的实用性等；任务完成及成效考核内容包括量化指标完成情况，资料效果、地质效果等。

公司建设的测量与 SPS、静校正、地表高程、高精度卫星图片、表层调查、速度、地表吸收补偿、岩石物理数据八大数据库，是科研攻关项目和其他资料处理解释研究的关键支撑因素，为地震勘探部署论证、工程技术设计、野外地震资料采集、资料处理与解释以及日常管理奠定了基础，是科研攻关管理子体系中的重要组成部分。

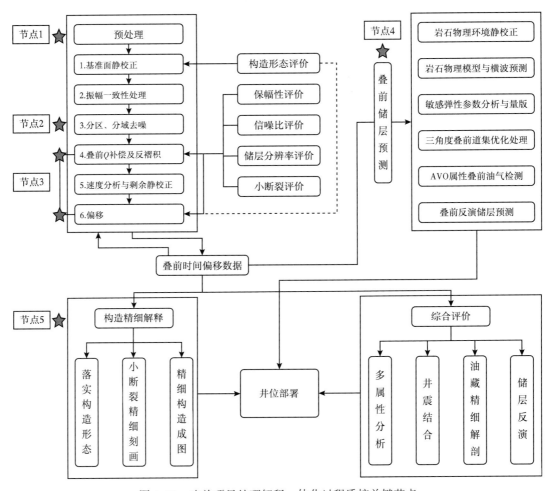

图 4.11 攻关项目处理解释一体化过程质控关键节点

七、物探技术人才培养

物探技术人才培养主要由物探复合型人才培养机制和相关管理办法、物探专项人才培养机制等构成。其中，物探专项人才培养机制包括地震资料采集新技术新方法、速度建模与成像、储层预测、岩石物理、物探监督等定期培训。

"十三五"期间，中国石油创新发展了物探复合型人才培养机制。物探复合型人才培养机制以中国石油上游业务高质量发展目标为导向，围绕油气勘探开发物探技术需求，立足各单位业务特点，以提高学员实战技能为目标，创建的中国石油勘探与生产分公司顶层设计、油气田企业人才选用、研究院组织实施的管企培三位一体的物探复合型人才协同实训培养模式（图4.12），创建了具有"理论与实操相结合、科研与生产相结合、多学科交叉相结合"三个结合、"突出基础理论与应用、突出学科综合与实践、突出思路领悟与创新、突出成果总结与精练、突出培训实效与考核"五个突出特色的包含九大培训模块的课程体系；建设了具有丰富理论基础与现场经验的内训与外训相结合的师资库；制定了以实践为导向的经验交流和考核方案；建立了人才跟踪培养的动态跟踪管理机制；是"我期望要什么样的人才，你来培养什么样的人才"的定制式专业技术人才培训模式。该模式为中国石油青年人才培养和职工再教育，探索出一条理论与实践结合、科研与生产结合、课堂培训与实操结合，旨在提高学员实战能力的新路径。

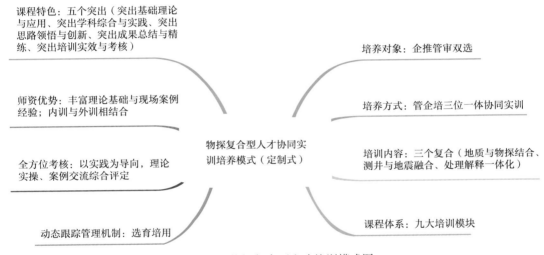

图 4.12　物探复合型人才培训模式图

　　培训管理办法包括三位一体物探复合型人才实训流程、物探复合型人才实训班方案、课程设置及教学重点大纲、教师师资库、培训过程管理办法、"选拔—培养—任用"机制、培训跟踪办法等。

　　管企培三位一体协同培养管理模式：（1）创新培训理念。转变以往知识灌输型拓展知识面的培训理念，紧紧围绕企业的生存和发展，以提高中国石油整体物探技术应用水平，支撑上游业务健康发展为目标，以提高技术人员的综合素质为核心，以补知识短板、强化实操为重点，由中国石油勘探与生产分公司顶层设计设置课程体系，针对物探技术人员地质知识欠缺，物探采集、处理、解释知识结构相对偏科的特点，强化地质基础知识、测井、钻井、储层改造等知识培训，理论与实践相结合，强化地震资料处理解释实际应用技能的培训，培训中学员带着问题与老师互动交流，通过培训解答学员在实际工作中碰到的技术难题，使培训所教所学能够在学员回到工作岗位中应用到实际科研生产当中。（2）创

129

新培训方式。根据在职职工已从学校毕业多年，在单位承担科研生产项目，基本形成了一定的思维定式和工作方式，对技术的应用形成了自己的习惯和判识等特点，遵循成人学习的普遍规律，在开班前让学员自己谈工作中存在的问题，哪些问题是困扰学员的，是学员希望学习和破解的，以解决问题为导向，从一开始就提起学员学习的兴趣，以提升学员的技术应用能力为目的，积极变革原有的培训方式，摒弃以课堂为主的"灌输式"和"一言堂"的教学方法，改进偏重基础理论知识的教学内容，让更多有实践经验的一线科研生产工作者成为主要讲师，综合运用行动学习、专题研讨、案例研究、情景模拟等教学组织方法，增加实训和实操的内容，有效提升以解决实际问题为导向的实践应用能力，实现培训模式由传统的以教师为中心的课堂讲授向以学员为中心的团队学习、合作学习的转变，进一步增强培训的吸引力和感染力。加强研讨环节，包括学员自主问题研讨、上届学员经验交流、大咖学术交流、生产中的普遍问题专题研讨等，通过探讨与交流、借鉴与批判、争鸣与交锋，使问题越辩越明，使大家思考问题、解决问题的能力得到新的提升。(3)管企培三位一体协同管理。中国石油勘探与生产分公司负责物探复合型人才培养的顶层设计、政策保障、舆论引导、监督评价、跟踪管理工作。油气田企业负责具体参训人员的选拔、任用和效果反馈工作。人的素质直接决定企事业单位的生产效益和科研成效。各油气田公司和科研院所是最为了解学员个人情况、未来发展潜力，掌握学员职业规划的机构。既是学员输出方，也是最终使用方。用人单位高效地选拔出最适合培养、最有发展潜力、最需要培训的人员。学员参加培训后，用人单位直接将学员安排到适合岗位，发挥最大效用；并根据学员表现反馈培训效果，提供管理部门和培养单位进行培训后评估。中国石油勘探开发研究院负责具体培训方案的策划设计、课程系统的建设、人才培养的组织实施和培训结果考核工作，构建了一套学科特色明显、内容覆盖全面、集行业领军人物、注重现场实践、重视过程管理的培训方案，并具体负责复合型物探人才实训班的组织实施工作。

以实践为导向的培训课程体系和考核机制：

(1)突出"复合"和实训特色的课程体系。油气地球物理是一门实践性极强的专业，工作内容涉及野外地质、数据处理、数据分析等环节，单一学科知识无法满足科研需要。按"突出地质基础模块、加深专业基础模块、拓展专业课程模块、扩大实践教学模块"的总原则，瞄准地震技术应用的"痛点"，分析理清生产科研的实际需求，通过专家审核的方式，优化完成了具有三个复合特点的九大培训模块的课程体系设计。九大培训模块按学科方向分为地质基础、采集处理、岩石物理、测井技术、地震解释、重磁电技术、综合讲座、上机操作、互动交流(表4.2)。课程内容强调针对性和实用性，注重"地质与物探结合、测井与地震融合、处理与解释一体化"三个复合以及五个突出，内容基本涵盖了与物探相关的整个勘探开发知识链，其中地质类课程占比30%，实践环节占比25%，物探专业及延伸课程占比35%，综合类讲座占比10%。同时，在保持主体结构不变的基础上，根据培养目标，每年适量调整各模块内容，增强课程的适用性。图4.13为学员野外地质实习合影。

表 4.2 培训课程设置

类别	课程名称
综合地质	石油地质综合研究
	油气时代与新能源未来
	中国陆上深层油气勘探开发理论技术进展及面临的挑战
	油气构造地质学
	石油地质学
	沉积学原理及油气勘探中的应用
	地质实习——滦平陆相碎屑岩沉积地质剖面
	地质实习——蓟县碳酸盐岩沉积地质剖面
前沿及采集	国外物探前沿技术
	地震资料采集关键技术参数及对资料影响
资料处理	地震资料全频保幅处理技术及应用
	复杂构造地震资料处理关键技术
	速度建模及偏移成像技术
	地震资料处理质量控制软件应用
岩石物理与测井	地震岩石物理分析技术在储层预测中的应用
	岩石物理数据库及应用
	测井技术及在储层识别中的应用
	测井资料解释与油气识别技术应用
地震解释	三维地震资料构造解释技术应用及标准宣贯
	碎屑岩储层与流体预测技术应用及储层预测质控
	碳酸盐岩储层与流体预测技术应用
	地震沉积学及研究方法
井筒技术	井筒技术综述
	井中地震技术及应用
	储层改造技术
油藏地球物理	油气田开发地震地质需求
	油藏地球物理技术发展与在碳酸盐岩气藏应用实例
	油藏地球物理技术发展与在碎屑岩应用实例
综合	重磁电资料在油气勘探中的应用
	储量评估知识及物探技术作用
	人工智能技术在地震资料解释中的应用
	上届优秀学员经验交流
	我国油气勘探现状、挑战及勘探需求
	中国石油物探技术现状及需求

类别	课程名称
上机操作	GeoEast 软件构造解释、资料处理
	主流特色软件
	iPreSeis 速度建模、岩石物理及储层反演
综合测评	学员工作经验分享（答辩）
	笔试

图 4.13　学员野外地质实习合影

（2）具有丰富理论基础与现场案例经验的师资库。根据培训项目要求，从全国遴选具有丰富的现场实践经验和深厚理论造诣的学科带头人，组建了一支高水平的师资队伍。地质基础课程主要由中国石油勘探开发研究院专家授课，油气地球物理专业课程主要由东方物探、中国石油勘探开发研究院及高校专家授课，综合讲座课程由中国石油和各油气田公司领导授课，软件操作主要由国际主流软件公司授课。项目按学科建立了教师信息库，记录教学情况和课程档案。培训过程中，授课专家根据学员专业特点和技术需求，专门为实训班编写了偏重现场案例解析、疑难问题答疑的理论和实践有机结合的特色培训讲义。一是突出学员主体性，遵从认知规律，以研究难点和热点为引子，按照问题背景—研究目标—基础理论—关键问题—实践案例—反思和建议的逻辑顺序展开，结构体系循序渐进，给学员整体清晰的全景图后逐渐深入，全面了解理论原理和掌握实践关键环节。二是注重系列课程之间的衔接，充分考虑各学科内容在课程体系中的地位和作用，注重相关度较高的专业知识点的整合扩展。三是完善教材评价体系，定期对讲义内容进行审核。不间断跟踪学科发展和现场进展，引入研究热点、现场攻关案例、最新成果，及时修订讲义内容，始终保持讲义贴近前沿和现场。

（3）在岗员工再教育的考核管理办法。物探复合型人才培训项目的一大特色是创新性实践教学模式，除常规的地质考察、软件操作、课堂研讨等形式外，培训期间特别重视交流平台的搭建，充分开阔学员研究思路，锻炼学员及时反应和总结能力，促进学员综合素质全面提升。具体包括组织参训学员开展各探区热点、难点及疑问的研讨会，邀请往届优秀学员分享学习心得体会，介绍学习方法，重点课程随堂总结，训练学员快速反应能力和成果精练能力，组织限时汇报，提升学员表达能力，组织参加各种国内外会议和展览，进一步开阔了眼界，了解了国内外地球物理新方法技术现状和发展趋势。"选拔—培养—任用"闭环管理体系。中国石油勘探与生产分公司根据中国石油人才需求和业务发展，做好人才队伍短中长期建设的顶层设计，提出人才培训对象选拔的标准；各油气田公司负责选派具有发展潜力的技术骨干参训并由中国石油勘探与生产分公司审核把关；中国石油勘探开发研究院对标培养目标，设计并实施培训方案。中国石油勘探与生产分公司建立受训人才档案，对人才培训后的发展进行跟踪管理。通过有力的组织保障，做好人才选育工作，促进各类资源深度融合，保证人才培养有序运行，促使人才素质在循环积累中不断提高，促进企业不断发展。建立学员档案，定期跟踪学员发展情况。各油气田公司重视优秀学员的未来成长规划，助其承担更加重要的科研生产工作，强化"一线历练"、坚持岗位培养；通过物探技术攻关、GeoEast软件应用大赛、技能比武、青年人才技术论坛、"青年十大科技进展"评比等活动，搭建展示平台，让专业能力强、综合素质高的优秀青年人才"浮出水面"。中国石油建立各专业人才库，将各油气田公司的骨干人才纳入专家库，充分发挥他们的专业引领优势，同时采取多种措施有序培育打造各专业"领军人才"，引领示范技术创新，推动公司跨越发展，实现高素质人才队伍总量提升、结构优化、素质升级。

第五章　中国石油物探技术
管理体系的作用与成效

在物探技术管理体系指导下，物探技术不断取得新进展，用新的技术手段解决复杂油气勘探地质难题，严控质量关，为中国石油实施的储量增长高峰期工程、二次开发工程、天然气大发展工程、海外业务大发展工程"四大工程"顺利实施提供了坚实的技术保障。物探技术的每一次新突破、新进展，都带动了高陡构造、碳酸盐岩、低渗透、致密油气、火成岩、岩性、潜山等七个领域一批新油气田的发现，并由此产生新的储量增长高峰，确保了连续 11 年来探明石油储量持续保持在 6 亿吨以上，探明天然气储量持续保持在 4000 亿立方米以上，有效支撑了主营业务的快速发展。

第一节　基本理顺物探技术管理机制

中国石油物探业务重组以后，物探力量分为以油田和研究院为主的油公司物探力量和以东方物探为主的服务公司物探力量。主要物探力量在服务公司（约占 92%），拥有强大的地震资料采集处理能力；油公司物探力量约占 8%，地震数据处理力量主要承担本探区处理技术把关和攻关，地震资料解释力量主要承担目标和井位研究，支撑油气增储上产；研究院所物探力量主要承担共性技术研究、前沿技术攻关，重点难点地区技术攻关和技术支持等工作。

中国石油的国企性质和重组时的市场关联约定，决定了中国石油物探技术管理必须坚持油公司与服务公司一体化发展理念。在油公司和服务公司物探力量对比悬殊，而油公司必须对服务公司物探技术发展与应用进行一体化管理的情况下，简单的甲方管理模式不适应中国石油物探技术管理，必须建立一体化的物探技术管理体系。根据国企特点和油公司物探技术发展需要，参考国际石油公司物探管理模式，强化油公司业务需求驱动的顶层设计，从油公司和服务公司物探业务管理入手，抓好技术发展规划、标准体系、质量控制体系、信息化管理、科研攻关管理、人才管理等工作。

一、实现油公司物探业务归口管理

油公司物探业务按照两个层次分类、分级、全流程实行统一归口管理。各油气田公司明确了物探业务统一或牵头管理部门，负责本企业油气勘探开发相关物探业务管理，形成了中国石油勘探与生产分公司统筹协调、各油气田企业和服务公司落实实施、勘探院技术支撑的机制(图 5.1)。

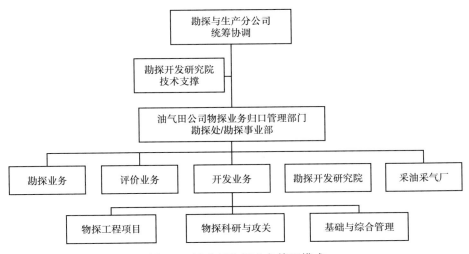

图 5.1　油公司物探业务管理模式

中国石油勘探与生产分公司是股份公司国内物探业务归口管理部门，物探技术管理处为业务牵头管理处室，负责组织、协调、检查、指导国内油气田企业和中国石油勘探开发研究院的物探业务管理工作，其职责是：

(1)组织贯彻执行国家、集团（股份）公司有关政策法规和规章制度，组织制定公司内部有关物探专业管理的规章制度；

(2)组织制定公司内部物探技术管理办法、企业技术标准，组织宣贯、实施并检查落实；

(3)组织编制公司内物探业务中长期技术发展和物探工程技术攻关规划(指导意见)，指导各油气田公司制定本探区物探技术发展应用政策和工程部署规划；

(4)组织年度物探工程部署实施方案的技术审查和重点、难点地区物探工程项目、资料处理与解释项目的技术设计审查，动态跟踪及后评估工作；

(5)组织年度物探科研与攻关项目的设计立项、开题审查、阶段检查和成果验收，通过全过程跟踪评价攻关效果；

(6)组织适用技术的全面推广应用和新技术、新方法、新装备、新软件的先导试验；负责国产物探技术、装备、软件的评价与推广应用；

(7)跟踪国内外物探技术发展方向，组织专题物探技术交流、国内外物探技术合作以及公司内部物探人才培训；

(8)负责物探专业监督归口管理，组织物探监督业务培训；

(9)负责物探信息管理工作。

各油气田公司负责本企业油气勘探开发过程中的物探业务管理，组织实施物探工程项目，其职责是：

（1）负责贯彻执行国家、集团（股份）公司有关物探管理政策法规和规章制度，建立健全本企业物探技术管理体系；

（2）负责组织制定本企业物探技术中长期发展规划；制定物探业务管理实施细则、规章制度和技术规范；

（3）负责物探资料采集、处理与解释等工程项目的部署研究、项目立项、过程控制、成果验收与后评估等技术管理工作；组织物探工程质量、安全、环保的监督与评价；

（4）负责组织本企业物探科研与攻关项目的立项、实施、检查及验收；

（5）负责组织物探工程新技术、新方法、新工艺、新设备的现场实验及推广应用与后评估；

（6）负责组织物探关键设备、软件及平台的建设论证和评估等；

（7）负责组织物探技术交流、技术培训和专业技术人才培养等；

（8）负责组织物探工程队伍的准入、招投标、业绩考核等工作；

（9）负责物探工程技术监督的聘任、考核及管理；

（10）负责物探基础数据管理、生产动态信息管理等工作。

中国石油勘探开发研究院负责物探技术的攻关及管理支撑工作，其职责是：

（1）为物探技术决策提供技术支撑；

（2）开展物探技术基础研究、特色技术研发和重点探区关键物探技术攻关与应用；

（3）开展物探新技术跟踪、调研、优选与评价工作；

（4）协助中国石油勘探与生产分公司开展重点物探工程项目的技术支持和应用效果后评估工作；

（5）协助中国石油勘探与生产分公司开展物探数据和信息管理工作；

（6）协助中国石油勘探与生产分公司组织物探技术交流及专业人才培训。

二、实现油公司与服务公司物探业务一体化管理

科学规划并合理地组织油公司和服务公司物探技术能力，做到最科学、最有效地完成物探技术管理任务。从"总体性"视角出发，通盘筹划，形成油公司和服务公司整体物探技术优势，将现有物探技术有效整合，从总体性角度把握物探技术管理工作，提高物探技术的适应性，对现有各种物探技术进行有效调节，使之有节奏地运转起来，提高物探技术整体应用水平。

油公司的物探技术管理是在中国石油统一的技术方针和技术目标指导下，油公司和服务公司物探业务一体化管理，为提高物探技术服务能力，对物探技术实行统一的计划、组织、领导、协调、控制等。具体体现在油公司和服务公司共同开展资料品质评价和规划部

署研究、物探工程技术设计等，为油气勘探开发目标，针对关键技术问题共同攻关，形成了油公司和服务公司有机统一的中国石油一体化物探力量（图5.2）。

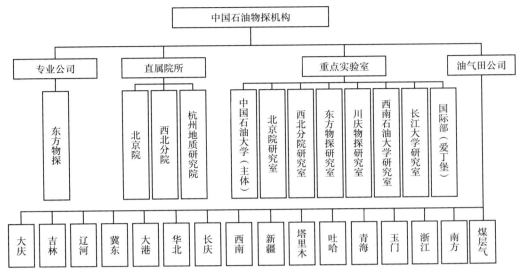

图 5.2 油公司服务公司一体化管理模式

东方物探以"建设具有较强国际竞争力的技术服务公司"为目标，发挥中国石油国内外找油找气勘探先锋部队的作用，立足国内、发展国际、立足陆上、发展海上，开展国内外陆地、海上地震勘探及综合物化探采集、处理、解释、油藏地球物理以及与地球物理（化学）勘探有关的技术及装备研发、产品研制、技术引进与产品销售等业务。东方物探总部机关设 14 个职能处室、5 个附属机构和 2 个直属机构，下设 23 个二级单位、1 个全资子公司和 1 个控股合资公司，形成了完整的业务链条（图5.3）。在技术研发方面，以"战略导向"和"市场导向"，关注公司长远发展，集中有限资金解决"瓶颈"技术难题，以

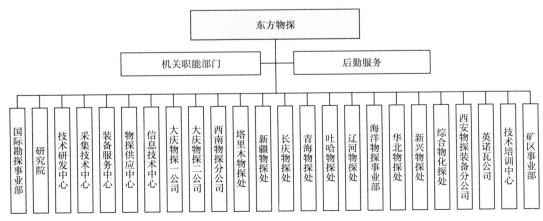

图 5.3 服务公司物探业务管理模式

创造和保持持续的竞争优势；在技术应用方面，以"问题导向""生产导向"，负责解决公司实际生产经营中的应用性技术问题和个性化需求，加强新技术推广应用，增强现场解决问题的能力，在油公司重大发现中的参与率超过80%，成为中国石油最主要的物探力量，实现了油公司和服务公司物探技术共同发展。

第二节　促进物探技术管理转型

物探技术管理体系明确了物探技术管理模式，理顺了物探技术与管理的逻辑关系，构建一个集公司管理部门、油公司、中国石油勘探开发研究院一体化物探技术管理现代化体系，提升了综合治理能力，使物探技术管理逐层、逐级提升，促进了物探技术与管理及综合治理的和谐健康可持续发展。

一、推进物探技术绿色发展

（1）建立"禁采期"制度。按照最佳施工季节组织施工，一方面提高了野外施工安全性，降低安全风险，另一方面确保了野外数据质量。北方地区整体冬季寒冷，在零下20摄氏度以下的寒冷环境中野外人员健康得不到保障；另外，因地表上冻检波器耦合不佳接收条件差，同时钻井困难、可控震源与地面耦合条件不佳，影响能量下传，因此激发条件也差。在北方地区原则上将12月至次年3月设定为禁采期；南方地区夏天雨季洪水较多，施工困难，极易造成设备损失和人员安全事故，原则上将6—8月设定为禁采期。

（2）开发质控软件，实现了对野外地震资料采集、室内资料处理无纸化办公，既节省了大量绘图仪、绘图纸，推动了无纸化办公，又因质控人员在计算机上通过统一的软件开展分析评价质控工作，所以避免了人工质控受经验和个人因素影响的问题，提高了质控的科学性和统一性。

（3）推广无人机、单点采集、可控震源采集等新技术。一方面大幅减轻了野外劳动强度，减少了施工过程对野外环境的伤害；另一方面提高了数据的保真度，获得无污染或较小污染的绿色数据，为提高分辨率处理和保幅处理奠定了基础。

二、提升物探技术管理水平

（1）建立物探技术管理体系，实施量化质量控制，建立了地震资料采集、地震数据处理、地震资料解释和储层预测的质量管理规范，规范了质量评价标准，使物探技术规范化、科学化水平大幅度提高。

（2）推广信息化管理，以互联网、软件平台等科技为手段，为物探技术管理者提供了高效、便捷的服务，使管理效率更高、质量更好。

（3）建立管理流程，以业务流程管理为核心，让技术管理简洁化、柔性化。推进扁平化管理，突破部门职能分工界限，即按照企业特定目标和任务，把全部业务流程当作整体，将有关部门的管理职能进行集成和组合，强调全流程质量效益表现，取代个别部门或个别环节的绩效，实现全过程、连续性管理。实行业务流程的"顺序服从"关系，讲求的是流程上下环节的服从，流程内的互相合作和配合，流程各环节从以往对上级负责转换为追求下一流程环节的满意。

（4）搭建创新管理链条。创新管理的重点是搭建创新链，从创意到形成市场价值的全过程，既包括研发链，也包括"产业链"和"市场链"。这三条链形成一个有机的系统，可称为"创新链"。根据生产需求部署物探科研和攻关项目，形成可推广的技术产品（软件、流程），在同类生产项目中推广应用。创新管理将创新链纳入管理范畴，在拓展科技发挥作用空间的同时，也契合了当今时代发展的要求。

第三节　支撑油气勘探降本增效

按照物探技术管理体系要求，在物探技术应用中加强物探工程项目过程管理，实现优质、安全、绿色生产，持续开展技术攻关与创新，提升技术创新驱动能力，强化资料处理解释，实现物探资产保值增值，大力推进油藏地球物理技术应用，提高油藏描述精度，夯实工作基础，努力提升地震资料品质，控制作业成本，助推高效勘探、低成本开发和天然气业务快速发展。

一、源头控制，优化地震资料采集设计，夯实资料基础

地震勘探技术是当前石油物探工作的主体技术，地震资料采集又是地震勘探工作的基础部分，年度投资额度占物探投资总额的近80%。中国石油勘探与生产分公司每年组织专家对年度重点三维地震资料采集项目设计方案进行审查优化，以地质需求为导向，经济适用为原则，推广低频可控震源、单点接收、精细地表调查、VSP、无人机航拍等先进技术，确保地震采集资料能够较好解决油气勘探生产中的问题。目前，可控震源利用率二维59%、三维48%，综合效率平均提高30%以上；高灵敏单点检波器接收利用率二维34%、三维71%，接收环节提升效率一倍以上。在地震资料采集施工过程中，推行智能化、信息化质控，提高效率节约成本，严格落实"禁采期"制度，确保生产安全高效。

围绕不同领域目标地质难点和瓶颈问题，严把地震勘探源头技术关，强化技术针对性，对重点难点预探项目、评价项目和开发项目三维地震资料采集技术设计进行审查，以经济适用和立体勘探为原则，优选技术、优化参数。大力推广"两宽一高"、单点高密度等高精度三维地震勘探技术，接收道数由"十一五"的平均5千道左右提高到1万多道，最高4万道；面元由25米×25米缩小到20米×20米、12.5米×12.5米，最小达到5米×5米；覆盖次数由120次左右提高到200次左右，最高1152次；横纵比由0.4左右提高到0.8左右，最高为1；炮道密度由20万~40万道/千米^{2}提高到60万~100万道/千米^2，最

高达到 1152 万道/千米^2。大力推广自主研发的拓低频可控震源激发技术，地震资料频带从 8~58 赫兹拓宽到 3~64 赫兹。通过拓宽观测方位、接收频宽、增加覆盖密度等技术措施，有效地提高地震纵横向分辨率和保真度，增强了对小尺度构造和储集体空间变化的识别能力。使对东部储层纵向分辨能力从 8~10 米提高到 5~8 米，横向分辨能力从 80 米左右提高到 20 米左右，储层预测符合率从 65% 左右提高到 80% 以上，流体预测符合率从 60% 左右提高到 70% 以上；对西部储层纵向分辨能力从 15~20 米提高到 10~15 米，横向分辨能力从 100 米左右提高到 50 米左右，为构造、岩性、缝洞型储层、致密储层、非常规、深层、海洋等目标的油气勘探和油藏描述提供了技术支撑。

1. 复杂地表复杂构造地震资料采集技术策略

复杂地表复杂构造是石油天然气储量增长的重要领域，其中的探明天然气占中国石油新增天然气储量的 24.4%。该领域勘探面临地表复杂、地下复杂两大难点。地表通常为高差达 2000 米以上的高大山体，地下为逆掩构造、盐下构造等复杂构造，且断裂发育，地下地质构造准确成像难度非常大。针对该领域地质难点，重点采用高密度地震采集技术提高资料信噪比，增强复杂构造识别能力，精确落实构造形态及断裂展布；采用震检组合压噪技术增强中深层反射能量，压制环境干扰，提高地震资料信噪比。

复杂地表复杂构造地震资料采集技术优选策略在柴达木盆地英雄岭地区、塔里木盆地库车山前带、准噶尔盆地南缘、川西北山前带、川东高陡构造带等复杂山地高陡构造地区推广应用，为一批复杂构造落实奠定了基础，开创了复杂山地三维地震勘探的新局面。

中秋 2 三维地震工区位于塔里木库车前陆盆地（图 5.4），部署此三维地震资料采集的

图 5.4 塔里木盆地中秋 2 井区三维地震部署图

主要目的是确保主构造区（山体区）浅、深层构造信噪比，提高复杂构造模式的成像效果及断裂刻画精度。

为此，在地震资料采集设计过程中主要采用三项关键技术：高覆盖次数提高了资料信噪比，为精细速度分析和断块刻画奠定基础；缩小接收线距提高了中浅层覆盖次数及面元均匀性；拓宽观测方位、加大炮检距有利于建立高精度速度场进而满足复杂构造偏移成像要求。

地震资料采集技术方案审查过程中，针对复杂构造地质目标准确成像需求，通过增加线束、道数、覆盖次数等适度强化采集参数，确保主构造区信噪比，提高成像精度（表5.1）。

表 5.1 中秋 2 井区地震资料采集设计方案与审定方案对比

参数	设计方案	审定方案
观测系统	28 线 3 炮 684 道	30 线 3 炮 720 道
面元尺寸（米×米）	10×30	10×30
覆盖次数	14×19＝266	15×20＝300
检波线距（米）	180	180
炮线距（米）	360	360
排列总道数	19152	21600
纵向最大炮检距（米）	6830	7190
最大非纵距（米）	2490	2670
最大偏移距（米）	7269.7	7669.75
横纵比	0.36	0.37
炮道密度（万道）	88.67	100
总炮数	13635	13635

在柴达木盆地开特米里克三维地震资料采集方案设计时，考虑到该项目针对复杂构造、深层腹部弱反射准确成像难题，采用两项关键技术。一是高密度采集，提高资料信噪比，增强复杂构造识别能力，精确落实构造形态及断裂展布；二是震检组合压噪：增强中深层反射能量，压制环境干扰，提高资料信噪比。基于这三项关键技术，地震资料效果得到明显改善（图5.5）。

2. 沙漠戈壁复杂岩性地震资料采集技术策略

我国中西部广大地区被沙漠戈壁所覆盖，地下分布有碳酸盐岩、碎屑岩、火山岩等多种岩性地层，这些地质体空间展布非均质性强、岩相变化快，精细刻画难度大。针对上述难点，优选宽频激发地震资料采集技术提高资料分辨率，增强复杂岩性横向识别能力，落实储层横向展布；优选单点接收技术增强信号保真度，提高去噪、静校正精度，提高地震资料分辨率。

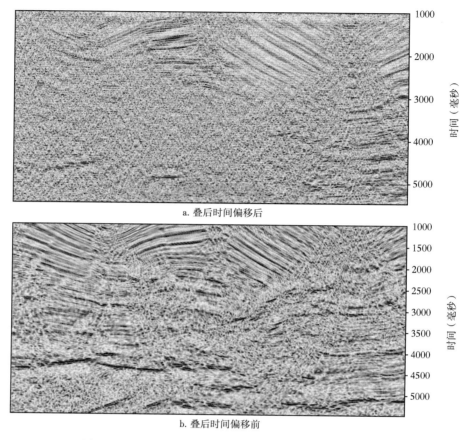

a. 叠后时间偏移后

b. 叠后时间偏移前

图5.5 开特米里克地区新(b)老(a)三维地震勘探对比图

沙漠戈壁复杂岩性地震资料采集技术优选策略在塔里木盆地塔北、塔中地区，准噶尔盆地玛湖地区，华北巴彦河套探区等沙漠戈壁地区推广应用，为复杂岩性地质体准确描述提供技术保障，为玛湖凹陷10亿吨级砾岩油区大发现、河套探区吉兰泰潜山历史性突破提供支撑。

芳10井区三维地震勘探项目的地质任务是落实白垩系、侏罗系主要目的层系断裂展布规律和构造形态，研究油气成藏规律，落实头屯河组沉积特征和规律，落实清水河组滩坝砂体的分布。地震资料采集设计过程中，减小采集面元、增大炮检距设计，提高构造成像精度(表5.2)。

表5.2 芳10井区三维地震资料采集设计方案优化对比

参数	油田建议方案	审查确定方案
观测方式	56L3S528R 正交	24L2 * 8S560R 双边正交
覆盖次数	44 纵×28 横	35 纵×24 横
接收道数	29568	13440

续表

参数	油田建议方案	审查确定方案
面元（米×米）	12.5×25	12.5×12.5
接收线距（米）	150	200
炮线距（米）	150	200
滚动线距（米）	150	200
纵向最大炮检距（米）	6587.5	6987.5
横纵比	0.63	0.69

巴彦河套吉兰泰三维地震资料采集的地质任务是落实潜山形态、预测潜山内幕裂缝发育情况；落实狼山断层下降盘古近系—白垩系构造形态及内部地层接触关系，开展沉积相带划分和有利储层预测。

地震资料采集设计过程中，针对潜山、洼槽两类不同勘探目标，兼顾经济与技术需求，整体部署，分区块设计（表5.3）。

表5.3　吉兰泰三维地震资料采集设计方案优化对比

参数	油田建议方案		审查确定方案	
	断裂下降盘	潜山	断裂下降盘	潜山
观测方式	40L3S300R 正交	40L3S120R 正交	44L4S200R 正交	44L2S100R 正交
接收道数	12000	4800	8800	4400
面元（米×米）	12.5×25	12.5×12.5	20×20	20×20
覆盖次数	30 纵×20 横	20 纵×20 横	25 纵×22 横	25 纵×22 横
接收线距（米）	150	75	160	80
滚动线距（米）	150	75	160	80
最大炮检距（米）	3737.5（纵），4777	1487.5（纵），2104	3980（纵），5300	1980（纵），2635
炮线距（米）	125	75	160	80
炮密度	160	533	156	312
横纵比	0.8	1	0.88	0.88

3. 复杂巨厚黄土区地震资料采集技术策略

塔西南地区是塔里木油田重要油气资源区和勘探重要接替区，山前带地表被巨厚黄土覆盖，主要面临问题包括地表干燥疏松吸收衰减严重，近地表结构和速度变化剧烈、噪声类型多信噪比极低，地下断裂发育构造复杂，从而造成该区地下地质目标成像困难。针对上述难点，探索精细表层建模技术、复杂地表正演分析技术，为复杂巨厚黄土区复杂构造准确成像提供技术储备。

精细表层建模技术采用微测井成果建模，在戈壁和黄土交界段采用超深微测井控制，综合利用双井微测井和 STP 层析资料，获得近地表的 Q 模型，结合地震资料获得深层 Q

模型，形成完整 Q 模型，解决复杂地表吸收衰减问题。

复杂地表正演分析技术提取野外 SPS 数据测线坐标恢复近地表形态，通过地表露头调查、微测井、黄土山速度调查、非地震速度调查建立近地表三维地质模型，通过对黄土层起伏地表的弹性波和黏弹性波波动方程正演模拟，了解直达波、面波、导波、折射波、反射波等不同种类的波（或噪声）在炮集上的分布规律，提出有效压制黄土山区噪声的方法。

柯东断裂带通过开展大量的地震勘探攻关，发现了柯东断裂带油气藏，落实了含油气区带，明确了勘探方向，同时也认识到了该区的复杂性。为了落实柯克亚—柯东大型鼻状构造形态及圈闭规模，2019 年股份公司和中国石油塔里木油田分公司在柯东 5 工区部署了本次三维地震勘探采集任务。

柯东 5 工区地势整体上南高北低，施工区域内海拔高程在 1760~2760 米之间。工区地表主要包括黄土山体、戈壁草场（含冲沟）、农田村庄三种类型。其中激发范围内，黄土山体占比 39.41%、戈壁草场（含冲沟）占比 54.94%、农田村庄占比 5.65%。接收范围内，黄土山体占比 34.26%、戈壁草场（含冲沟）占比 60.37%、农田村庄占比 5.37%。南部黄土山区起伏较大，尤其是冲沟区落差大，最大超过 600m，其余区域相对平缓。工区地表以近南北走向条带状分布的黄土山体以及戈壁为主，农田村庄区主要分布在工区东北部，河道区占比较小且为季节性河流（图 5.6）。

a. 戈壁草场　　　　　　　　　　b. 农田村庄　　　　　　　　　　c. 黄土山体

图 5.6　柯东 5 工区地貌典型照片

柯东 5 工区共完成 97 口井的常规微测井，其中 1 口井微测井验证点，并在厚黄土区域完成 4 口井超深微测井（吸收衰减同点），共计 101 口井经过室内评价分析全部合格；工区借用 334 口以往微测井资料，并在微测井施工中进行了同点验证，厚度误差为 0.5 米符合技术要求，老微测井资料可以直接使用（图 5.7）。同时工区内共完成 4 个吸收衰减调查点，南北层析线布设 1 个点，东西层析线布设 2 个点，以及在工区南部厚黄土区布设1 个点。

通过柯东 5 工区精细调查表层结构的数据计算，结合对以往工区范围内表层调查成果数据的分析，建立了本工区高精度的表层结构低降速厚度和速度模型，结合初至拾取层析方法计算静校正量。

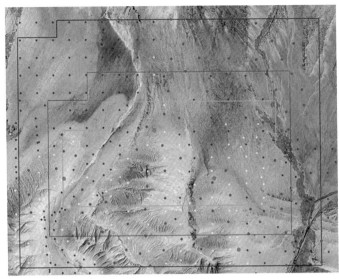

以往未出高速微测井
以往出高速微测井
新做微测井
超深微测井（吸收衰减）
验证点
加密点

图 5.7　柯东 5 工区三维表层调查点完成分布图

4. 地层岩性薄储层区地震资料采集技术策略

东部地区为油气勘探成熟探区，当前仍是中国石油油气勘探的主战场之一。随着勘探程度的不断提高，当前主要勘探对象为薄储层、致密油气。该类地质目标刻画主要以提高分辨率为主，重点推广单点接收地震资料采集技术、宽频激发地震资料采集技术。

单点接收地震资料采集技术以单点宽频、高灵敏度模拟检波器和数字（含三分量）检波器为基础，在适当的炮道密度情况下，在野外对信号和噪声实行"宽进宽出"充分采样，避免采集过程中因组合压制噪声而使反射信息受到伤害，既保持了反射信号真实性和丰富性，又避免了野外组合时差对高频的影响，提高分辨率。该项技术已在中国石油大范围推广，结合"双高"地震数据处理技术，地震资料层间信息丰富，小层和小断层识别能力大幅度提高。

地层岩性薄储层地震资料采集技术优选策略在大庆长垣油田、大港油田等探区规模应用取得良好效果，为大庆油田年产 4000 万吨稳产、大港油田年产 500 万吨上产提供技术保障。

在辽河油田青龙台三维地震资料采集过程中，为了进一步提升可控震源应用性，保障绿色勘探，实现高效采集，降低投资成本，采用了单点接收+高精度可控震源+高密度地震采集技术，炮道密度达到 660 万道/千米^2，震源扫描频率首次规模应用达到 2 ~ 130 赫兹（图 5.8），同时还采用了 DS-10H 单点高精度检波器，从而取得了较好效果。

在杨税务—泗村店工区三维地震勘探施工过程中，针对廊坊、武清复杂城区，为减免有线排列绕道、摆放困难等，采用"单点接收+单井激发+可控震源+节点与有线联合"地震采集技术，在城区内采用无线节点接收，城区外采用 G3i 有线接收，解决城区布线困难的问题（图 5.9）。

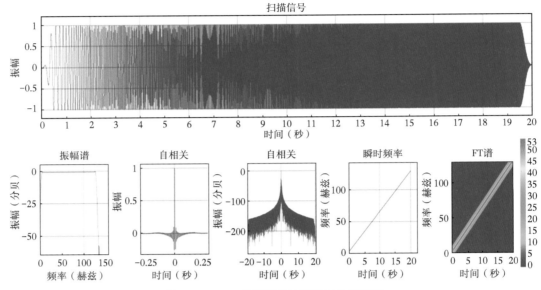

图 5.8　EV56 高精度可控震源扫描频率图

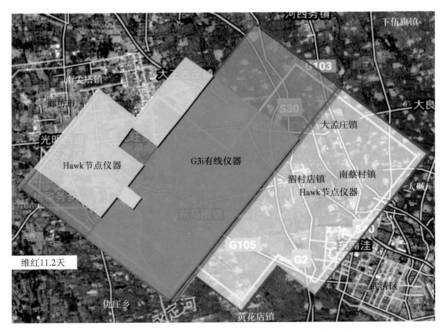

图 5.9　杨税务—泗村店工区三维地震资料采集仪器布置图

二、注重过程，智能化与信息化质控，确保资料品质

强化地震资料采集工程项目过程控制，跟踪地震资料采集项目实施，推广过程质控信息化，推广"地震采集数据质量实时分析与自动评价系统"，提高效率，节约监控成本。

推广野外监控智能化，采用视频等方式监控放线、钻井等工序，自证清白。依据地质任务要求，进行全要素监控，提高质量控制的全面性，结合构造特点分区建立标准炮，避免人为评价误差，提高过程控制的科学性，提高监控效率。与传统人工评价方式相比，既实现了无纸化办公，降低了野外作业成本，又提高了控制质量和实时性。近年来，平均每个三维地震资料采集项目可节约绘图仪及热敏绘图纸及质控成本 100 万元左右，每年可节约施工成本近 3000 万元，约为工程总费用的 0.6%，采集质控效率提高 8 倍以上。制定并严格落实"禁采期"制度，根据不同探区气候和地形地貌特点，制定安全生产时间窗口，确保生产安全。强化地震数据处理解释过程量化质量控制，从开题、运行、验收、后评估等全流程专人专项跟踪指导。

地震数据采集、处理、解释三个环节的质量控制工作已全面实现信息化，即可实现量化质控，又极大地提高了无纸化办公水平，大幅度节约了野外地震资料采集、资料处理环节的质控成本和时间，减少了资料评价环节的随意性和主观性，大幅度提高了质控的科学性和客观性，形成了信息化、智能化地震勘探质控管理新模式。

同时在地震资料采集实施过程中，重点推广基于卫片矢量设计、无人机辅助布线等新技术，提高设计精度，减小劳动强度，优选环保设备，实现绿色生产。

地震资料采集实施过程中，全面推广处理质量监控与评价软件。在中国石油 16 家油气田公司、中国石油勘探开发研究院、东方物探（含川庆物探）全面推广 Seis-Pro. QC 系统（图 5.10），完成软件安装和培训推广工作，实现自动、定量质量监控与资料评价，确保最终成果保真、保幅、无纸化、环保、节约成本。同时，完成配套《地震数据处理质量分析与评价规范》的起草，于 2017 年 1 月 1 日颁布实施。

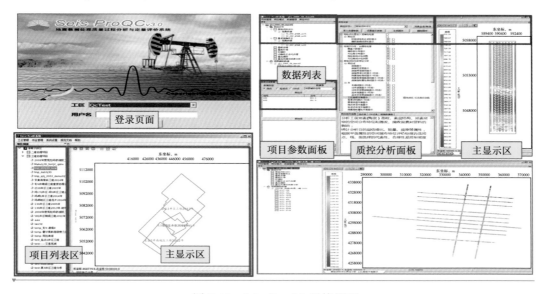

图 5.10　Seis-Pro. QC 系统界面

同时，近年来在物探技术管理中加强了地震处理过程管理，在16家油气田、中国石油勘探开发研究院、东方物探推广应用了地震资料处理质量控制软件，从静校正、去噪、振幅补偿、反褶积、速度分析、剩余静校正、叠后偏移、规则化、叠前时间偏移、叠前深度偏移等关键环节入手，实现质量监控与资料评价（图5.11）。

图5.11　地震资料处理质控软件流程图

2019年"储层预测质量分析与评价系统1.0"基本结构已开发完成，目前正处于测试完善阶段。

三、深入挖潜，以先进技术提高精度，支撑目标评价

利用新的地震资料处理解释技术，强化老资料处理解释，挖掘老资料潜力，推广应用地震资料处理质量控制软件，强化过程量化考核，推广应用GeoEast软件。计算速度由每秒百万次提高到每秒万亿次，处理数据量由千兆级提升到百万兆级，处理速度提高4倍以上，偏移方法实现由时间到深度、由射线到波动、由单程到双程的跨越。处理频带从8~60赫兹拓宽到6~70赫兹，复杂波场、复杂构造成像精度大幅度提升。发展应用层序地层学、岩石物理和叠前储层预测技术，提高构造解释、储层预测及油气检测的精度。利用三维可视化、虚拟现实技术和快速自动解释技术，进一步提高了地震解释效率和成果展示效果。应用多学科协调工作平台，加强地震与地质、钻井以及油藏的结合，提高了综合解释和目标评价的可靠性。

物探技术的进步，使勘探精度大幅度提高，在库车地区，构造落实精度不断提高，目的层深度预测误差由6.4%降低到2.3%以内，探井成功率由60%上升到80%，有效支撑了万亿立方米大气区的落实；在大川中地区，地震预测钻井深度误差小于1‰，探井成功率上升到80%以上，有效支撑川中古隆起超大型天然气田整体探明；玛湖地区岩性预测精度大幅度提高，为发现10亿吨级砂砾岩油气藏奠定了扎实的资料基础。

在四川盆地龙岗 8 井区三维老资料处理过程中，按照"双高"处理要求，重新梳理处理流程，突出低频保护、横向分辨率保持和一体化质控，采用微测井约束层析静校正、分类分域叠前去噪、Q 补偿等关键技术，频宽由 9~55 赫兹提高到 6~61 赫兹，新处理资料波组特征清楚、横向变化明显（图 5.12），为精细解释礁滩体奠定资料基础。

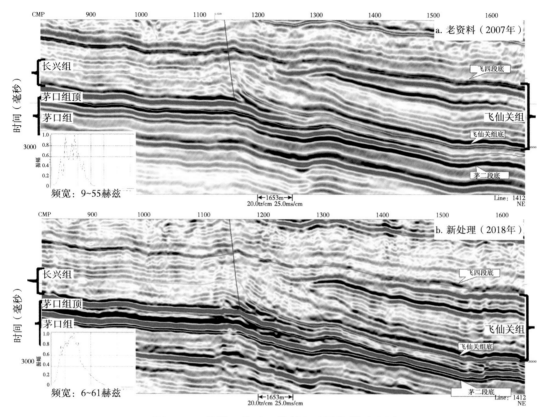

图 5.12　龙岗 8 井区三维新老地震资料对比图

第四节　推动物探技术持续稳健发展

面向各油气田勘探开发中遇到的瓶颈技术难题，连续 13 年设立了物探技术攻关专项资金，共设立攻关项目 163 个，在高陡构造、碳酸盐岩、低渗透、致密油气、火成岩、岩性、潜山等七大领域，以"推广成熟技术、攻克瓶颈技术、引领技术发展"为指导思想组织技术攻关，发展形成了复杂山地高陡构造成像、碳酸盐岩储层预测、低渗透复杂砂岩油气藏描述、深层火山岩预测和深层潜山油气藏预测 5 项配套技术，实现了从窄方位到宽方位、从低密度到高密度、从叠后到叠前、从时间域到深度域、从定性到定量、从纵波到多波 6 个跨越，发现落实圈闭 899 个，预测有利面积 44256 平方千米，共提交井位 1565 口，有效支撑了塔里木盆地克深、东秋，柴达木盆地英雄岭，准噶尔盆地玛湖、南缘和四川盆地高磨、双鱼石等探区的油气勘探大发现和规模储量提交，地质成效显著。

为解决油气勘探开发中的基础性、通用性应用问题，自 2006 年以来，中国石油勘探与生产分公司共组织实施 87 个科技项目，围绕基础软件研发与推广、重点领域技术攻关和前沿技术研究三个层次，突出创新驱动，强化科研与生产结合、基础研究与有形化推广结合，研发了地震数据处理质量过程分析与定量评价系统、地震岩石物理分析应用系统、石油物探成果图件生成与质控系统、复杂构造逆时偏移成像软件、基于地震沉积学的井震结合储层预测软件、基于表层模型的 Q 补偿处理系统、三维黏弹叠前时间偏移软件系统、DQRTM 叠前逆时深度偏移系统软件、DQVSPRTM 逆时偏移软件等 11 套软件，形成了《石油地质与地球物理图形数据 PCG 格式》《地震数据处理质量分析与评价》等 6 个规范，获得技术秘密 7 项、发明专利 13 项、发表文章 37 篇。这一系列科研项目全部形成有形化成果，已见到丰富的应用成效，为今后股份公司物探技术发展创造了有利条件，也奠定了中国石油在国内物探技术发展中的主体地位，更为建立具有全球竞争力世界一流企业目标夯实了物探业务基础。

一、强化科研攻关，突破关键瓶颈技术

2006—2019 年共组织实施 87 个科技项目，共有国内外公司和大专院校近 20 家、近 1000 多人次参与研究，形成具有自主知识产权软件 11 项，为提高物探技术应用成效奠定基础。

有形化成果：

（1）地震资料采集质量分析与评价系统；

（2）地震数据处理质量过程分析与定量评价系统软件；

（3）地震储层预测质量分析与评价系统；

（4）地震岩石物理分析应用系统软件；

（5）石油物探成果图件生成与质控系统软件；

（6）复杂构造逆时偏移成像软件；

（7）基于地震沉积学的井震结合储层预测软件；

（8）基于表层模型的 Q 补偿处理系统；

（9）三维黏弹叠前时间偏移软件系统；

（10）叠前逆时深度偏移系统软件；

（11）VSP 逆时偏移软件。

科研项目覆盖范围：采集、处理、储层预测质控软件开发。2012 年部署中国石油勘探开发研究院西北分院研发 Seis-Acq. QC 系统，制定了企业技术标准，2014 年开始在系统内推广应用该软件，目前已在中国石油内全覆盖。2014 年部署新疆油田研发 Seis-Pro. QC 系统，形成企业技术标准，2016 年开始试运行，已经在东方物探，新疆油田，大庆油田，中国石油勘探开发研究西北分院、北京院等单位处理项目中得到应用。2017 年部署中国石油

勘探开发研究院北京院研发"储层预测质量分析与评价系统"，现已初步形成了试运行版和企业标准。地震数据采集、处理、解释三个环节的质量控制可以全面实现信息化、可量化，大幅度节约了野外地震资料采集、资料处理环节的质控成本和时间，减少了资料评价的随意性和主观性，大幅度提高了质控的科学性。

自 2013 年开始，部署开展"地震岩石物理分析应用系统""石油物探成果图件生成与质控系统"等软件开发，形成了石油地质与地球物理图形数据 PCG 格式，为今后中国石油物探技术发展创造了有利条件，奠定了中国石油在国内物探技术发展中的主体地位，为建立具有全球竞争力世界一流企业目标夯实了物探业务基础，如图 5.13 所示。

二、强化集成配套，形成物探技术利器

2006—2019 年，共组织实施攻关项目 163 个。攻关分为集中攻关、扩大领域、重点突破三个阶段，共有国内外近 40 家公司、3200 多人次参与攻关，攻关涉及的区域 183 个。截至 2019 年底，共形成六大物探配套技术，主要包括 57 项关键技术，支撑了重点领域油气勘探开发。

（1）复杂山地高陡构造物探配套技术，包含高密度三维地震资料采集、宽线地震资料采集接收、钻井取心与潮湿层激发、多域多系统去噪、共反射面元叠加、卫星遥感辅助设计与选点、无线节点采集、复杂山地速度建模、叠前时间偏移成像、起伏地表叠前深度偏移、各向异性叠前深度偏移、逆时偏移、综合物探近地表建模、复杂山地综合静校正等关键技术。

（2）碳酸盐岩储层地震勘探配套技术，包含叠前保幅处理、井控 Q 补偿、转换波地震数据处理、叠前深度偏移、OVT 域各向异性叠前深度偏移、分方位资料检测裂缝、小尺度缝洞型正演模拟、岩石物理建模、碳酸盐岩储层地震特征识别、叠前多参数含油气预测、多波地震联合反演等关键技术。

（3）复杂岩性油气藏物探配套技术，包含综合静校正、基于模型保真保幅去噪、近地表 Q 补偿、消除强反射能量屏蔽、井控处理、OVT 域处理、基于敏感属性分析的储层预测与烃类检测、多尺度地震裂缝预测等关键技术。

（4）深层火山岩物探配套技术，包含叠前保幅处理、叠前成像及道集精细处理、火山岩岩石物理建模分析 、火山机构识别与雕刻、流体替换及 AVO 正演、叠前属性储层预测和油气检测、重磁电岩性识别等关键技术。

（5）低渗透致密油气藏物探配套技术，包含层析静校正、综合去噪、近地表 Q 补偿、谱反演、相控薄储层预测、分方位处理、致密油气岩石物理分析、OVT 域处理、叠前弹性参数反演、裂缝综合预测、富集区综合评价等关键技术。

（6）页岩油气物探配套技术，包含岩石物理建模、VSP 井约束提高分辨率处理、脆性预测、裂缝预测、地应力预测、砂泥岩薄互层识别、"甜点"综合预测、页岩油气工程力

学参数地震预测等关键技术。

配套技术的应用共支撑发现落实圈闭 1115 个，预测有利面积 42560 平方千米，提交井位 1449 口，有效支撑了库车、高磨、双鱼石、英雄岭、塔北、塔中、准噶尔盆地南缘、玛湖、克拉美丽、吉木萨尔、苏里格、松辽盆地中央古隆起、兴隆台、孔南、牛东潜山等探区油气勘探大发现和规模储量提交。

其中高陡构造共发现落实圈闭 296 个，总面积 8217 平方千米，提交井位 131 口；岩性+低渗透落实发现 477 圈闭，总面积 8922 平方千米，提交井位 536 口；碳酸盐岩预测有利含油气面积 14624 平方千米，提交井位 390 口；火山岩共发现、落实圈闭 88 个，总面积 1434 平方千米，提交井位 51 口；致密页岩油气发现落实圈闭 254 个，预测有利区面积 10797 平方千米，提交井位 341 口。

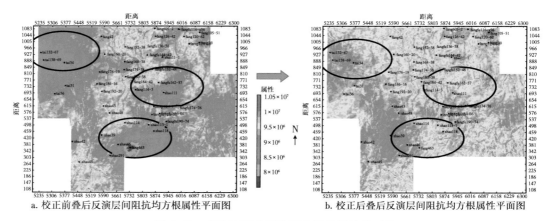

图 5.13　齐家地区岩石物理分析校正效果对比

三、强化人才培养，提升技术应用水平

以中国石油上游业务高质量发展目标为导向，围绕油气勘探开发物探技术需求，立足各单位业务特点，建立了中国石油勘探与生产分公司顶层设计、油气田单位人才选用、研究院组织实施的管企培三位一体的协同培养管理模式；创建了具有"地质与物探结合、测井与地震融合、处理与解释一体化"三个复合、"突出基础理论与应用、突出学科综合与实践、突出思路领悟与创新、突出成果总结与精练、突出培训实效与考核"五个突出特色的包含九大培训模块的课程体系；建设具有丰富理论基础与现场案例经验的师资库；组织实施了多种形式以实践为导向的培训和考核方案；建立健全了技术人才跟踪培育的动态跟踪管理机制。

自 2016 年开始，针对油公司物探技术管理薄弱的问题，强化物探领军人物的培养和举荐，推动油公司与服务公司的人才流动。目前已连续举办 5 期物探复合型人才实训班，共培养青年骨干人才 161 名，培养速度建模与成像人才 70 名，培训储层预测人才 73 名，交流物探人才 20 多名。物探人才队伍培养机制赢得了公司领导、油田管理者和物探人员的肯定与赞誉，为油公司今后物探管理的科学化、精细化创造了有利条件。

复合型青年骨干人才培养机制为中国石油青年人才培养和职工再教育，探索了一条理论与实践结合、科研与生产结合、课堂培训与实际操结合，旨在提高学员实战能力的新路子，广受油气田企业、专业服务公司和研究院所的广泛欢迎，在"十三五"后两年培养计划安排中踊跃报名，并申请旁听名额，逐步成为中国石油人才培养战略的品牌。

第五节　促进油气勘探开发取得重大成效

在物探技术管理体系指导下，物探技术不断取得新进展，用新的技术手段解决复杂油气勘探地质难题，严控质量关，为中国石油"四大工程"顺利实施提供了坚实的技术保障。物探技术的每一次新突破、新进展，都带动了七个领域一批新油气田的发现，并由此产生新的储量增长高峰，确保了连续 11 年来探明石油储量持续保持在 6 亿吨以上，探明天然气储量持续保持在 4000 亿立方米以上，有效支撑了中国石油主营业务的快速发展。

一、高陡构造领域应用效果

中国石油前陆盆地剩余油气资源主要集中在地表复杂、地下构造复杂的"双复杂"高难度地区。针对地形起伏剧烈、构造模式复杂、复杂构造区资料信噪比极低、成像难度大等难点，应用宽线、高密度三维、井震联合激发、表层精细调查、精细静校正、叠前深度偏移等技术，在库车、英雄岭、阿尔金山前、准噶尔盆地南缘、川西北、吐哈北部山前等复杂圈闭落实中起到决定性作用，使得一大批复杂山地区油气勘探取得重大突破。在柴达木盆地英雄岭地区，2011 年开始实施山地高密度宽方位三维地震勘探，成功率由以往的18% 提高到 71.4%，评价井成功率达 96%，物探技术的进步破解了柴达木盆地英雄岭地区勘探的世界级难题，探明石油地质储量超过亿吨，为英雄岭地区发现单个油藏储量规模最大、丰度最高、开发效益最佳的整装油气田奠定基础，为建设千万吨级高原油气田做出了巨大贡献。在库车地区，自"十二五"以来，整体部署地震资料采集方案，利用高密度宽方位+可控震源地震资料采集技术，提高资料品质（图 5.14），利用复杂地表低降速带层析反演、TTI 各向异性速度网格层析反演、TTI 各向异性叠前深度偏移、单程波叠前深度逆时偏移等技术，有效提高偏移成像精度，使得库车地区探井成功率由以前的不足 50% 提高到 85%，探井深度误差率由早期 7% 缩小为 1% 左右，带来区带、圈闭不断发现，天然气勘探实现持续突破，探明天然气地质储量超过 2 万亿立方米、油 2400 万吨以上，建产能超过 200 亿立方米/年，为西气东输奠定了扎实基础（图 5.15）。

"十三五"期间利用地震资料落实构造圈闭，支撑风险探井中秋 1 井上钻，日产天然气 33 万立方米、凝析油 21.4 立方米，新发现储量超千亿立方米整装凝析气藏，开辟了库

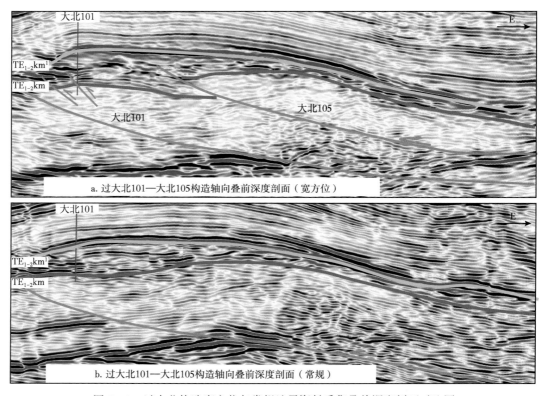

a. 过大北101—大北105构造轴向叠前深度剖面（宽方位）

b. 过大北101—大北105构造轴向叠前深度剖面（常规）

图 5.14　过大北构造宽方位与常规地震资料采集叠前深度剖面对比图

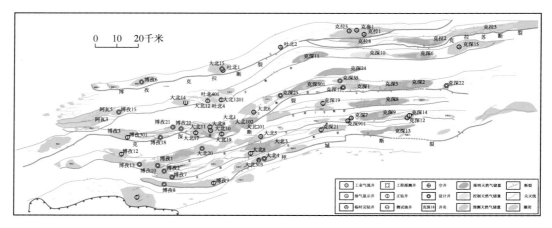

图 5.15　克拉苏构造带已发现气藏与分布示意图

车天然气勘探新战场。高精度采集、高保真处理和精细叠前叠后储层预测，落实目标和储层展布，助推风险探井高探 1 井顺利上钻，高探 1 井日产原油 1213 立方米、天然气 32.17 万立方米，获得中国陆上单井最高日产，南缘下组合展现规模前景，打开了南缘下组合油气勘探新局面！

二、岩性地层领域应用效果

大型坳陷湖盆以陆相湖盆沉积为主，大面积陆相地层岩性油气藏是勘探开发的主体，油气资源主要分布在薄储层和小幅度构造。针对岩性油气藏沉积相带复杂多变，单层厚度薄，油气水关系复杂，常规地震分辨率低，定量识别难度大，不能满足水平井轨迹设计精度要求等难题，经过"十二五"物探技术攻关，储层预测精度大幅度提高，为环玛湖、岐口、埕北、苏里格等地区突破奠定基础。

在玛湖地区，针对冲积扇、扇三角洲近源快速堆积，沉积物粒度大、分选差、相变快，沉积物的厚度及分布范围受物源和湖平面升降的影响较大，中—上二叠统储层单层厚度一般为4~10米等特点，近几年下坡进注，斜坡区逐渐由构造勘探转为地层岩性型勘探，面对小断裂识别、沉积相刻画及优质储层预测的地质难题，前期的大面元、低覆盖三维地震资料越来越难以满足勘探需求，按照"整体部署，分步实施"的思路，应用"两宽一高"地震资料采集和处理技术，对玛湖凹陷实现了高精度三维整体覆盖，形成了超过4000平方千米的高精度三维数据体，依据玛西1井三维地震资料，先后上钻的玛18井、艾湖2井分别在坡下、坡上获得突破，拉开了玛湖地区砂砾岩油气勘探序幕，在随后部署实施的三维地震资料支撑下，经过整体连片处理、多学科一体化解释，玛湖凹陷三叠系T_1b_2沉积相由2012年的五大扇体变成了2014年的六大扇体，沉积扇体系发生了重大变化（图5.16），落实有利前缘相带总面积1万平方千米，探井成功率由之前的31%提高到75%，落实了玛南玛湖1井、玛东盐北1井、风南、艾湖、玛东、达巴松—夏盐等油藏群，三级储量超过10亿吨，形成了亚洲最大的砂砾岩油田。

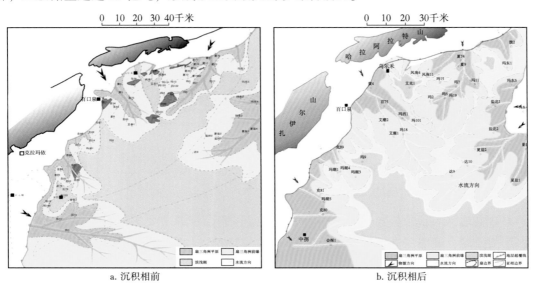

a. 沉积相前   b. 沉积相后

图 5.16　玛湖凹陷三叠系沉积相前后对比图

在大港板桥斜坡区，经过多年的勘探，中—高钻探程度高，已经形成整装探明储量区。低斜坡区钻井较少，沙一段、沙二段发现多个出油气点，未形成含油气连片，具有较大的油气勘探潜力，但油气成藏规律认识不清。2014年开始，基于现有连片处理资料分辨率低、破碎带成像差，难以满足地层岩性研究需要的特点，针对板桥斜坡区开展了地震处理解释技术攻关，强化以保真保幅提高纵横向分辨率为目的的叠前深度偏移目标精细处理，地震数据分辨率和保幅性显著提高，提高砂体识别能力（图5.17）。在五级层序划分的基础上，以多尺度相控地震储层预测为核心，充分利用多种技术手段开展地层岩性圈闭的识别与评价，按照"层勘探"思路，在大港探区首次实现以五级层序为单元的精细研究工作，开展板桥斜坡区沙一段中亚段—沙二段18个五级层序单元构造工业化制图和精细储层预测基础上的沉积微相研究，明确有利相带展布，提出"一个岩性变化带就是一个含油气带"的勘探理念，指导整体勘探部署，钻井成功率77%，其中预探井成功率81.8%，发现了多个产量大于50吨的"金豆子"，发现千万吨级规模效益储量区。

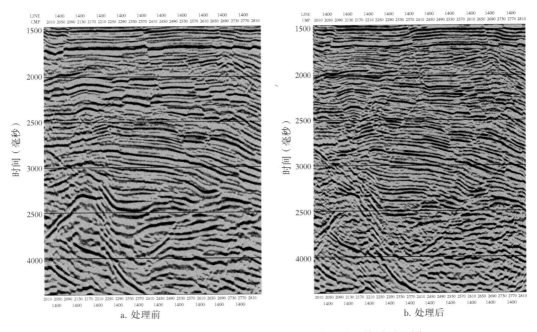

图5.17　板桥地区叠前深度偏移目标精细处理前后对比图

三、碳酸盐岩领域应用效果

叠合盆地深层碳酸盐岩是油气储量新增长点，剩余资源主要集中在潜山（风化壳）岩溶、层间岩溶、顺层深潜流岩溶、礁滩体岩溶、热流体岩溶+白云岩化储层。针对叠合盆地深层非均质碳酸盐岩油气藏埋藏深，时代老，储层非均质性强，深层地震资料品质差等问题，"十二五"以来开展碳酸盐岩物探技术攻关，提高了缝洞储层雕刻精度，为大川中、塔北等探区突破、增储发挥了重要作用。

在四川盆地大川中地区，整体部署高精度（数字单点）三维地震资料采集，地震资料深层品质提升明显（图 5.18），形成 6800 平方千米高精度数据体（其中多波 3100 平方千米），预测了震旦系灯影组和寒武系龙王庙组缝洞型白云岩储层，利用精细解释技术、古构造和古地貌分析技术解剖了古隆起区域深层构造格局和古地貌特征，划分了储层发育的有利沉积相带区；利用叠后地震属性分析、叠后稀疏脉冲反演、叠后地质统计学反演和叠前同时反演、叠前弹性阻抗反演、叠前分方位裂缝预测等叠后、叠前相结合的物探技术，有效预测了川中古隆起区域的龙王庙组和灯影组储层、含气有利区和缝洞发育区分布特征，在大川中地区纵向上发现震旦系灯二段、灯四段、寒武系龙王庙组三个主力产层，获三级储量 14507 亿立方米，其中龙王庙组探明储量 4404 亿立方米，预测储量 528 亿立方米，灯影组控制、预测储量合计 9575 亿立方米（图 5.19），证实了高石梯—磨溪地区台缘带灯四段富气"甜点"区面积 1500 平方千米。证实安岳气田是我国地层最古老、热演化程度最高、单体储量规模最大的特大型气田，是 21 世纪全球古老碳酸盐岩的重大发现，是我国乃至世界天然气工业史上重大的科学发现和勘探突破。

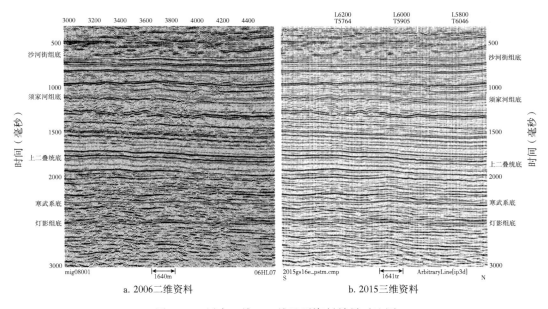

图 5.18　川中二维、三维地震资料效果对比图

在塔北地区，推广高精度宽方位三维地震资料采集技术、高保真各向异性叠前深度偏移处理技术、井控条件下的构造精细解释、缝洞体定量雕刻技术等，整体实施三维总面积 12331 平方千米，落实了构造背景、断裂组合关系、裂缝发育带，落实了缝洞型储层空间揭布，定量雕刻储层，探井成功率由以前的 50% 左右提高到 82% 以上，投产率达到 75%。形成了缝洞储量计算新方法，也成为企业标准，可直接指导开发方案编制与井位部署。塔北地区碳酸盐岩"十二五"期间持续上产增储，哈拉哈塘油田目前已成为塔里木油田最大

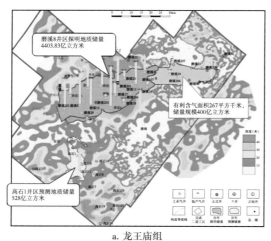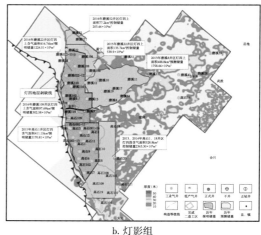

a. 龙王庙组   b. 灯影组

图 5.19 大川中地区龙王庙组、灯影组勘探成果示意图

的黑油油田，已发现潜山岩溶鹰山组、寒武系，层间岩溶一间房组—鹰 1 段、鹰 2 段 4 套含油气层系，发现石油储量 6.42 亿吨、天然气储量 2352.90 亿立方米。

四、火山岩领域应用效果

火山岩作为非沉积岩石，在喷发凝固过程或后期风化改造中形成有利储层，是天然气勘探的重要领域。针对火山岩复杂油气藏勘探面临的储层埋藏深，构造形态复杂，速度变化剧烈，波场复杂，火成岩成像困难，储层物性差，高速（4000~6000 米/秒）、低孔隙度（5%~10%）、低渗透率（0.1~1 毫达西），岩性复杂多样，准确识别难等难题，采用重磁电震一体化技术攻关，提高火山岩油气藏的勘探精度，提高钻探成功率，实现勘探大发现。

在新疆克拉美丽地区，通过重磁、大网格（面元 50 米×50 米）地震等资料于 2008 年探明天然气地质储量 1053 亿立方米。但克拉美丽气田的勘探开发及产能建设面临着巨大的困难，地表和地下复杂使得造成火成岩成像困难，断点、地层尖灭线难以准确落实，导致滴西 10 井区石炭系气藏地质认识不清。2009 年在滴西 1 井区、滴西 18 井区实施了精细开发三维地震，面元 25 米×25 米，基本实现了对石炭系火山岩体内幕的精细刻画（图 5.20），有效指导了该区产能井的实施。在外围部署的评价井滴西 176、滴西 177、滴西 178、滴西 179 等井先后在石炭系获得了工业气流，滴西 178 井和滴西 179 井在上覆梧桐沟组取得了新的发现，展现了滴西地区平面和纵向上巨大的评价开发潜力。持续实施高精度三维地震，落实了一批有利圈闭及新的火山岩有利储层发育带，复查并重新刻画了滴405 井、滴西 18 井、滴西 183 井、滴西 10 井等 7 个有利目标，发现落实了滴西 174 西、滴西 175 南、滴西 183 东、滴西 183 北等 6 个火山口相圈闭，新落实了多个火山口和有利储层展布，新的出油气点不断增多，含油气范围呈现出复合连片趋势，为克拉美丽气田增储和开发奠定了扎实基础（图 5.21）。

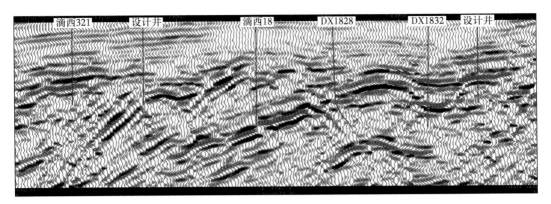

a. 地震资料采集前

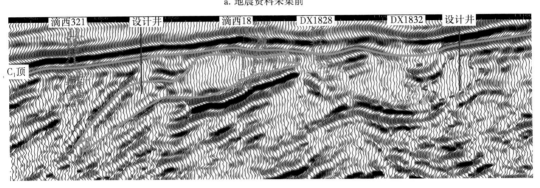

b. 地震资料采集后

图 5.20 滴西18井区石炭系火山岩精细地震资料采集前后对比图

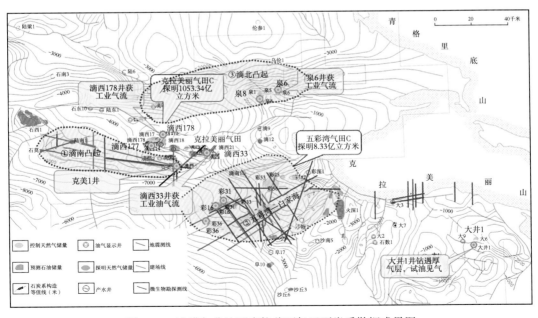

图 5.21 准噶尔盆地环克拉美丽气田石炭系勘探成果图

五、成熟探区应用效果

地震资料挖潜是提高老区油气勘探效益的重要路径，地震资料精细处理解释是开展资料挖潜的重要技术手段。

以 2016—2018 年三年为例，物探技术管理处强化处理解释一体化研究，共组织各油气田处理解释二维 86621 千米、三维 145492 平方千米，发现圈闭 5573 个，发现圈闭面积 22642 平方千米，复查落实圈闭 10452 个，落实圈闭面积 39806 平方千米，采纳井位 2738 口。

大庆斜坡区精细勘探过程中，精细刻画主河道，研究主河道与构造背景、圈闭、断层的匹配关系。将江 S1 油层组细分 2 个砂层组进行砂体精细刻画；明确了三类四种成藏类型（图 5.22），构造背景+河道砂、断层+河道砂切割形成的复合圈闭是最有利的勘探对象。

三维区内共识别 I 类型的圈闭 90 个、II 类型的圈闭 40 个、III 类型的圈闭 19 个，圈闭资源量 4120 万吨，2018 年优选来 95、江 99、江 11、江 13 等 4 口井上钻，取得较好应用效果。

类型		油气聚集带	构造形态与河道砂体平面关系	剖面特征
I	圈闭+优势河道	西部斜坡带 东部鼻状构造带	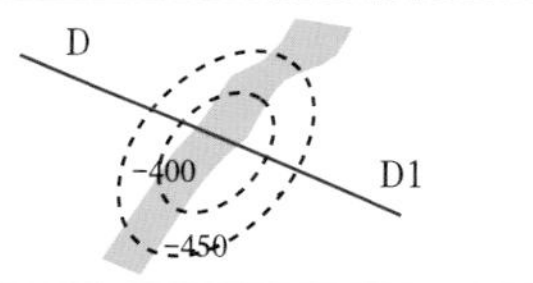	
II	构造背景+河道切割	东部鼻状构造带	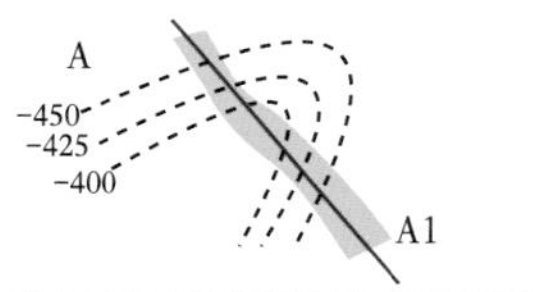	
	断层+河道	东部鼻状构造带	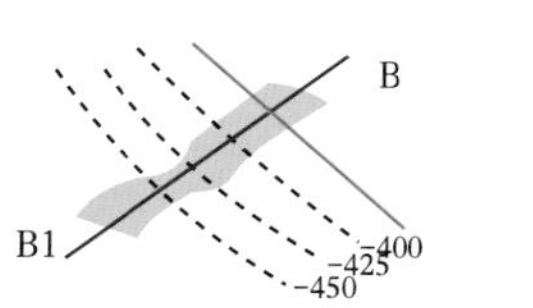	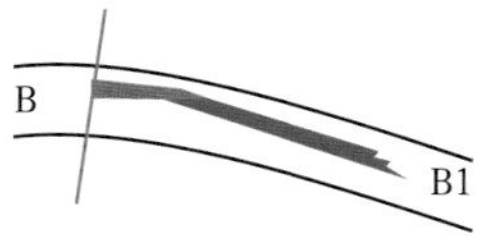
III	岩性	西部斜坡带	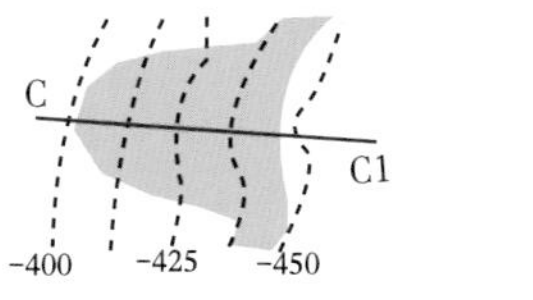	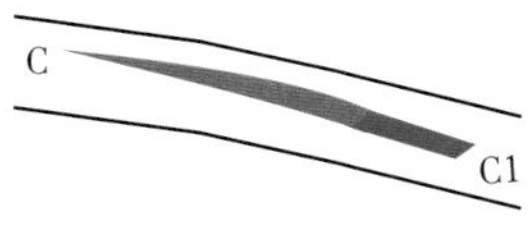

图 5.22　江桥地区优选目标类型模式图

辽河油田运用复杂构造精细处理+宽频一致性处理技术，提高构造成像精度（图 5.23），落实海月东坡构造形态，明确油气藏类型，支撑月探 1 井获得油气重大发现。

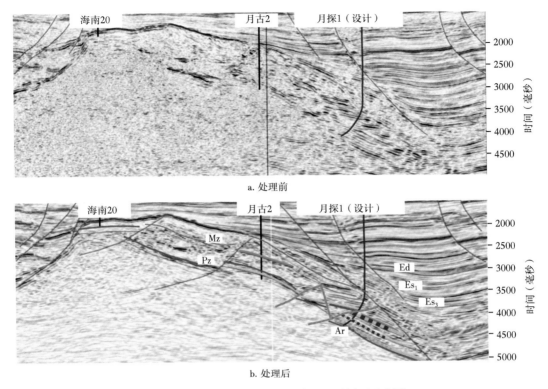

图 5.23 辽河滩海宽频处理前后地震剖面对比图

六、非常规领域应用效果

非常规油气指用传统技术无法获得自然工业产量、需用新技术改善储层渗透率或流体黏度等才能经济开采、连续或准连续型聚集的油气资源。非常规油气勘探开发面临小微断层和 TOC 预测难度大，储层与围岩波阻抗差异小，非均质性分辨和预测难，低孔低渗透，物性差，油气藏空间关系复杂等难题。利用岩石物理分析与测井评价技术、储层矿物成分、裂缝、TOC 及含气性等参数预测技术，断层、裂缝、脆性和应力场预测技术，微地震监测技术，水平井地震导向技术等，基本满足预测致密油气小于 5% 的孔隙度、微裂缝发育带、TOC、岩石脆性的要求，在雷家地区、扎哈泉地区致密油及长宁地区、威远地区、昭通地区页岩气勘探中见到初步效果。

在辽河油田雷家地区，针对储层厚度薄（油层单层厚度一般小于 10 米），目的层为深层碳酸盐岩地质体，对地震资料薄层与裂缝的准确刻画提出了极高要求等特点，从 2014 年开始，面向沙四段碳酸盐岩油气藏勘探开发需求，开展了"两宽一高"三维地震勘探攻关，新采集剖面沙四段地震资料主频提高了 10 赫兹，层间信息明显丰富，准确预测了优势岩性分布，提高了反演与钻井符合率的精度，参与反演井统计 22 口井，符合率 86.7%。

较准确地预测各油组有利储层的平面展布，优选出优势储层发育区，在雷家地区共预测出三类"甜点"区面积约174.7平方千米，新增控制储量4199万吨，拓展了雷家地区的湖相碳酸盐岩的储量规模，有力推进了雷家地区致密油气的勘探开发进程。

页岩气是国内天然气勘探的新兴领域，也是近期中国石油天然气上产的重要领域。近年来，围绕页岩气勘探，中国石油在西南探区开展大面积地震部署，运用复杂构造精细解释、地质工程"甜点"预测技术（图5.24），综合预测页岩气地质工程"甜点"区带，为四川盆地万亿立方米页岩气大气区探明提供技术保障。2019年，中国石油在长宁—威远区块和太阳区块新增探明页岩气地质储量7409.71亿立方米，累计探明地质储量10610.3亿立方米，形成万亿立方米页岩气大气区。

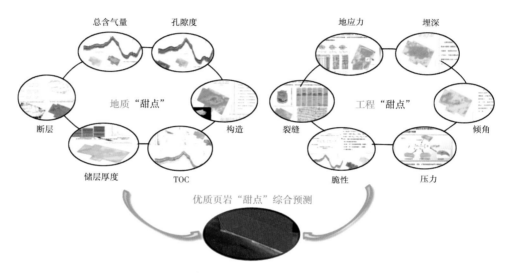

图5.24 地质工程"甜点"综合预测技术示意图

长庆油田是中国石油油气勘探主力之一，在致密油、致密气勘探基础上努力扩展勘探领域，2019年在页岩油勘探领域取得重大突破。面对黄土塬山大沟深，创新单点井震混采技术，资料品质明显提升。采用三维地震反演泊松比、脆性、含油性等预测"甜点"，为水平井轨迹导向提供依据。庆城北三维区完钻水平井30口，油层钻遇率从70%提高到80%。运用薄储层预测和裂缝精细描述为页岩油"甜点"优选和水平井导向夯实基础，助推庆城油田10亿吨规模储量提交。

七、油气开发领域应用效果

提高采收率、支撑油气藏高效开发是物探技术近年来面临的又一项挑战。物探技术管理处针对当前油气藏评价开发需求，发展油气藏地球物理技术，形成应用流程，支撑油气田高效开发。加强示范引领，在西南、松辽、渤海湾等探区开展油藏建模技术研究，取得良好效果。

吉林油田在致密油开发过程中，形成薄互层砂体预测、精细处理及定量描述、深度域水平井实时跟踪导向等配套技术，支撑致密油评价开发（图5.25）。运用油藏地球物理配套技术，乾安余字井区块落实 I 砂组有利区面积230平方千米，完钻直井加导眼10口、水平井4口；鳞字井区块外扩、加密水平井45口，有力支撑生产。

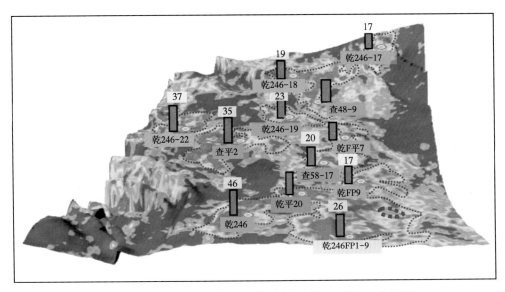

图 5.25 乾安地区复波振幅属性预测 I 砂组"甜点"分布图

川中地区龙王庙组开发过程中，以微幅度构造与储层预测结果为基础，开展井震协同约束下的储层属性地质建模（图5.26），精细落实储层三维空间展布，为气藏数值模拟奠定了良好基础。三维精细建模技术支撑磨溪地区主体开发治水方案编制，保障震旦系40亿立方米产能建设。2019年至今，震旦系台缘带气藏累计跟踪正钻开发井29口，提出产能补充井26口。

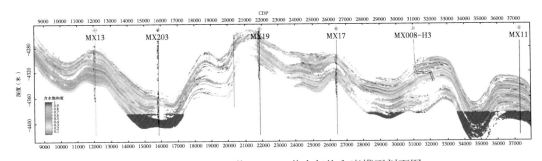

图 5.26 过 MX13 井—MX11 井含气饱和度模型剖面图

物探技术在油气田开发和水平井钻探中发挥重要，助推复杂油气藏高效开发。大庆油田基于井震结合构造表征、储层预测技术，实现窄小河道砂体精细刻画，实现对沉积相带准确描述（图 5.27、图 5.28），指导部署断层附近高效井 389 口（表 5.4），增加可采储量 259.6 万吨，累计产油 172 万吨。

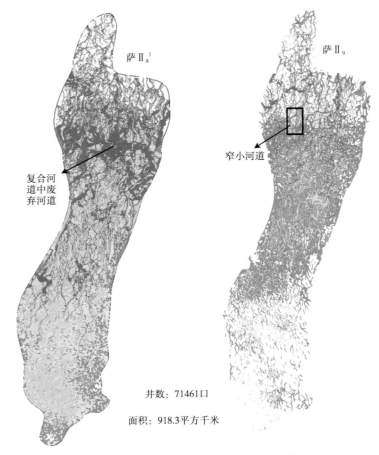

图 5.27　喇萨杏油田井震结合整体沉积相带图

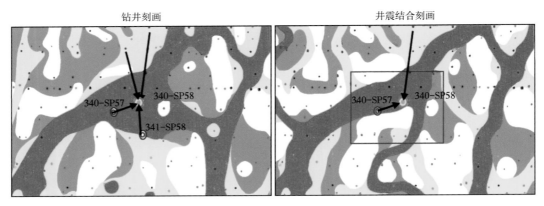

图 5.28　长垣地区（局部）井震结合前后沉积相带对比图

164

表 5.4　不同砂体井震结合前后受效情况变化

砂体类型	一向受效井数		二向受效井数		多向受效井数		井数变化占比（％）
	井	井震	井	井震	井	井震	
高弯曲	14	18	23	19	91	80	14.5
低弯曲	12	8	22	28	153	138	13.4
内前缘	8	13	24	26	36	29	20.6
总计	34	39	69	73	280	247	15.0

长庆油田高分辨率地震储层刻画与水平井导向技术，庆城油田水平井工厂化作业 14 口，油层钻遇率 84%，有效指导国内最长水平井华 H50-7 井顺利实施（图 5.29）。

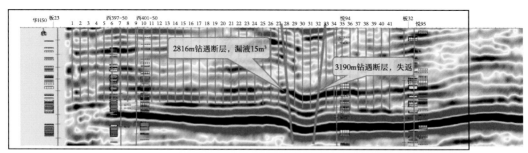

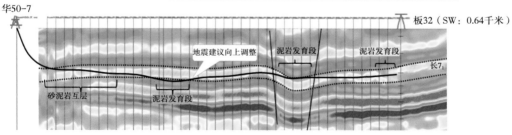

图 5.29　庆城油田水平井导向技术指导 H50-7 井顺利实施

第六章　启示与展望

通过中国石油油公司物探技术管理体系探索与建设认识到，物探技术管理体系是科学管理、科学决策、降低成本的重要条件，是全面推进提质、提速、提效的重要保障。中国石油根据国务院国有资产监督委员会统一部署和企业发展需要，制定了创建"国际一流示范企业"的时间路线图，到 2021 年，世界一流综合性国际能源公司建设迈向新台阶，国际竞争力达到国际大公司先进水平，国际竞争力和影响力显著增强，到 2050 年，世界一流综合性能源公司的地位更加巩固，实现三个领军、三个领先、三个典范目标，成为体现中国特色现代化国有企业制度优越性的代表企业。作为中国石油世界一流综合性国际能源公司建设的重要组成部分，世界一流物探技术管理体系建设任重道远。

第一节　启　示

一、科技管理体系是现代化企业管理重要手段

通过物探技术管理体系的构建和有效运行实践可知，科学的管理体系不是简单的文件要求，也不是传统的标准和规章制度，它具有系统性、科学性、预防性、全过程控制和与时俱进等特点，是全面提高物探技术管理水平的重要手段和工具。

物探技术管理体系是伴随着物探技术几十年的发展打造的职责明确、标准健全、流程清晰、手段科学、运行高效的管理运作体系，渗透于物探生产工程和技术发展的方方面面，通过技术规划、指导意见明确技术发展方向，通过标准规范和质量控制手段明确物探生产经营精细运作，通过科学化信息化平台规范透明管理，助推物探技术基础管理和资料品质上水平。一是管理范围更加全面。倡导大质量观和质量控制在每个环节和细节的理念，使管理范围涉及物探生产工程的全面、全员、全方位、全过程、全时段的作业质量、管理质量和领导质量，严格落实体系管理目标和责任，细化监督和考核，实现了凡事有章可循，凡事有人负责，凡事有据可查。二是管理标准更加成熟。按照管理标准化、工作程序化、行为规范化的管理原则，采用过程方法和管理的系统方法，应用信息化平台和各类软件手段，在保证管理标准的一致性和权威性的基础上，对管理体系进行持续改进完善，适时对公司标准、规范、管理办法等文件进行换版修订，建设基础管理数据库，使管理体系对生产经营更具有指导作用。三是体系框架更加完善。对物探生产工程和技术发展所有

业务流程进行梳理，将部署、立项、方案设计、过程控制、质量控制、成果管理、后评估等过程控制都纳入物探技术管理体系之中，建立起完整的以需求为导向的标准化控制体系，使每个物探工程和科研攻关项目从部署、方案设计、实施、成果验收都有一套规范化的控制文件和办法，实现每个环节、每道工序都在受控状态的目标。四是管理效果更加显著。根据物探技术野外+室内应用相结合的特点，野外重点推广采集质量实时评价软件，执行仪器装备、测量、采集设计、钻井、项目实施、质量评价、监督等一系列标准规范，推广新技术新方法应用，通过强化管理提高施工效率，控制野外成本，提高管理文件运行有效性和提质增效等活动，各油气田公司根据探区特点实际情况对体系运行中的细节和质量管理进行评估和整改，制定管理细则，提升体系运行的有效性和适宜性；通过物探工程运行管理系统平台，定期对物探资料采集、处理、解释项目进行动态管理，通过设计审查、过程跟踪、评审验收、项目后评估等形式，对项目运行中涉及的管理体系要素进行全面把关，对不符合、不适应的项分析论证，实施改进，使各项管理工作更加规范，使物探技术应用成效显著，成为油气勘探的主导技术和油气开发的关键技术，得到了勘探、开发界高度认可。

二、科学的管理体系是中国石油物探立足世界舞台的基石

物探技术管理体系建设根据业务发展要求，顺应技术发展趋势和行业发展趋势，实现了管理体系与国际勘探地球物理学家协会（SEG）、国际地球物理承包商协会（IAGC）和国际大油公司的先进标准体系的全面接轨，根据我国特殊的陆相沉积复杂地质需求总体规划部署物探技术科研攻关，形成具有自主知识产权的关键技术，在激烈的市场竞争中有效避免了技术壁垒，提高了国际话语权，地震资料采集设计软件、处理解释软件、可控震源装备、复杂孔隙岩石物理、复杂山地地震勘探、滩浅海过渡带勘探等技术在国际上拥有一席之地，陆上物探技术服务市场份额全球第一，从过去的仰视外国技术，发展到今天能够与国外同行同台竞技，甚至在某些方面实现了超越。

在物探技术服务方面，自1988年首次走出国门以来，紧紧围绕建设具有国际竞争力技术服务公司目标，大力实施"一体化、集约化、国际化、数字化"发展战略，有效提升技术服务保障能力和国际竞争力，国际地位稳步提升，全球市场规模不断攀升，比成立之初增长4.5倍，陆上市场份额连续15年保持全球第一，经营销售收入连续3年稳居全球物探行业第一位。服务业务范围实现由单一陆上勘探向深海勘探，油藏地球物理，物探装备、软件研发制造，信息技术服务等物探全领域服务的转变，市场扩展到全球五大洲、54个国家近200家油公司，形成中东、中亚、北非、东非、西非等五大规模生产基地，海外收入连续12年超过中国石油勘探主业收入50%，高端市场比例达到46%。HSE管理水平与国际全面接轨，海外雇员本土化率达到90%，国际化程度保持在60%以上，以东方物探为代表的中国石油物探成为石油天然气行业知名品牌，行业话语权不断扩大，参与全球物

探行业规则制定，被誉为中国石油"国际业务发展的一面旗帜"。

在技术发展方面，坚持创新驱动发展战略，持续加大科研投入，完善科研管理体制机制，促进科技创新进入"快车道"，打造形成以 GeoEast、KLSeis、iPreSeis 为代表，涵盖物探技术全领域的核心软件技术系列，GeoEast、iPreSeis 处理解释软件整体性能达到国际先进水平，替代国际软件成为中国石油基础软件平台，新一代采集软件 KLSeis 处于国际领先水平；打造形成以 G3i 地震仪器、Hawk 节点仪器、可控震源等为代表的核心勘探装备技术系列，G3i 地震仪器、Hawk 节点仪器达到国际先进水平，并投入野外工业化生产，可控震源研究制造水平居国际领先地位，低频可控震源引领陆上宽频地震勘探技术发展；打造形成以 PAI 技术品牌为代表的物探技术系列，复杂山地勘探、黄土塬、滩浅海过渡带勘探等特色技术居国际领先水平。

加强国际学术交流与国际化人才培养，积极与欧洲地质学家与工程师协会（EAGE）、SEG 等学术机构以及国外油公司、物探公司、大学开展广泛的学术交流，学习国外先进技术经验，推介我国特色地球物理技术。积极参与国外大学组织的工业联盟，加强技术交流与合作。由于中国石油在国际地球物理技术发展上的卓越贡献和影响力，徐文荣、王铁军、赵邦六、郑华生等被 SEG 授予终身会员。

三、科学的管理体系是维护多方利益的前提保障

物探技术管理体系立足于油公司需求和技术发展，兼顾了油公司和服务公司在责任、权利、利益适用于民企、院校、外国企业等参与中国石油物探技术研究服务的单位。管理范围包括在油气预探、油气藏评价、油气田开发、新能源等业务中部署实施的物探工程项目（包括物探资料采集、处理与解释）、物探技术科研与攻关、物探基础管理以及综合管理等。

物探技术管理办法作为总纲为油公司制定物探技术发展规划、管理实施细则、规章制度和技术规范提供依据，规范物探资料采集、处理与解释等工程项目的部署、项目立项、过程控制、成果验收与后评估等技术管理，以及工程质量、安全、环保的监督与评价、技术研发、人才培养等工作。该办法为服务公司技术设计、实施方案设计、质量管理、过程控制、安全环保、技术发展、人才培养等提供依据。

发展规划体系突出油公司的主导作用，明确油公司物探技术发展面临的问题、差距、需求，明确物探技术发展方向，宏观指导物探技术应用，使技术应用有章可循；标准体系明确油公司和服务公司技术研究与应用应遵循的标准规范，提高技术应用的科学性、先进性，确保物探技术应用有据可依，有规可循；质控体系主要从油公司业务需求角度出发，提高油公司质量监督和服务公司质量控制的科学性、规范性，大幅度提高质控的准确性，实现绿色定量质控；生产运行管理体系利用物探工程生产运行管理系统平台，油公司对生产项目实行实时动态管理，服务公司可以随时上传更新生产动态数据，实现生产动态信息

化全周期管理；基础管理体系规范物探成果图形格式，构建各类基础数据库，为油公司和服务公司技术发展与应用奠定基础，为地震勘探部署论证、工程技术设计、野外地震资料采集、资料处理与解释提供数据基础，提高工作效率；人才培养体系形成物探技术人才培养机制，培养各类物探人才，增强油公司和服务公司物探技术发展后劲，提高技术应用水平。

几大部分相互联系，相互渗透，科学规范的物探技术管理体系遵循管理科学的基本原理，结合物探技术发展与应用特点和管理需求，按照系统化、程序化、标准化、信息化的要求统一规范运作，满足油公司、服务公司、院校等团体在中国石油物探技术发展中的期望和要求。在物探技术攻关、关键技术研发和试验、生产项目支持等方面，其他油公司、国外公司、大学等研究机构、民营企业，在物探技术管理体系框架下，按照项目、质量、成果管理等要求，均发挥了十分重要的作用。

四、科学的管理系统是增强企业核心竞争力的动力之源

企业的核心竞争力是企业的生命线，是企业生产经营、科学发展的动力之源。企业核心竞争力的培育与提升是一项系统工程，需要从战略的高度进行资源配置和能力整合，需要创建合理的组织结构和科学的管理制度。

科学的管理体系是企业文化的重要组成部分，促进内部管理的创新、生产技术的进步和工作效率的提升，增强企业的核心竞争力，为企业持续健康有效发展注入不竭的动力。物探技术管理体系规范各方责任和权益，细化管理环节，形成科学的决策程序和流程，重视技术创新和人才培养。把新的管理要素（包括新的管理方法、新的管理手段、新的管理模式、新的管理理念等）及各要素的组合引入物探技术管理系统，形成良好的基础管理，把提高核心竞争力与企业的改革与发展结合起来。以管理、决策、执行、监督管理和风险管理等机制，提高民主决策、科学决策、规范决策和透明决策的途径和方法，提高管理水平和技术水平，从而提高竞争力。管理创新与技术创新相结合，技术创新是核心，管理创新是基础，制度创新是保障，解放思想，转变观念，建立符合油公司需求和物探技术发展规律的物探技术管理体系，是技术和管理创新的源泉和动力。企业的技术引进、技术改造和技术开发，必须相应调整内部管理制度和管理方式，以适应新技术发展的要求，并保证先进技术有效发挥作用，为技术发展与应用提供保障，提升核心竞争力。

通过物探技术管理体系加强物探文化建设，实现企业文化与企业发展战略的统一，加强提高核心能力和应用水平相关的专业知识分层次培训，加强先进技术培训和专项技术培训，强化复合型人才培养，坚持不断创新与时俱进，提高物探人员的整体素质和整体竞争力，形成激励、约束和监督机制，为增强企业核心竞争力奠定基础。

第二节　物探技术及其发展展望

一、物探技术发展趋势

1. 物探技术面临的挑战

中国石油油气勘探开发矿权分布在松辽、渤海湾、鄂尔多斯、四川、准噶尔、柴达木、塔里木、吐哈、二连、酒泉、苏北、北部湾等盆地，领域包括坳陷盆地薄储层岩性油气藏、断陷盆地复杂断块和潜山油气藏、前陆盆地复杂构造油气藏、非均质海相碳酸盐岩油气藏、深层火山岩复杂油气藏、叠合盆地变质岩潜山、基岩内幕油气藏、湖盆中心致密页岩油气及海洋等。

随着油气勘探开发不断深入，中国石油勘探开发领域不断向"低、深、海、非"等更高难度领域延伸，目标隐蔽性增强，研究对象日趋复杂（表6.1）。一是地表条件更加复杂，山地（黄土山地）、城区、海域等探区比例增加到50%以上。二是岩性地层向湖盆中心超薄储层延伸，岩性油气藏正逐步向特低渗透岩性油气藏、低丰度高成熟气藏延伸，油气藏多为低孔、特低—超低渗透和低丰度。海相碳酸盐岩向深层白云岩拓展，构造向超深层前陆复杂构造拓展，勘探深度已延伸至6000米至8000多米。三是深层—超深层探明储量占比上升趋势明显，由20世纪80年代的2.3%上升到90年代的10.6%，2000年以来上升到18.6%。新增原油储量以中浅层和中深层储量为主，占比85%，新增天然气储量中，深层—超深层储量占比51%。四是储层品质向低—超低渗透、低丰度、低产量延伸，特低渗透占油气探明储量比例增大，石油剩余资源品质逐渐变差，低—特低渗透比例已接近90%，陆上石油勘探面临更深、更小、更薄、更低渗透等复杂地质对象。五是油气目标越来越复杂，常规油气剩余资源分布在复杂推覆构造、盐下和盐间构造、复杂断块、复杂岩性等区带，非常规油气占比逐步增大（李鹭光等，2020）。

表 6.1　未来勘探开发领域变化

重大转变	勘探领域	油气勘探领域发展趋势
由中浅层向深层	岩性地层	三角洲前缘砂体（坳陷湖盆）、满盆含砂，湖盆中心
		构造、岩性（断陷湖盆）、斜坡—洼槽区
	复杂构造	中浅层（3600~5500米）、深层—超深层（6000~10000米）
	海相碳酸盐岩	潜山风化壳（4500~6000米）、礁滩、层间和顺层岩溶（6000~10000米）
由碎屑岩向复杂储层	叠合盆地中下组合	碎屑岩米级薄储层、碳酸盐岩礁滩、岩溶、白云岩、火山岩、变质岩潜山、基岩内幕
由简单背斜构造向复杂推覆构造	前陆冲断带	简单构造、逆推构造、盐相关构造、复杂潜山
由常规向非常规	湖盆中心	常规油气、致密油、致密气、页岩气、煤层气
由陆地向海洋	海洋	滩浅海、深海

原油产量以中—高渗透和低渗透砂岩油田为主，从油藏类型看，低—特低渗透比例持续增加，采收率持续降低，2018 年降至 15% 左右，油田自然递减、综合递减依然较高，综合递减为 5%~6%、自然递减为 11%~12%，老油田均已进入双高阶段，含水率 87.7%、可采储量采出程度 74.7%，陆上老区提高采收率幅度下降，年均采收率提高仅 0.22% 左右。天然气产量以常规气和致密气为主，致密气和非常规油气占比逐步增大。

勘探开发领域变化，使物探技术面临巨大挑战。

1) 米级储层提高分辨率挑战

米级砂岩储层广泛分布在松辽盆地中浅层、鄂尔多斯盆地、准噶尔盆地腹部、柴达木盆地，其主要特点是沉积相带复杂多变，砂体单层厚度薄，油水关系复杂。因受常规地震分辨率低的限制，过去地震资料主要用于识别、描述砂层组。随着勘探开发的不断深入，生产上进一步要求地震分辨出单个砂层，对单砂层进行识别，做出平面分布预测，加大了地震有效识别的难度，对地震分辨率提出了严峻的挑战。例如在松辽盆地中浅层，砂岩储层横向变化大，非均质性强，单砂体厚度为 1~5 米（埋深 1000~2200 米），松辽盆地探明储量最大有效厚度降至小于 6 米。而地震频带范围为 6~85 赫兹，分辨率难以满足储层识别的需要。又如在新疆玛湖地区，地震频带范围为 6~75 赫兹，难以满足厚度 10~15 米单砂体识别需要（埋深 2200~3500 米）。物探技术面临进一步提高分辨率（东部地区地震主频再提高 10~15 赫兹、西部地区主频再提高 10 赫兹左右）的技术挑战。同时，这些薄储层探区不仅储层厚度薄，物性变差，有些地区渗透率变低，储层预测难度极大。

2) 极复杂构造提高成像精度挑战

复杂构造油气藏主要分布在塔里木盆地库车、塔西南，准噶尔盆地南缘，四川盆地大巴山及龙门山山前，鄂尔多斯盆地西缘，柴达木盆地西北缘，玉门油田窟窿山，吐哈盆地北部山前等地区。复杂构造油气藏模式复杂，盐下构造、逆推构造、走滑大断裂十分发育，使得地震传播路径曲折，波场复杂。同时复杂构造领域地表起伏剧烈，山体陡峭，高差大，出露岩性复杂，低降速带变化大，因此散射噪声强，表层吸收衰减严重，资料信噪比低，波场极其复杂，静校正问题突出，速度建模、准确成像难度大，构造落实程度低。虽经多年攻关，地震剖面与地质模型仍不完全吻合，提高构造成像精度是落实复杂构造的关键。物探技术面临提高地震成像精度（构造落实精度达到 100 米）、提高逆掩推覆冲断带高陡构造成像准确率（构造落实成功率提高 20%）、构造落实（使勘探周期缩短 20%~49%）的技术挑战。

3) 深层碳酸盐岩提高储层预测精度挑战

深层碳酸盐岩是下一步天然气勘探开发的主要领域（贾承造等，2021）。主要分布在塔里木盆地、四川盆地、鄂尔多斯盆地、渤海湾盆地等地区。沉积环境从深水到浅水、由外滨到潮坪或潟湖沉积，不同环境的碳酸盐岩产物有机质含量、原始颗粒结构、成岩演化过程不同，决定了碳酸盐岩既是重要的烃源岩，更是主要的储集岩。由于深层碳酸盐岩地层沉积和成岩演化的特殊性和复杂性，决定了其储层的储集空间类型主要包括了孔洞、孔隙、裂缝及其复合型，由此造成了深层碳酸盐岩油气藏的复杂性，主要表现为储层的严重非均质性。国内碳酸盐岩勘探开发的主要问题是储层埋藏深、时代老、非均质性强；有些地区的盐下构造使成像困难；储层控制因素复杂，缝洞储层发育，难以描述其空间展布；油气水关系复杂，烃类检测困难。物探技术面临储层预测精度达到 15~30 米、预测准确率达到 80%、定量刻画碳酸盐岩缝洞储集体、勘探开发成功率提高 10%~20% 的挑战。

4）深层—超深层提高地质目标落实精度挑战

一般含油气盆地埋深大于 4500 米的地层称为深层，大于 6000 米的为超深层。我国西部盆地埋深大于 4500 米为深层，东部盆地大于 3500 米为深层。国内深层—超深层勘探领域分布在松辽、渤海湾、塔里木、准噶尔、四川、鄂尔多斯等盆地。超深层受多期构造运动叠加，地层改造强烈，断裂及断裂相关构造特别发育。油气藏类型多，构造型油气藏占 73.4%，复合型油气藏占 21.9%，地层、岩性油气藏占 4.4%。中国石油近几年深层—超深层新增油、气储量比例明显增加，特别是天然气 2018—2020 年占 50% 以上。

由于地层埋藏深，地震波传播距离长，衰减大，地层的压实作用造成的地层界面反射系数小，反射信号微弱；高频成分的地震弹性波能量被浅中地层吸收和衰减，使得深层—超深层信号主频降低，频带变得更窄，分辨地质目标体的能力降低；地震信号能量弱，加上各种干扰波的破坏和噪声相对较强，导致深层—超深层的信噪比很低；上覆地层的复杂多变，加上野外采集时排列较长，深层—超深层信号的数学可描述性比浅—中层更差，后续资料处理更加困难。如中—新元古界年代古老，构造演化、结构变形、剥蚀变质等因素复杂，地质认识分歧多，目标落实难度大；基岩潜山顶面、边界断层和内幕成像精度有待提高；火山岩岩性、岩相和内幕及火山岩期次刻画精度有待提高。物探技术面临提高深层超深层资料成像精度和火山岩识别精度、提高深度预测误差、提高有效储层识别与烃类检测能力的挑战。

5）成熟探区提高剩余油预测精度挑战

成熟探区主要指渤海湾盆地、松辽盆地大庆长垣、准噶尔盆地西北缘和柴西南等地区，随着勘探程度的不断提高，剩余油气分布复杂，对象埋深加大，勘探目标规模变小，隐蔽性增强。如渤海湾盆地以中浅层复杂断块精细勘探、斜坡区岩性勘探、潜山勘探为主，单体规模较小，储量品质下降。成熟探区挖潜以油藏评价、寻找剩余油、老区新层系新目标挖潜、隐蔽圈闭识别为主。其主要问题是，单层厚度薄、呈现砂泥薄互层结构；以河流相沉积为主，规模小，宽度仅 300~600 米；储层物性差，低孔低渗透；断裂系统复杂、断裂小；深层地震资料信噪比低、分辨率低。目前的地震技术依然不能分辨横向展布小于几十米、纵向厚度小于 3 米的储层，不能为厚度薄、非均质性强的储层开发水平井、分支井设计提供可靠依据。面临的技术挑战有预测东部厚 1~3 米、西部厚 3~7 米岩性和构造—岩性圈闭，识别东部厚 1~3 米、西部厚 3~7 米的岩性地层圈闭和构造—岩性圈闭，识别东部 3~5 米、西部 5~10 米的断层，建立油气藏三维模型，提高剩余油预测精度。

6）非常规领域提高"甜点"预测技术针对性挑战

非常规储层包括致密油气、页岩油气、煤层气等，是未来资源的重要接替领域。中国石油致密油气勘探开发领域主要分布在三塘湖盆地马朗凹陷、条湖凹陷，准噶尔盆地东部、鄂尔多斯盆地、渤海湾盆地、柴达木盆地冷湖、牛东地区，页岩气分布在四川盆地蜀南地区，煤层气分布在沁水盆地。非常规油气储层致密、物性差，地球物理研究工作目前处于起步阶段。目前在经济型三维地震资料基础上，通过分方位处理、叠前各向异性处理，寻找优质源岩发育、构造及埋藏适宜、裂缝发育、易压裂、压后能形成可观裂缝型储集体。结合岩石物理、测井、微地震监测技术，开展岩性、物性、含气性及裂缝、TOC/脆性、压力等研究，预测"甜点"区分布。但由于非常规储层多以微小裂缝为主，成藏因素复杂，物探技术面临提高"甜点"预测精度、提高储层物性预测精度、准确预测储层横向展布、提高小断层和薄层识别能力（东部地区小于 5 米、西部地区小于 10~15 米）的挑战。

2. 物探业务发展趋势

1）物探业务持续重组优化

受 2014 年低油价影响，国外物探公司主动加强与石油公司之间的风险合作，通过签订绩效合同，预先将服务和产品价格折扣与作业井的油气产出奖励挂钩，用风险共担的方式将自己与油公司更紧密地结合在一起。油公司加大油服总包业务，凭借自身丰富的业务管理经验和设备集成经验，通过限制每个项目的服务商数量来提高效率。全球石油物探市场由垄断竞争转向完全竞争，从 21 世纪初物探市场呈现出典型的垄断竞争格局，WGC、CGG、PGS 等公司占据了全球物探市场近 80%的份额，发展到现在全球物探市场逐步分化为两个层次，即 CGG、BGP、PGS、WGC 等主要大物探公司基本上占据了高端市场，在中低端市场上，众多中小公司以及东方物探等公司共同参与竞争，两个层次物探市场都呈现出完全竞争格局。

在此情况下，物探公司更多地采取业务剥离、并购的方法优化业务结构，获得发展机会。多家国际大型物探公司主要采用了转型、重组产业结构等措施应对不利的市场环境（孙龙德等，2013），努力避免出现类似 Dolphin 物探公司破产倒闭的局面。发展战略调整为发展全球化、综合业务模式，综合地质、地球物理、钻完井与油藏工程的一体化业务模式，重组业务结构，向综合性地学服务商发展。CGG 公司调整公司发展战略，剥离非主营业务，压缩资本密集型业务，突出差异化技术，重组公司业务结构，大幅削减了深海业务，更加注重高附加值、能产生更多现金流、受外部环境影响较小的业务，把公司改造成地质、地球物理和油藏管理综合性地学服务商，从而有效延长公司的服务链。PGS 公司重建基金积累制度，拒绝预定资本支出，利用出售反租协议减少自营地震作业船，延长装备更新和维修周期，重建预融资与自投资比例，完善多客户数据库建设，推广高新技术装备应用。TGS 公司没有船队，通过租船进行地震资料采集业务，其业务模式与其他承包商不同，在市场中受到的影响与竞争对手也不同。该公司尝试进行反周期投资，重新调整投资方向，调整业务和支出，保证现金流。斯伦贝谢公司加强一体化职能管理平台建设，实现规模经济效应，扩大一体化服务规模，逆周期调节生产管理业务，适应物探市场变化，实现物探业务轻量化，对物探业务进行战略性优化，出售西方奇科公司的绝大部分资产，退出已经连续运营 30 多年的陆上和海洋地震采集业务市场，仅保留轻资产的多客户数据处理和解释业务，同时降低多客户数据处理业务投资规模，将旗下 WesternGeco 产品系列转型为一项轻资产业务。

东方物探坚持物探专业化持续重组，已将川庆物探和大庆物探重组进入东方物探，形成具有较强国际竞争力的、精干高效的专业化物探公司。以专业化为原则，实现中国石油物探业务专业化，以一体化为原则，强化中国石油一体化优势。

2）油公司掌握物探技术发展主导权

在油价持续动荡下，油公司把工作重心逐渐从"找油"转向"采油"，高速计算、数据分析和机器学习使此前获得的地震数据可以产生更多价值，石油公司对物探业务的期望逐渐从"成果获取"转向"资料解析、核心研发"。

油公司更加重视物探技术的作用，在根据勘探开发需求对物探技术提出更高要求的同时，积极推动和参与物探技术及核心软件、装备研发应用，在一些直接对生产成本和开发效益可能有重要影响的技术研发方面，油公司加大科研投入、试图领先行业的发展（如康菲公司针对海量数据的管理、处理解释，页岩气预测等物探业务投入了大量研究力量）。油公司一般根据自身的规模和业务布局特点，建立自己的地球物理研发团队，重点研发能够解决地质问题、提高勘探开发效率、降低勘探成本的新技术新方法，包括地震数据处理与可视化、高性能计算、检波器与采集仪器、近地表、油藏描述等，研发的目标不是技术的商业化，而是建立技术的 Benchmark（基准），设立技术门槛，验证新技术的正确性。了解行业内哪些公司拥有油公司感兴趣的关键技术和关键人才，然后通过与服务公司建立战略合作联盟，或者吸引人才为我所用。

油公司优化资源组合，驱动研发领域更加多样化，突出价值驱动理念，强调技术研发的价值创造力。近年来，特别是油价进入下行通道之后，国际大石油公司的技术创新加快从第三代"战略驱动"向第四代"价值驱动"的跨越，围绕公司战略的技术创新进一步突出价值管理，实施开放式创新；在对自主研究、合作研究、技术联盟等技术获取方式进行决策时，充分考虑技术交易成本等。

3）物探业务向油田全周期价值服务链延伸

一方面，物探公司重视价值链的纵向和横向延伸，实施油田全生命过程服务，重点发展快速增长的生产增值服务，如油藏优化和管理服务，将业务从提供勘探资料服务扩展到对已有油藏的评估、优化和生产监控的服务。另一方面，物探公司也十分重视客户关系管理——价值链的横向延伸，突出体现在深入理解客户需求的全油田生命跟踪服务、灵活的客户实时项目进展监控和分析，开发与客户计算机体系相兼容的辅助进入、搜索、分析、监控、甲乙方无缝沟通功能等。

4）油公司与服务公司相互配合协作更加密切

对于物探资料处理解释类研究项目，服务公司专家到油公司的设施内部提供技术服务，虽然油公司的技术主导权很大，但油公司通过这种方式充分发挥服务公司专家的技术应用经验优势；油公司和服务公司共同组建一个团队开展项目研究，双方专家能够不受来自油公司和服务公司其他业务的干扰，专心开展项目研究，充分发挥油公司对研究区地质情况比较了解的优势和服务公司的技术优势，共同解决复杂地质问题，这在重大项目和具有挑战性项目研究中已成为常态。

二、物探技术发展展望

1. 物探技术发展趋势

国际物探行业具有受油气价格影响行业需求不稳定、资本密集和技术密集、风险性随竞争能力下降而急剧加大的特点。国际各大物探公司为保持在国际市场上的领先地位，纷纷通过并购、重组进行市场、资源的争夺和划分，以取得更大的竞争能力，避免行业内的恶性竞争，实行行业利润保护。随着油气勘探开发领域不断延伸和技术需求不断提高，未来物探技术发展的总体趋势是高密度超高密度数据采集与处理、压缩传感、无缆地震、高分辨率地震、产生低频数据的天然震源、智能化大数据处理解释以及重磁电震综合研究，具体包括百万道地震数据采集系统，逆散射深度成像，地震自适应光学成像，波动方程研究，多次波、全波形反演，海底节点，浅水陆上深层 CSEM，数字岩石物理，大数据时代地震解释，三维井眼地震技术，地震数据与其他数据综合解释技术，开发自动地震搜索引擎技术等（赵邦六等，2021b）。

（1）高密度和超高密度地震勘探技术已成为提高小尺度复杂油气藏识别精度的关键技术，将在推广应用中快速发展。

高密度和超高密度的大道数（超过十万道）在野外进行 10 万~15 万道的高密度和超高密度数据采集，是常规地震资料采集的十倍以上，单点激发，单点接收，所获得的数据频带宽度从常规的 8~80 赫兹拓宽至 3~90 赫兹（典型数值），覆盖次数从常规的 100 次左右提高到千次、方位角从常规的 0.4 左右提高到 0.8 以上，成像道密度从常规的 20 万道/千米^2 提高到 1000 万道/千米^2 以上，满足对波场密集采样、对噪声充分采样，达到了提高信噪比、提高分辨率的目的，是先进的地震勘探技术之一。在技术应用中单点接收，可控震源宽频激发，具有采集效率高、频带宽的特点、覆盖次数高、数据量大的特点，数据具有低畸变、高带宽特点。从效果看，地震资料的横向分辨率得到较大幅度提高，识别小断层和复杂地质体的能力明显提高。随着采集日效提高，该技术已逐步受到国内外油气田公司的欢迎。加大技术应用，促进了高密度地震勘探技术的推广应用和发展。

（2）物探技术在页岩油气等非常规资源勘探中的重要性逐步显现，将会发挥越来越重要的作用。

伴随着非常规能源开发的风险和不确定性的增加，页岩油气的研究不再单单是以水平井和压裂技术为主导。据贝克休斯公司统计，70%的非常规能源井不达标，60%裂缝压裂效率低，73%的开采者认为对页岩气储层地下结构认识不足，使得人们重新认识地球物理技术在页岩气勘探开发中的作用。

随着全球油气战略向非常规能源勘探开发的逐渐转移，各大地球物理服务商纷纷通过收购兼并或建立战略联盟等手段来提高自己的竞争力，并加大技术研发投资力度，形成具有特色的核心技术而占领非常规能源市场。斯伦贝谢公司从1990年在页岩气研究领域投入巨资，收购TerraTek公司和全球第二大钻头生产商史密斯国际公司，建立了岩石力学研究中心，形成了世界领先的水平井钻井技术；开发了Petrel软件，利用地震资料、测井和岩心数据建立地下模型，识别页岩物性的空间变化，帮助用户确定钻探靶区，指导压裂工程仅对有开发潜力的地段进行压裂，从而大大减少钻井、压裂和完井费用。

由此可见，国外已逐渐形成了从勘探到评价、到开发、生产全生命周期领域的非常规地球物理研究和油藏工程一体化工作流程。一是岩石物理基础研究。斯坦福大学著名科学家Mark Zoback教授领导的实验室开展了很多先导性的岩石物性研究工作和压裂野外模拟实际剖面研究，为页岩气勘探开发研究奠定了基础。二是储层综合评价。以三维地震资料为基础，通过综合岩石物理建模、全方位三维地震叠前反演，求取有关储层力学参数，开展TOC、微裂缝裂隙、岩石脆性/韧性、储层"甜点"区预测，进而指导水平井井位选择、井轨迹设计及优化。三是利用压裂微地震监测技术开展压后评估，优化压裂方案，从而提高非常规资源的采收率。这些技术在美国页岩气勘探开发中得到大面积推广应用。

（3）基于声波的全波形反演（FWI）技术在陆上复杂构造成像和储层预测当中作用突出，即将成为地震成像的主流技术。

FWI就是利用实际地震资料的初值及波形信息按初始地震速度模型进行地震波形正演，通过多次迭代达到模型正演结果与实际地震记录一致，从而求得较为准确的地震速度模型，进而进行准确的地震偏移成像，准确刻画地下地质构造。FWI是目前最先进的速度建模技术，与RTM成像技术相似，基于双向波动方程的建模技术，适合各种数据采集模式。几家主要的地球物理服务公司都投入巨资研发该项技术，其中WesternGeco公司处于领先位置。自2011年起，三维声波FWI已在全球超过十个海上区块进行了规模化应用，覆盖面积达到80000平方千米，在墨西哥湾盐下构造成像中，与传统的层析成像相比，FWI可以建立与地质结构更吻合的高精度速度模型。

目前，WesternGeco 公司正在开展陆上资料的 FWI 试验工作。CGGV、PGS 等地球物理服务公司均把该项技术作为其核心技术进行研究。基于声波的 FWI 已不同程度地投入生产应用当中。

（4）凭借大面积三维立体观测的优势，地震将成为指导钻井的关键技术。

传统的地质导向利用随钻测井资料，预报时间短（几小时）、探测深度和广度有限（50米左右）。斯伦贝谢公司提出了一个新的技术理念：利用地震导向钻井（Seismic Guided Drilling，简写 SGD）技术，可让钻井工程师提前很多天看到钻头前方地质模型的更新，使得油藏目标体（高点位置，大小，形态）在钻进过程中不断更新，前方目标越来越清楚，实现安全、高效、高质钻井。

SGD 的工作模式是在钻井确定开钻的同时，针对重要井位附近的地震资料进行跟踪处理解释，结合随钻资料不断修正地质模型，使钻井工程师对地下地质模型有全局性了解，随时掌握钻前地质情况和井周地质情况，随时修正钻井轨迹，减少灾害井的发生，提高储层钻遇率和钻井成功率。该项技术在美国重点钻井项目中得到推广应用。将地球物理与钻井工程紧密结合起来，充分地发挥了地球物理大面积三维立体预测的优势，为物探技术应用带来了新的发展前景。

（5）低油价时期的特殊环境，将推动低成本、高效、精准地震勘探技术加速发展。

低油价时代油公司十分注重降本增效地震勘探的成本主要发生在采集阶段，研究经济有效的采集技术十分迫切。包括模型驱动采集设计、DSA、光缆传输、压缩感知等混合采集技术，面向目标，因地制宜，量身定做的个性化采集技术，无线网络技术、储能技术等节点采集技术，数据驱动自适应去噪、全波场成像（FWM）、联合偏移反演（JMI）、面向复杂介质地震成像、多学科自动化解释、不确定性研究等。

（6）数据挖掘技术不断发展，将促进地震资料再处理实现数据资产增值。

油公司将不断压减勘探开发投资，地震资料采集工作量总体上锐减。地震资料采集业务向海洋、油藏转移，但是地震数据处理、地震油藏监测等业务发展状况良好，甚至保持增长趋势。地震数据再处理成本远远低于地震资料采集成本，用最新的处理技术和软件对已有地震数据进行再处理，能够从老资料中获取更多信息，增加老数据价值。

（7）随着一体化技术的发展，地球物理技术应用将进一步向油藏监测迈进。

地球物理技术跨越勘探阶段，向油藏评价、油田开发与生产延伸，综合一体化地球物理技术服务是行业发展的必然趋势，以差异化特色产品和服务，致力于向油公司提供一体化综合技术方案，最大限度地改进数据质量、提高对油藏的认识，不断提高作业效率，降低运营成本。优化开发方案、提高采收率和寻找剩余油，使油企盘活资产，实现集约化经营。

（8）与计算机信息及互联网技术共进，地震勘探技术将向着智能化方向发展。

地震装备朝着自动化、智能化发展，节点地震资料采集是海上四维地震的发展方向，

CGG 等多家公司进行自动海底节点系统研究，开发无人地震船，完善海洋价值链。陆上采集装备自动化程度进一步提高。

高性能计算机推动地震数据处理解释技术走进"大数据"时代。大数据已经成为物探高新技术实施的重要载体。国际多家大油公司纷纷开展大数据+地震数据处理研究中心建设。劳伦斯实验室测试了 Hadoop 大数据开源框架下的地震数据处理测试。Geophysical Insights 公司建立了一个大数据分析解释流程采用机器学习方法解决大数据问题，并取得较好应用效果。

互联网及物联网+地球物理技术是未来发展趋势，"互联网+"改变传统产业的商业运作模式，"互联网+地震技术"蓬勃发展，地震资料采集物联网架构、地震专业软件生态系统、地震处理解释云计算中心、地震数据解释的智能化和自动化将彻底解释改变传统地震勘探运作模式，最终达到降本增效的目的，让地震在油气勘探开发中创造更大的效益。

2. 中国石油未来物探技术发展

为更好地支撑中国石油上游业务发展，中国石油计划实施以下五项核心战略：(1)优势领域保持领先战略，打造陆上集成一体化技术，解决生产难题。发展完善陆上复杂区(山地、沙漠、黄土塬、滩浅海、城区)物探技术，打造基于大数据的"两宽一高"地震勘探关键技术，解决国内外油气勘探开发难题，提高上游业务保障能力。保持陆上复杂区地震勘探配套技术领先优势。(2)核心装备与软件赶超战略，持续大造物探技术利器，提高服务能力。自主研发具备百万道能力的、轻便、高效一体化全数字地震仪器及宽频可控震源。发展新一代开放式物探数据处理解释软件平台，提高国际市场竞争能力。在采集设计、逆时偏移、速度建模、多波处理、人工智能、定量化预测等方面达到领先水平。(3)多学科结合技术延伸战略，实现可持续发展。向油藏和钻井工程领域延伸，发挥物探技术在钻井工程及油气生产中的全生命周期作用，提高未来发展后劲和能力。(4)前沿技术研发国际化战略，提高技术研发起点和效率，率先工业化应用。立足国内研发资源，适度扩大海外研究中心规模，培养、引进人才，加强全波形反演、弹性波叠前偏移等超前技术储备研究和领军人才队伍建设，提高技术自主创新能力。(5)跨越式技术研发商业战略，依靠市场机制快速获取技术，形成生产能力。借鉴国际公司技术获取模式，加强高端技术的合作与并购，加强国际合作管理模式研究，加快海洋、非常规等关键技术获取与利用，提高技术研发进程和国际化管理能力。

1)数据采集技术

包括面向叠前成像和储层预测的观测系统设计技术，(无线节点)轻便地震采集装备技术，百万道地震数据采集系统，高灵敏度单点高密度(超高密度)宽频地震资料采集技术，可控震源高效采集技术，地表露头数字化采集与地层岩性、结构建模技术，近地表结构、吸收衰减调查技术，三分量、矢量地震采集技术等。

其中，百万道地震数据采集系统具备全数字一体化（有线、无线、节点）功能的地震仪，是获得更高信噪比、高分辨率地震数据，进而产生更可靠的储层参数和油藏特征参数解释结果的保障，是重要技术发展方向。目前系统带道能力已达到 10 万道，通过进一步科技攻关，系统带道能力有望达到 50 万道，进一步提高服务能力。

通过攻关形成高性价比的陆上集成一体化配套技术。作为物探优势领域技术，通过不断集成先进适用新方法，形成针对不同领域生产需求的配套技术，解决长期困扰勘探开发瓶颈问题的能力大幅度提高，在国内外生产中得到规模化推广应用，提供高性价比技术服务，进一步提高竞争能力。

2）数据处理技术

包括双高地震资料处理技术，Q 补偿叠前深度偏移和 Q 层析技术，真地表叠前深度偏移、全方位角度域偏移技术（类似 Earthstudy360），倾斜正交各向异性叠前时间偏移和参数建模技术，炮检距片（OVT）处理技术，弹性波地震成像技术，FWI/FTI 全波形反演技术，逆时偏移技术，绕射波成像（散射成像）技术，大数据处理技术，智能化处理技术（智能去噪、初至拾取、速度建模），地震多分量数据处理技术等。

数据处理技术是目前所有地球物理公司和油公司面临的挑战，过去 30 年开发的软件系统今天不能用于现有数据规模，更面临未来大数据的挑战。对于大数据处理问题，几乎是在同一个起跑线上，通过进一步科技攻关和现有处理软件推广应用，有望在短期领先于其他国际油公司。

逆时偏移技术。"炒作"的时期已经过去，进入比实力、比效果和效率的生产时期，油公司对这项技术仍不满意，开发人员认为还有很大改进和完善空间。中国石油前期研究取得可喜成果，通过继续加大支持和推广应用，预期 5 年后这项技术能够真正带来经济收益的高峰。

FWI/FTI 全波形反演技术。仍处于理论上无法突破的时期，最基本的问题是正演，理论波动方程的计算是否能准确拟合实际资料。目前油公司都看好这项技术，并加强内部研发。中国石油在弹性波反演等方面研究走在国际前列，有望通过加强力量整合，加大投入，争取在未来 5~10 年取得该技术突破。

地震多分量数据处理技术。地震仪器革命化的进步，使得多分量采集的成本越来越低。这使得今后多分量数据更普及。但多分量处理过程复杂、成本太高。中国石油开展了大量多波采集处理攻关，并形成了处理软件，有望通过建立整体研究团队，有可能在 5~10 年后发展成为技术领先的常规处理技术。

弹性波地震成像技术。全弹性波动方程偏移是解决复杂构造高角度成像、岩性成像、流体成像等复杂问题的高端技术，国际上已形成了基于声波的弹性波动方程偏移，具备工业化应用条件。中国石油具有研究基础，处于同一起跑线，发挥集团公司整体科技优势，有望率先实现弹性波叠前偏移成像工业化，可以达到技术领先。

3）综合解释技术

包括低序级微断裂、微幅度构造精细解释技术，层序地层学解释技术，基于各向异性的裂缝预测技术，储层物性预测技术，剩余油预测技术，井震藏一体化油藏地球物理技术，米级薄储层高分辨率地震反演技术，定量化地震解释技术，智能化构造解释技术，智能化储层预测技术，非常规"甜点"预测技术，水平井轨迹设计技术，深度域地震解释技术，复杂构造建模技术等。

4）井中地震技术

包括全井段井中低噪声地震采集、微地震监测技术，井驱地震资料处理技术，Walk-away VSP 精细成像技术，三维 VSP 处理解释技术，地面地震、多井联采处理解释技术，四维井中地震采集处理解释技术，地面、井中微地震监测技术等。

5）重磁电技术

包括三维重磁电技术，时频电磁技术，陆地可控源电磁、大地电磁技术，重磁电震联合反演\约束反演技术，井筒电磁技术，海洋可控源电磁技术，深层超深层重磁电震勘探技术，海洋震、电磁一体化勘探技术等。

第三节　物探技术管理体系发展展望

管理体系是随着技术应用外部环境、内部需求、技术发展的变化而不断发展的。随着能源勘探形势、环境政策趋严趋紧、高质量发展的要求、勘探技术的日新月异、信息化智能化技术飞速发展等因素的变化，物探技术管理模式在不久的将来会发生更大调整。

一、不断引入信息化管理思维

互联网虽然还没有改变事物的本质（将来可能会改变），但确实已经改变了做事的方式，它使传送层级减少，速度加快。互联网的本质作用在于用信息化改造实体经济，增强其优质、低成本和快速响应的能力。互联网能够提升实体经济的核心竞争力。在管理中应用互联网的精髓，改变企业内部的技术管理，实现油公司与服务公司的互联互通和企业内部各部门及各项目的互联互通，促进信息的生产、交流、获取和共享，更加科学规范管理。

二、更加注重和体现高质量发展

高质量是地质对物探技术的总需求。管理体系中将更加注重质量管理，细化质量控制，包括适应技术应用模式变化的质量管理、适应技术内涵变化的质量管理、适应目标任务变化的质量管理等。正确把握整体推进和重点突破的关系，"稳"和"进"辩证统一，把握好技术应用的"时、度、效"，依据新发展理念推进技术发展的整体性和协同性，在技术管理体系中油公司与服务公司相互促进、协同发力。加大新技术新方法的研发力度和应用力度，制定新技术新方法试验推广应用机制，以技术推动提质增效。

三、更加注重生态保护和安全

把握生态环境保护和经济发展的关系，在技术管理和应用中贯彻生态环境保护理念，倡导绿色发展，正确处理好绿水青山和金山银山的关系，构建绿色技术应用体系和空间格局，引导形成绿色生产方式。发展更加绿色环保的物探技术，促进技术应用方式转变，包括计算机信息化质量控制、环保型激发设备、无线地震数据采集系统、轻便设备、低耗能计算设备、提高运算速度的处理解释技术等。

四、更加注重科技创新

科技创新是企业发展的根本。企业的科技创新是科学与技术的一体化，从基础研究扩展到应用研究和开发研究，企业的管理重点在生产运营管理，随着加大实施科技创新战略，企业技术发展以需求驱动，油公司的物探科技创新管理就变得尤为重要和迫切。一是要优化科技创新的体制机制，激发创新活力，切实发挥企业创新主体作用。二是坚持需求驱动，突出油公司在技术创新和科研中的主导作用，做好顶层设计，突出研发实效。三是制定可实施的科技创新保障措施，制定切实可行的科研管理链条，实现从基础研究到应用研究到技术开发的无缝联接，人才培养机制化，激励机制人性化。

五、从标准的应用者向国际行业标准的制定者转变

过去，物探技术标准多源自国外石油公司、知名物探公司和行业协会。国内自主开发的技术产品基本上参考了国外同类产品进行对标，套用国外的技术标准。近年来，针对我国物探技术应用需要和质量管理要求，制定了在我国范围内使用的相应的技术应用标准和规范。这些技术标准和规范大部分没有得到国际行业的认可和采用，中国石油物探力量在国际市场作业多数仍遵从国际行业的标准规范。未来，随着科技创新和新技术产出不断加大，制定更多适应复杂地质条件的国际化技术标准迫在眉睫。我国物探技术应根据国内复杂地质特点和勘探作业经验优势，一是制定外部技术进入中国石油市场的准入标准，二是参与或独立制定国际化技术标准规范，提高国际化水平和话语权。

六、管理体系从整合到融合发展

当今世界，所有企业都面临着全球一体化等挑战，技术发展也面临全球一体化挑战，管理体系应在帮助企业有效应对挑战方面调整完善。管理体系的建设主要是帮助企业提升经营管理的有效性和时效性，但企业内不同业务管理体系更多，也增加了企业管理的复杂

性。因此，大型企业应通过管理体系的整合与融合，提升企业管理的效能。物探技术管理也不例外，其管理体系也要做好动态管理与静态管理的平衡，应以流程为基础，从战略、组织架构、制度管理等多个层面，在业务活动的各个流程环节整合各项管理标准，使管理体系的标准要求能够真正融合在企业管理的方方面面，做到从整合到融合，从规范到精益，有效推动物探行业和技术的持续、有效发展。

附录1　中国石油勘探与生产分公司物探工作要求

自 2011 年 11 月，赵邦六同志始任中国石油勘探与生产分公司总工程师，全面负责中国石油天然气股份有限公司国内物探业务的管理，2015 年改任中国石油勘探与生产分公司副总经理，全面持续推动中国石油油公司物探技术管理体系建设，在中国石油历次物探业务管理会、各盆地物探技术研讨会、物探技术专题研讨会等三大类 20 多次会议上，针对油公司物探技术管理各个环节中存在的问题和需求，分步骤、分层次、分领域，分别提出工作要求，并做出具体工作安排，全面科学推进中国石油油公司物探技术管理体系建设。

一是推动物探基础能力建设。在股份公司物探基础工作会上全面部署建设工作，推动各油气田加强物探基础数据库的标准化建设，为物探新技术快速应用打好数据基础，同时组织开展地震采集、处理过程质控方法研究和现场质控工具软件的研发，实现了地震资料采集、数据处理的量化评价，强化了油公司过程质量的管控能力。

二是推动物探技术创新发展。适时组织召开国内物探技术研讨会，分析油公司勘探开发遇到的难题和技术需求，明确了针对各盆地的物探技术发展方向和技术应用政策，创新提出单点高密度经济型宽方位三维地震资料采集方法和真地表地震成像思路方法，并对技术研发与应用细节提出明确要求和工作安排。

三是推动物探人才队伍建设。组织各类型的物探技术培训班，推动各油气田加强物探领军人才建设，特别是连续 5 年，在股份公司层面上选拔优秀后备人才（163 名）组织长周期（为期 45 天）的物探复合型人才实训班，强化物探关键技术领域、地质综合知识和钻探工程技术发展与技术需求的综合训练，奠定了油公司发展的人才基础。

四是推动物探业务制度与标准化建设。在物探业务规范化科学化管理上，围绕公司的提质增效，组织编制物探技术发展规划、物探业务管理顶层设计、各类规章制度、技术标准规范和技术指导意见，使物探业务管理实现了精益管理。

五是推动物探业务信息化建设。2013 年组织物探业务管理数据平台建设，成功研发"物探工程生产运行管理系统""地震资料采集质量评价系统""地震数据处理质量分析与评价系统"，使物探业务率先实现信息化管理和大数据分析，大幅度提升物探技术管理的水平和管控能力。

六是强力组织技术攻关和国产软件推广应用。为实现高难度油气勘探领域的突破，十多年来持续不断组织高难度探区的技术攻关，基本攻克了高难度探区的技术难题，为复杂地质领域的油气勘探突破奠定了坚实资料基础，发挥了至关重要的作用。同时，连续组织国产软件（GeoEast、iPREseis）在油公司研究院系统推广应用，不但节约了大量购置进口软件的投入，也促进了国内物探技术水平的整体提高，更为国产软件的功能研发提供了发展机会和技术需求，创造了国产物探软件良好的发展环境，为打造好中国物探技术利器、创建具有全球竞争力的世界一流企业打好了坚实基础。

赵邦六同志在中国石油勘探板块物探基础工作会和物探业务精益管理及高质量发展推进会上，指出了物探业务在新发展阶段所面临的诸多问题，提出了当前及今后一个时期油公司必须解决的主要问题和工作任务，在新阶段面临的新的挑战，要求油田公司做到：(1)完善物探基础管理模式，为物探技术发展创造良好的工作环境；(2)加强物探基础工作，为快速获得高品质地震资料奠定坚实基础，特别是要按照区带建成 8 个数据库；(3)抓好物探过程管理，开展以区带或者领域为单元物探配套技术评价，建立技术政策，为油气田勘探开发提供先进适用技术；(4)加强物探研究院人才培养和物探计算机能力建设，为物探技术发展创造更好软硬件环境；(5)抓好物探采集项目管理，把握好工程技术原理，控制好工程质量和成本，确保年度计划任务完成；(6)规范物探技术管理，确保物探工程项目达到高水平；(7)以问题为导向，抓准关键技术发展方向；(8)强化交流，加快培养物探后备和急需人才。

赵邦六同志在松辽、渤海湾、四川、鄂尔多斯、塔里木、准噶尔、柴达木七大盆地物探技术研讨会上，分析了各盆地油气勘探开发中遇到的关键物探技术难题，例如四川盆地面临山地地表地形恶劣、高陡构造地震精确成像、裂缝性储层预测、低深部的有效开发、礁滩异常体的精确描述和刻画等技术挑战，要求从事各大盆地油气勘探开发的油田公司及地球物理服务公司：(1)强化和规范油公司的物探技术管理，完善体制，建立机制，形成体系；(2)加强地震部署的研究，最大限度发挥物探作用；(3)按照勘探区带和勘探对象，建立物探技术政策，形成针对不同勘探对象、不同勘探领域的配套技术系列；(4)油田公司要强化物探基础工作管理，建好 8 个物探基础数据库；(5)要加快油公司物探技术人才的培养和物探管理队伍建设；(6)勘探部署的研究理念、装备技术应用上、野外资料评价方式的理念要转变，建立"禁采期"制度；(7)强化地震数据处理技术方法攻关及关键技术环节的质量控制，强化岩石物理学分析；(8)强化物探项目的一体化管理，建立工作协调机制，努力解决物探采集的成本问题；(9)面向重大勘探领域和目标，制定物探技术攻关的规划，分年度组织实施，坚持开放、联合的物探技术攻关模式；(10)强力推进物探新技术应用，进一步提高地质成果质量，高度重视井中地震对高陡构造成像、缝洞体储层预测的重要作用；(11)强化地质油藏与地球物理(包括测井)结合，采油厂与研究院所结合。

赵邦六同志在物探技术专题研讨会上，针对国产物探软件 GeoEast 推广应用、地震储层预测、智能物探、复合型物探技术人才培养等，分析了需要改进完善的方面，要求相关单位和人员：(1)高度重视，确保国产软件的全面推广和规模化应用；谋划未来，确保软件开发的可持续、有特色、高水平；强化责任，确保国产软件应用带来规模成效；规范推广应用管理，实施通报制度；全面完成 GeoEast 软件推广应用"157"工作目标。(2)强化岩石物理分析和数据库建设，夯实储层预测工作基础；制定地震资料"双高"处理指导意见，规范指导储层预测的前期工作；研发面向目标的储层预测新方法，建立适合不同储层类型的储层预测方法系列；强化储层预测质量控制手段的研发，确保预测结果的可信度和可靠性。(3)形成股份公司"十四五"智能物探技术发展规划；逐步建立全国各大油气盆地、各个层系的标签数据库，深化标签建立方法研究，提早建立相关标准；联盟成员取长补短，分工协作，形成合力，早日攻克物探领域卡脖子的技术瓶颈。(4)强化技术及资料陷阱甄别，强化实际操作技能培训和解释新技术应用，使各位学员能够结合技术应用中存在的问题，通过培训达到答疑解惑、提升水平的目的，成为各单位地震综合解释技术应用的学科带头人。(5)加强人才库管理，形成一支股份公司高水平的物探人才队伍。

以下分类摘录了赵邦六同志在上述各次会议上的讲话稿，可以从中更加清晰、详实地看到，在中国石油油公司物探技术管理体系建设过程中其本人所做出的历史性、决定性贡献和不同阶段所推动的系列重点工作。

赵邦六同志在中国石油国内物探业务会议上系列讲话摘要表

序号	会议类别	时间	地点	会议名称	讲话摘要
1	1.1 盆地级物探技术研讨会	2012年3月26日	成都	1.1.1 西南油气田物探工作调研会	工作要求：(1)强化油公司的物探技术管理，完善体制，建立机制，形成体系。(2)加强地震部署的研究，最大限度发挥物探作用。(3)按照勘探区带和勘探对象，建立物探技术政策，形成物探配套技术系列。(4)强化物探基础工作管理，建好物探基础数据库。(5)加快油公司物探技术人才的培养
2		2012年3月27日	成都	1.1.2 川庆物探公司工作调研会	重点强调：采集方面(1)建立"禁采期"制度。(2)创新装备技术应用。(3)转变野外资料评价理念与方式。处理方面(1)挖掘老资料处理潜力。(2)形成针对不同勘探对象、不同勘探领域的配套技术系列。解释方面(1)储层预测、流体预测技术水平再上台阶。(2)加快研究深度域地震资料的解释方法
3		2020年9月28日	成都	1.1.3 四川盆地高陡复杂构造成像专题研讨会	重点强调：(1)充分认识攻克四川盆地高陡构造，对四川天然气勘探开发的重要性和紧迫性。(2)科学组织四川盆地周缘高陡构造成像攻关，力争尽快取得技术突破。(3)强化攻关组织管理，确保高陡构造成像攻关不走弯路：加强技术引领、强化攻关过程质控、合理安排攻关周期、明确攻关主体单位、加快油公司地震成像专家人才的培养
4		2012年5月16日	西安	1.1.4 鄂尔多斯盆地物探工作调研和技术研讨会	管理要求：(1)强化物探项目的一体化管理。(2)必须建立物探基础数据库。(3)加强地震资料处理管理。(4)重视物探领军人才培养。(5)抓好物探项目管理。(6)建立机制，合理解决物探采集的成本问题

序号	会议类别	时间	地点	会议名称	讲话摘要
5		2012 年 5 月 24 日	西安	1.1.5 鄂尔多斯盆地苏里格气田开发地震研讨会	工作安排：地震采集(1)全数字三维勘探为主导技术。(2)探索多分量地震采集技术应用。(3)推广单点、高密度、宽频采集。(4)强化高密度、高精度的表层调查。地震处理(1)高精度的静校正技术；(2)精细保幅去噪；(3)必须加强地表一致性处理。(4)重视提高分辨率环节。(5)提高速度模型的精度。储层预测(1)开展全波列测井，强化岩石物理分析。(2)优选地震预测方法，薄层预测精度达到3~5米；(3)开展气水识别，有效储层预测成功率不小于90%
6		2017 年 8 月 31 日	西安	1.1.6 鄂尔多斯盆地古峰庄和马家滩三维地震成果及效果分析会	工作要求：(1)在高精度的表层静校正、地表一致性处理方面下功夫。(2)做好叠前精细去噪工作。(3)解决表层对地震波吸收衰减的问题潜力巨大。(4)成像过程中精细的速度建模
7	1.1 盆地级物探技术研讨会	2018 年 5 月 24 日	西安	1.1.7 鄂尔多斯盆地物探技术研讨会	工作要求：(1)加强物探部署研究，提出近期物探主要攻关方向和目标区带及勘探领域。(2)系统分析总结鄂尔多斯盆地物探技术应用成果，明确制定各区带或各领域物探技术应用政策。(3)针对关键地质难题和技术瓶颈问题，强化围绕落实钻探目标的物探技术攻关。(4)强化物探基础管理和过程质量控制。(5)加强物探专业团队建设和复合型物探人才的培养
8		2013 年 9 月 6 日	北京	1.1.8 渤海湾盆地物探技术研讨会	工作建议：(1)面向三大勘探领域和目标，制定物探技术攻关规划，分年度组织实施。(2)强力推进物探新技术应用，进一步提高地质成果质量。(3)规范物探技术管理，最大限度发挥物探技术应有的作用。(4)加强物探技术人才培养和物探管理队伍建设
9		2014 年 8 月	库尔勒	1.1.9 塔里木盆地物探技术研讨会	工作要求：(1)物探技术的发展必须围绕地质需求和勘探开发的要求，以解决目前高难度的复杂油气藏勘探开发为己任。(2)物探技术发展要仍然围绕着三大领域开展攻关，发展和完善物探技术系列。(3)围绕三大领域，做好物探部署规划和技术发展规划。(4)抓好物探基础数据库的建设工作。(5)抓好油公司的物探技术人才的培养

序号	会议类别	时间	地点	会议名称	讲话摘要
10		2015年7月29日	大庆	1.1.10 松辽盆地油藏地球物理技术研讨会	下步工作：（1）面向油气藏有效开发，地球物理成果的精度必须尽快达到攻关目标，作为松辽盆地"十三五"地球物理技术发展要求达到的目标。（2）面向油藏评价和开发，必须发展好单点高密度三维地震采集等关键地球物理技术。（3）为发展好油藏地球物理技术，需要设立示范性的工程项目和科研攻关项目，形成配套技术系列。（4）强化地质油藏与地球物理（包括测井）结合，采油厂与研究院所结合
11	1.1 盆地级物探技术研讨会	2018年11月22日	长春	1.1.11 东部油田油藏地球物理技术交流会	工作要求：（1）强化基础建设，打好油藏描述的研究基础。建好密井网条件下的岩石物理数据库、测井数据库，持续挖掘已有三维资料的处理潜力，深化地质、测井、物探、油藏一体化平台的建设。（2）强化示范引领，重建精细油藏地球物理模型。（3）强化技术创新，培育复杂油藏精细建模技术系列。（4）强化人才培养，尽快建立高水准油藏建模队伍
12		2016年9月28日	克拉玛依	1.1.12 准噶尔盆地物探技术研讨会	工作意见：（1）分区带分领域制定物探技术发展规划，把握物探技术方向。（2）强化物探关键技术领域攻关，尽快解决瓶颈难题。（3）加强物探新技术应用和部署研究，提升勘探开发成效。（4）加强物探人才队伍的建设，打好油田可持续发展基础。（5）继续支持好股份公司新技术研发与应用
13		2017年7月18日	敦煌	1.1.13 柴达木盆地物探技术研讨会	工作要求：（1）加强物探部署研究，提出近期物探主要攻关方向和目标区带及勘探领域。（2）明确制定各区带或各领域物探技术应用政策。（3）强化围绕落实钻探目标的物探技术攻关。（4）强化物探基础管理和过程质量控制。（5）加强物探专业团队的建设和复合型物探人才的培养
14	1.2 物探专题技术交流会	2015年7月8日	吉林市	1.2.1 股份公司 GeoEast 应用技术交流会	工作要求：（1）高度重视，确保国产软件的全面推广和规模化应用。（2）谋划未来，确保软件开发的可持续、有特色、高水平。（3）强化责任，确保国产软件应用带来规模成效
15		2017年4月15日	成都市	1.2.2 股份公司 GeoEast 软件应用技术交流会上的讲话	工作要求：（1）进一步解放思想，转变观念，持续开展国产软件推广应用。（2）进一步落实主体责任，完善推广应用计划和相关措施。（3）进一步提升软件能力，着眼未来勘探开发关键难题，全面凸显软件在油气勘探开发中的作用

序号	会议类别	时间	地点	会议名称	讲话摘要
16		2018年7月6日	西安市	1.2.3 股份公司 GeoEast 软件应用交流与工作会	工作要求：（1）坚定信心，扎实推进，全面完成 Geo-East 软件推广应用"157"工作目标。（2）进一步升级完善软件，开展针对性技术培训和支持。（3）加快建成"共建、共享、共赢"合作开发机制，持续提升 GeoEast 软件能力。（4）加快做好采油厂试点工作，拓展 GeoEast 软件应用空间。（5）认真做好三年推广应用工作的总结与经验交流，完善配套机制和政策
17		2021年12月23日	北京	1.2.4 股份公司 GeoEast 软件推广及地震处理解释能力建设视频会	工作意见：（1）强化物探技术应用环境建设，充分发挥物探技术在勘探开发领域的技术保障作用。（2）持续攻关研发物探核心技术，全面实现物探业务数字化转型和智能化发展。（3）持续抓好国产物探软件推广应用。（4）强化物探业务能力建设
18	1.2 物探专题技术交流会	2017年11月22日	北京	1.2.5 中国石油地震储层预测技术研讨会	工作要求：（1）强化岩石物理分析和数据库建设，夯实储层预测工作基础。（2）制定地震资料"双高"处理指导意见，规范指导储层预测的前期工作。（3）研发面向目标的储层预测新方法，建立适合不同储层类型的储层预测方法系列。（4）强化储层预测质量控制，确保预测结果的可信度和可靠性。（5）加快储层预测复合型人才培养，为上游业务油气生产与可持续发展创造必要条件
19		2020年10月30日	兰州	1.2.6 股份公司第四届智能物探技术研讨会	工作要求：（1）物探业务尤其在中国石油内部，率先从源头到成果已全面实现数字化转型。（2）要统筹谋划，做好总体设计，分层分步实施，推进智能化发展。（3）中国石油勘探开发研究院在物探智能化研究方面，要做好分工协作
20		2021年6月11日	西安	1.2.7 股份公司页岩油气地球物理技术研讨会	下步要求：（1）深化地震技术应用，提升双"甜点"预测精准度。（2）围绕页岩油气开采需求，创新技术方法，实现成果精度和工作效率双提升。（3）做实"两个一体化"工作模式，打造页岩油气勘探开发的升级版。（4）强化页岩油气地球物理技术应用评价，科学制定技术应用政策
21		2021年12月28日	北郊	1.2.8 集团公司"十三五"物探技术成果交流会	工作建议：（1）强化物探技术管理科学性和有效性，组织制定好"十四五"物探技术发展指导意见实施细则。（2）全面推动物探新技术应用和国产软件推广。（3）组织好物探核心技术攻关和研究工作。（4）深化物探基础工作，持续夯实发展基础。（5）强化物探技术交流和人才培养

序号	会议类别	时间	地点	会议名称	讲话摘要
22	1.3 物探业务管理工作会议	2012 年 8 月 21 日	乌鲁木齐	1.3.1 中国石油上游业务物探基础工作现场会会前发言	工作要求：扎实推动物探技术的应用与发展，强化物探技术管理，努力提高物探业务为勘探开发的技术保障能力。(1)通过强化物探基础工作，进一步提升物探资料的品质，提高物探的效率，提高新技术的应用效果，提高勘探开发的成功率；(2)完善物探管理体制与机制，为物探人才的成长和引领新技术的发展创造良好的环境
23		2012 年 8 月 22 日	乌鲁木齐	1.3.2 中国石油上游业务物探基础工作现场会总结讲话	工作意见：(1)完善物探基础管理模式。(2)加强物探基础工作。(3)抓好物探过程管理。开展以区带或领域为单元的物探配套技术评价，建立技术政策，为油气田勘探开发提供先进适用技术。(4)加强物探人才培养和计算机能力建设。(5)抓好物探项目的管理
24		2019 年 3 月 15 日	北京	1.3.3 物探业务精益管理及高质量发展推进会	工作意见：(1)提高认识，引领物探业务高质量发展。(2)规范管理，确保物探工程项目达到高水平。(3)强化基础，持续保持物探技术的领先地位。(4)问题导向，抓准关键技术发展方向。(5)强化交流，加快培养物探后备和急需人才
25		2021 年 5 月 7—9 日	成都	1.3.4 地震采集提质增效工作研讨暨物探监督座谈会	工作要求：(1)以地质目标需求为导向，细化建立了分领域、分区带的物探技术政策。(2)牢固树立"低成本发展"的理念，着力打造提质增效升级版。(3)紧紧依靠技术、工艺和管理创新，实现物探业务的高质量发展。(4)强化新技术应用，实现物探老资料挖潜增储。(5)强化物探项目过程监督，确保提交优质地质成果
26	1.4 物探人才培训班	2016 年 6 月 14 日	北京	1.4.1 第一届物探复合型人才实训班开班仪式	工作要求：(1)各位老师要重点讲授在实际工作中的经验，分享对实际资料的真伪判别经验，分享认识经验和实际资料解释技巧。(2)各位老师要认真备课，对学员严格要求，留适当的作业，并对讲授内容进行考核。可以采取灵活授课方式，增加与学生互动。(3)各位学员要倍加珍惜此次培训机会。(4)加强班级管理，活跃学习氛围
27		2016 年 7 月 15 日	北京	1.4.2 第一届物探复合型人才实训班结业仪式	几点要求：(1)物探复合型人才是当前勘探开发的稀缺资源，也是未来物探事业发展的急需人才。(2)继续深化学习，不断打牢自身业务发展的基础。(3)学以致用，扎实肯干，真正成为本单位物探技术的领军人才。(4)加强人才库管理，形成一支股份公司高水平的物探人才队伍

序号	会议类别	时间	地点	会议名称	讲话摘要
28		2017 年 5 月 9 日	北京	1.4.3 第二届物探复合型人才实训班开班仪式	几点要求：（1）提高认识，用于担当起物探工作者的历史责任。（2）珍惜机会，俯下身段扎实提升自身的综合能力。（3）严守纪律，圆满完成所有训练课程
29		2017 年 6 月 21 日	北京	1.4.4 第二届物探复合型人才实训班结业仪式	几点要求：（1）加强人才库跟踪管理，为学员发挥更大作用创造条件，各单位给物探人才压担子，不断激励优秀人才脱颖而出，努力打造一支高水平的物探人才队伍．（2）持续抓好复合人才实训，继续优化课程设置，做好下一期培训筹备工作
30	1.4 物探人才培训班	2018 年 4 月 9 日	北京	1.4.5 第三届物探复合型人才实训班开班仪式	几点要求：（1）加强对实训班的管理，强化对全体学员的学业考评．（2）强化与学员和授课专家的沟通与交流，确保训练课程的实效性。（3）除讲授理论知识和技术方法外，重点讲授各学科的实际应用，分享实际工作中的经验
31		2018 年 5 月 17 日	北京	1.4.6 第三届物探复合型人才实训班结业仪式	几点要求：（1）要认真总结三期物探实训班的办班经验，进一步完善培训方案，创出物探培训的品牌。（2）加强人才跟踪管理
32		2020 年 8 月 10 日	北京	1.4.7 第五届物探复合型人才实训班开班仪式	几点要求：（1）做好培训期间疫情防控工作，建立学员身体健康情况报备。（2）做好实训班的组织跟踪管理，训练期间专人负责全程跟踪，协助建立训练制度。（3）强化与中国石油勘探开发研究院、授课专家、学员之间的多方沟通与协调，做好训练效果的评估与研判
33		2020 年 9 月 21 日	北京	1.4.8 第五届物探复合型人才实训班结业仪式	几点要求：（1）要充分认识物探技术在勘探开发中的重要地位和作用。（2）继续深化学习，不断打牢自身业务发展的基础。（3）不断加强自身能力建设，扎实肯干，真正成为本单位物探技术的领军人才。（4）加强人才库管理，形成一支股份公司高水平的物探人才队伍

附录2 中国石油勘探与生产分公司简报列表（物探部分）

序号	简报期号	日期	简报名称	主要内容
1	2.1 2011年中国石油勘探与生产分公司简报第11期	2011年4月14日	股份公司2010年度物探技术攻关取得重要进展	2010年，12个攻关项目取得重要进展：一是大幅改善库车大北、准噶尔盆地南缘和西北缘、吐哈山前带构造成像质量；二是多波处理解释技术攻关有力地支持了苏里格西二区气藏的评价勘探和储量升级；三是碳酸盐岩储层叠前描述技术支撑塔里木盆地、四川盆地、鄂尔多斯盆地井位部署；四是大庆薄储层预测技术攻关拓宽地震资料频带，扩展了长垣勘探领域
2	2.2 2012年中国石油勘探与生产分公司简报第17期	2012年5月4日	股份公司2011年度物探技术攻关取得重要进展	2011年17个攻关项目取得重要进展：一是在英东、克深5等地区落实众多构造圈闭，提供一批钻探井位；二是碳酸盐岩领域在裂缝预测、缝洞体定量雕刻方面效果显著，在塔里木盆地、鄂尔多斯盆地见到应用实效；三是低渗透薄储层预测有效指导了松辽盆地水平井钻探；四是潜山领域在华北地区牛东潜山构造新发现和落实了一批有利潜山目标；五是叠前深度偏移处理、逆时偏移处理、井控处理、分方位裂缝预测等新技术广泛应用，效果明显
3	2.3 2012年中国石油勘探与生产分公司简报第19期	2012年7月2日	三维地震技术有效保障了天然气高效开发	2005年以来加大三维地震技术在天然气开发阶段的实施力度，为天然气开发富集区优选、方案编制、直井部署和水平井轨迹设计提供了重要技术保障。其中，苏里格气田高精度三维地震精细刻画有效储层空间展布，为水平井规模应用奠定了坚实基础；西南油气田宽方位三维地震准确刻画有效储层空间展布，大幅度提高钻井成功率；新疆油田高覆盖三维地震精细刻画气藏内部结构，有效指导了气田的高效开发；塔里木油田三维地震准确落实构造及断裂形态，为开发井位部署和开发方案编制提供了资料保障
4	2.4 2012年中国石油勘探与生产分公司简报第28期	2012年9月19日	全面加强物探基础管理工作	一是物探基础工作对资料品质的提高、新技术应用和勘探开发成功率的提高具有重要作用；二是物探过程的质量控制和量化评价是保证资料品质提高的重要措施，是质量与技术管理的重要抓手；三是物探形成的数据是勘探开发重要资产，信息化管理措施是提高资产利用率和工作效率的有效手段；四是提出了在股份公司层面规范物探管理体系等建议
5	2.5 2013年中国石油勘探与生产分公司简报第5期	2013年5月20日	地震资料采集实时质量监控与自动评价系统国产化软件研发应用取得突破性进展	2012年中国石油勘探与生产分公司组织开展"地震资料采集实时质量监控与自动评价软件系统"研发，软件系统达到了国际同类产品先进水平。系统具有试验资料分析、实时监控评价及综合分析与评价等功能模块，可用于野外地震小队、现场采集监理以及油田或服务公司管理部门等不同层次质量控制的需求

续表

序号	简报期号	日期	简报名称	主要内容
6	2.6 2014 年中国石油勘探与生产分公司简报第 1 期	2014 年 4 月 9 日	推广可控震源技术优化质量管理 力推物探业务质量效益科学发展	按照集团公司党组"有质量、有效益、可持续发展"的要求，中国石油勘探与生产分公司积极探索高质量、高效率、高效益和绿色环保的地震采集新思路，从方案设计源头入手，加大可控震源技术应用力度，优化技术与管理，推广应用现场质量实时监控和自动评价系统，在实际生产中见到了突出成效，减少了对生态环境的损坏，施工效率较井炮平均提高 3 倍以上
7	2.7 2016 年中国石油勘探与生产分公司简报第 2 期	2016 年 3 月 15 日	勘探与生产物探信息化管理体系初步建成	"十二五"期间，中国石油勘探与生产分公司组织研发了"物探工程生产运行管理系统"平台，以及"地震采集数据质量实时分析与自动评价""地震数据处理质量分析与评价""石油物探成果图件生成与质控"及"岩石物理分析应用"软件等物探信息化系统，初步形成了物探全过程生产与质控的信息化管理体系。实现了物探业务全过程信息化管理
8	2.8 2017 年中国石油勘探与生产分公司简报第 4 期	2017 年 6 月 1 日	国产 Geo-East 软件的全面推广应用取得良好效果	勘探与生产分公司制定 GeoEast 处理解释一体化软件推广应用三年规划和"157"工作目标，处理解释项目应用率得到显著提升，生产应用成效显著
9	2.9 2018 年中国石油勘探与生产分公司简报第 12 期	2018 年 11 月 5 日	先进物探系列技术应用助力页岩气规模高效开发	历经十余年探索实践，西南及浙江探区页岩气勘探开发工作紧紧围绕页岩气区带评价、建产区优选、开发方案、探明储量、产能建设等重点目标，大力推进页岩气精细地震勘探工作。先进物探技术系列已成为页岩气勘探开发的关键技术，全面支撑了长宁—威远、昭通国家级示范区建设任务和 2020 年长宁—威远建成首个百亿立方米及昭通 20 亿立方米页岩气田的奋斗目标
10	2.10 2019 年中国石油勘探与生产分公司简报第 9 期	2019 年 10 月 7 日	坚持创新驱动持续技术攻关鄂尔多斯盆地三维地震技术取得显著成效	"十三五"以来，长庆油田积极应用新技术、新装备，大力打造高精度三维地震技术利剑，在勘探开发重点、难点区域大规模部署实施三维地震。通过技术攻关，逐步形成了适用于鄂尔多斯盆地复杂地表及复杂地质目标的三维地震技术系列，在区带评价、井位部署、储量提交、产能建设中发挥了重要支撑作用。大幅提高油气立体勘探成功率；有效支撑致密油开发水平井部署及导向设计，支撑了庆城等三个亿吨级油气田探明储量提交和产能建设方案编制

续表

序号	简报期号	日期	简报名称	主要内容
11	2.11 2019 年中国石油勘探与生产分公司简报第 10 期	2019 年 11 月 7 日	中国石油自主知识产权 GeoEast 软件三年推广应用取得突出成效	为了更好地发挥 GeoEast 软件作用，进一步完善系统功能，2015 年股份公司决策实施 2016—2018 三年推广应用规划，确定"157"工作目标。经过三年的推广应用，圆满完成推广目标，取得了突出成果。面向未来，确定 2019—2021 年软件推广应用"188"目标，即股份公司 GeoEast 软件应用人员熟练掌握率 100%、处理解释项目应用率 80%、国内勘探重大发现参与率 80%
12	2.12 2020 年中国石油勘探与生产分公司简报第 4 期	2020 年 7 月 1 日	高精度三维地震筑牢西南大气区高质量快速发展基础	为贯彻落实中央加大国内油气勘探开发力度重要批示精神和集团公司加快天然气发展战略部署，支撑"决胜 300 亿、加快 500 亿、奋斗 800 亿"的总体规划，西南油气田分公司应用新技术、新装备，大力打造高精度三维地震技术利器。三年来，实施大规模高精度三维地震勘探，攻关形成多层系立体采集、分层系精细目标处理和地质物探综合解释的技术流程及关键技术，助力天然气业务提质增效；在井位部署、水平井轨迹设计、储量研究、产能建设和储气库建设中发挥关键作用，全面支撑西南大气区建设高质量快速发展
13	2.13 2020 年中国石油勘探与生产分公司简报第 12 期	2020 年 11 月 22 日	积极推进数字化转型率先实现物探业务全生命周期数字化管理	"十二五"以来，中国石油勘探与生产分公司强化物探基础建设，规范物探采集、处理与解释技术管理，积极推进物探业务数字化转型。全面形成了从源头数据采集、资料处理、地质结构成图、储层定量预测及全过程量化质控的物探生产与质控信息化管理体系，研发物探数据和成果图件存储格式，大力推进基础数据库建设，使物探业务率先实现全过程数字化转型

附录3 中国石油物探技术指导意见、企业标准、管理规范、管理规定列表

序号	类别	中国石油勘探与生产分公司企标 标准编号	名称	CNPC其他部门物探企标 标准编号	名称	负责单位	国标 标准编号	名称	行标 标准编号	名称	中国石油勘探与生产分公司管理规范 文件号	名称
1	通用基础	Q/SY 01072—2021	物探资料管理技术规范	Q/SY 10114—2017	石油数据中心地震勘探数据归档规范	信息部	GB/T 8423.2—2018	石油天然气工业术语 第2部分：工程技术	SY/T 5928—2016	地震勘探资料归档规范	油基〔2018〕178号	中国石油勘探与生产分公司物探业务管理办法
											油勘〔2022〕102号	物探项目关键实施环节过程质量管理要求
2		Q/SY 01749—2019	物探工程数据格式规范	Q/SY 08124.1—2018	石油企业现场安全检查规范 第1部分：物探地震作业	安全环保专标委			SY/T 5453—2019	地震勘探数据SEG-Y格式	油勘〔2022〕114号	物探资料管理规定
3		Q/SY 01833—2020	石油地质与地球物理图形数据PCG格式规范	Q/SY 1010—2012	石油物探数据处理与资料解释劳动定额	劳动定员定额专标委			SY/T 5769—2019	地球物理勘探定位数据P1/11交换格式	油勘〔2022〕117号	物探工程项目后评估与优质工程评选工作规范
4		Q/SY 01002—2016	石油地球物理成果图件编制规范						SY/T 6290—2018	地震勘探辅助数据SPS格式	油勘〔2004〕36号	物探工程技术资料管理规定（2022年正修订）
5		Q/SY 01030.1—2020	勘探规格 第1部分 物探						SY/T 6391—2014	SEG D Rev3.0 地震数据记录格式	油勘〔2004〕33号	中国石油天然气股份有限公司北京院数据总库地震、测井数据拷贝与使用管理办法（2022年正修订）

续表

序号	类别	中国石油勘探与生产分公司企标		CNPC 其他部门物探企标			国标		行标		中国石油勘探与生产分公司管理规范	
		标准编号	名称	标准编号	名称	负责单位	标准编号	名称	标准编号	名称	文件号	名称
6	通用基础								SY/T 6550—2016	地震勘探归档数据转储规范		
7									SY/T 5933—2008	地震反射层地震地质层位代号确定原则		
8									SY/T 5331—2016	石油地震勘探解释图件要素规范		
9	测量						GB/T 33683—2017	陆上石油物探测量与定位技术规范	SY/T 5171—2020	陆上石油物探测量规范		
10									SY/T 10019—2016	海上卫星差分定位技术规程		
11									SY/T 6839—2013	海上拖缆式地震勘探导航技术规程		
12									SY/T 6901—2018	海底地震资料采集检波点定位技术规程		

续表

序号	类别	中国石油勘探与生产分公司企标		CNPC 其他部门物探企标			国标		行标		中国石油勘探与生产分公司管理规范	
		标准编号	名称	标准编号	名称	负责单位	标准编号	名称	标准编号	名称	文件号	名称
13	地震采集	Q/SY 1232—2019	陆上地震资料采集技术规范	Q/SY 02116—2019	山区地震勘探资料采集技术规程	工程技术专标委	GB/T 33583—2017	陆上石油地震勘探资料采集技术规程	SY/T 7654—2022	陆上纵波地震资料采集技术规程		
14		Q/SY 01052—2016	地震资料采集工程质量监督及评价规范	Q/SY 02148—2021	可控震源地震勘探作业的质量控制	工程技术专标委			SY/T 10017—2017	海底电缆地震资料采集技术规程		
15		Q/SY 01458—2018	地震勘探近地表调查技术规范	Q/SY 02001—2016	可控震源地震数据高效采集技术规程	工程技术专标委			SY/T 10015—2019	海上拖缆式地震数据采集作业规程		
16				Q/SY 02014—2017	陆上可控震源无桩作业技术规范	工程技术专标委			SY/T 6643—2021	陆上多波多分量地震资料采集规程		
17									SY/T 7614—2021	海底节点地震数据采集技术规程		
18	地震处理	Q/SY 01123—2017	常规地震勘探数据处理规范				GB/T 33685—2017	陆上地震勘探数据处理技术规程	SY/T 10020—2018	海上拖缆地震勘探数据处理技术规程	油勘〔2020〕144号	地震资料处理解释项目成果报告多媒体展示规定
19		Q/SY 01001—2016	地震数据处理质量分析与评价规范						SY/T 6732—2020	陆上多波多分量地震资料处理规程	油勘〔2018〕270号	高保真、高分辨率地震数据处理应用技术指导意见
20									SY/T 7003—2014	海底电缆地震勘探数据处理技术规程	油勘〔2018〕342号	叠前深度偏移速度建模技术应用指导意见
21									SY/T 7615—2021	陆上纵波地震勘探资料处理技术规程	油勘〔2020〕357号	地震数据处理噪声衰减技术应用指导意见

续表

序号	类别	中国石油勘探与生产分公司企标		CNPC 其他部门物探企标			国标		行标		中国石油勘探与生产分公司管理规范	
		标准编号	名称	标准编号	名称	负责单位	标准编号	名称	标准编号	名称	文件号	名称
22	地震解释	Q/SY 01017—2018	地震岩石物理分析技术规范				GB/T 33684—2017	地震勘探资料解释技术规程	SY/T 5481—2021	地震资料构造解释技术规程		
23		Q/SY 01186—2020	地震资料构造解释技术规范						SY/T 6749—2009	陆上多波多分量地震勘探技术规范		
24		Q/SY 1411—2011	地震叠前预测技术规范						SY/T 7002—2020	储层地球物理预测技术规范		
25												
26												
27	综合物化探								SY/T 6055—2019	石油重力、磁力、电法、地球化学勘探图件编制规范		
28									SY/T 5819—2016	陆上重力磁力勘探技术规程		
29									SY/T 6589—2016	陆上可控源电磁法勘探采集技术规程		

197

续表

类别	序号	中国石油勘探与生产分公司企标		CNPC其他部门物探企标			国标		行标		中国石油勘探与生产分公司管理规范	
		标准编号	名称	标准编号	名称	负责单位	标准编号	名称	标准编号	名称	文件号	名称
综合物化探	30								SY/T 5820—2020	天然源电磁法采集技术规程		
	31								SY/T 6687—2013	井中-地面电法勘探技术规程		
	32								SY/T 6902—2021	海洋可控源电磁法勘探技术规范		
	33								SY/T 6957—2018	海洋重磁勘探数据采集技术规程		
	34								SY/T 7072—2016	大地电磁测深法资料处理解释技术规程		
	35								SY/T 7073—2016	陆上可控源电磁法勘探资料处理解释技术规范		
	36								SY/T 7486—2020	地下水封洞库工程物探规程		
	37								SY/T 7485—2020	岩石物理频谱激电测试技术规程		

续表

序号	类别	中国石油勘探与生产分公司企标 标准编号	名称	CNPC 其他部门物探企标 标准编号	名称	负责单位	国标 标准编号	名称	行标 标准编号	名称	中国石油勘探与生产分公司管理规范 文件号	名称
38	井中	Q/SY 01763—2019	微地震地面监测技术规程（工程转勘探）	Q/SY 1628—2013	微地震井中监测技术规程	工程技术专标委			SY/T 5454—2017	井中地震资料采集技术规程		
39									SY/T 7070—2016	微地震井中监测技术规程		
40									SY/T 7372—2017	微地震地面监测技术规程		
41									SY/T 7450—2019	井中地震资料处理解释技术规程		
42	物探装备使用维护			Q/SY 02764—2019	MAXIWAVE 井中地震数据采集系统使用与维护	工程技术专标委	GB/T 24260—2020	石油地震检波器（仪器仪表）	SY/T 5936—2013	地震检波器使用与维护		
43									SY/T 6156—2017	气枪震源使用技术规范		
44									SY/T 6246—2014	可控震源使用与维护		
45									SY/T 10026—2018	海上地震资料采集定位及辅助设备校准指南		

续表

序号	类别	中国石油勘探与生产分公司企标		CNPC 其他部门物探企标		负责单位	国标		行标		中国石油勘探与生产分公司管理规范	
		标准编号	名称	标准编号	名称		标准编号	名称	标准编号	名称	文件号	名称
46	物探装备使用维护								SY/T 6685—2013	SCORPION 地震数据采集系统检验项目及技术指标		
47									SY/T 6734—2014	地震勘探遥控爆炸同步系统检验项目及技术指标		
48									SY/T 6735—2014	ARIES、ARIESII 和 G3i 地震数据采集系统检验项目及技术指标		
49									SY/T 6900—2020	Sercel 400 系列地震数据采集系统检验项目及技术指标		
50									SY/T 7071—2016	陆上节点地震数据采集系统检验项目及技术指标		
51									SY/T 7323—2016	陆上地震数据采集系统作业技术规范		

续表

序号	类别	中国石油勘探与生产分公司企标		CNPC其他部门物探企标			国标		行标		中国石油勘探与生产分公司管理规范	
		标准编号	名称	标准编号	名称	负责单位	标准编号	名称	标准编号	名称	文件号	名称
52	物探装备使用维护								SY/T 7373—2017	陆上地震勘探数字地震检波器通用技术规范		
53									SY/T 7449—2019	模拟地震检波器通用技术规范		
54									SY/T 7653—2022	模拟地震检波器性能测试与评价规范		

参 考 文 献

董世泰，张研，2019. 成熟探区物探技术发展方向——以中石油成熟探区为例［J］. 石油物探，58（2）：155-161，186.

苟云辉，2006. 中国石油物探史话［M］. 北京：石油工业出版社.

侯启军，何海清，李建忠，等，2018. 中国石油天然气股份有限公司近期油气勘探进展及前景展望［J］. 中国石油勘探，23（1）：1-13.

贾承造，赵文智，邹才能，等，2004. 岩性地层油气藏勘探的两项核心技术［J］. 石油勘探与开发，31（3）：3-9.

贾承造，赵文智，邹才能，等，2007. 岩性地层油气藏地质理论与勘探技术［J］. 石油勘探与开发，34（3）：257-272.

贾承造，2021. 中国石油工业上游科技进展与未来攻关方向［J］. 石油科技论坛，40（3）：1-10.

蒋有录，叶涛，张善文，等，2015. 渤海湾盆地潜山油气富集特征与主控因素［J］. 中国石油大学学报（自然科学版），39（3）：20-28.

李鹭光，何海清，范土芝，等，2020. 中国石油油气勘探进展与上游业务发展战略［J］. 中国石油勘探，25（1）：1-10.

刘振武，撒利明，张明，等，2008. 多波地震技术在中国石油的试验应用和未来发展［J］. 石油地球物理勘探，43（6）：668-672.

刘振武，撒利明，张昕，等，2009a. 中国石油开发地震技术应用现状和未来发展建议［J］. 石油学报，30（5）：711-721.

刘振武，撒利明，董世泰，等，2009b. 中国石油高密度地震技术的实践与未来［J］. 石油勘探与开发，36（2）：129-135.

刘振武，撒利明，董世泰，等，2010. 中国石油物探技术现状及发展［J］. 石油勘探与开发，37（1）：1-10.

刘振武，撒利明，董世泰，等，2011. 主要地球物理服务公司科技创新能力对标分析［J］. 石油地球物理勘探，46（1）：155-162.

刘振武，撒利明，董世泰，等，2013. 地震数据采集核心装备现状及发展方向［J］. 石油地球物理勘探，48（4）：663-675.

刘振武，撒利明，张少华，等，2014. 中国石油物探国际领先技术发展战略研究与思考［J］. 石油科技论坛，33（6）：6-16，35.

刘振武，撒利明，董世泰，2015. 加强地震技术应用提升勘探开发成效［J］. 石油科技论坛，34（1）：1-8.

撒利明，刘振武，等，2018. 中国石油物探技术发展战略研究与思考［M］. 北京：石油工业出版社.

撒利明，张玮，张少华，等，2016. 中国石油"十二·五"物探技术重大进展及"十三·五"展望［J］. 石油地球物理勘探，51（2）：404-419.

孙龙德，撒利明，董世泰，2013. 中国未来油气新领域与物探技术对策［J］. 石油地球物理勘探，48（2）：317-324.

王喜双，赵邦六，董世泰，等，2014. 油气工业地震勘探大数据面临的挑战及对策［J］. 中国石油勘探，19（4）：43-47.

易维启，董世泰，曾忠，等，2013. 地震勘探技术性与经济性策略考量［J］. 中国石油勘探，18（4）：19-25.

易维启，董世泰，曾忠，等，2016. 中国石油"十二五"物探技术研发应用进展及启示［J］. 石油科技论坛，35（5）：33-44.

赵邦六，董世泰，曾忠，2017. 井中地震技术的昨天，今天和明天——井中地震技术发展及应用展望［J］. 石油地球物理勘探，52（5）：1112-1123.

赵邦六，董世泰，曾忠，等，2021a. 单点地震采集优势与应用［J］. 中国石油勘探，26（2）：55-68

赵邦六，董世泰，曾忠，等，2021b. 中国石油"十三五"物探技术进展及"十四五"发展方向思考［J］. 中国石油勘探，26（1）：108-120.

赵邦六，董世泰，易维启，等，2021c. 中国石油物探技术管理体系创新与实践［J］. 石油科技论坛，40（1）：70-82.

赵邦六，张颖，等，2005. 中国石油地球物理勘探典型范例［M］. 北京：石油工业出版社.

赵殿栋，2009. 地球物理在油气勘探开发中的作用［M］. 北京：石油工业出版社.

赵文智，何登发，池英柳，等，2001. 中国复合含油气系统的基本特征与勘探技术［J］. 石油学报，22（1）：6-13.

赵文智，张研，董世泰，等，2008. 中国石油地球物理技术发展趋势［C］. 中国地球物理学会第二十四届年会.

赵政璋，赵贤正，何海清，2004. 中国石油近期油气勘探新进展及未来主要勘探对象与潜力［J］. 中国石油勘探，9（1）：1-7.

赵政璋，赵贤正，王英民，等，2005. 储层预测地震理论与实践［M］. 北京：科学出版社.

邹才能，赵文智，贾承造，等，2008. 中国沉积盆地火山岩油气藏形成与分布［J］. 石油勘探与开发，35（3）：257-271.

邹才能，陶士振，方向，2009. 大油气区形成与分布［M］. 北京：科学出版社.

邹才能，等，2014. 非常规油气地质学［M］. 北京：地质出版社.

中国地球物理学会，2012. 中国地球物理学学科史［M］. 北京：中国科学技术出版社.

中国石油集团地球物理勘探局志编纂委员会，2002. 石油物探局志［M］. 北京：石油工业出版社.